材料发展报告

U0197513

中国科学院武汉文献情报中心 / 编著
材料科学战略情报研究中心

 LANDSCAPE OF MATERIAL
DEVELOPMENT

科学出版社
北京

内 容 简 介

材料科技是现代世界竞争力的基石，是各国科技开发的焦点之一，当今世界综合竞争水平的提高离不开材料科技的支撑。本书梳理了材料科技发展的历史及其对人类发展的贡献，重点分析了美国、日本、欧盟、德国、英国、法国、加拿大、韩国等的新的材料科技战略和政策，从材料科技投入、主要战略、政策计划、产业化政策等方面进行分析研究。根据关键科技问题结合当前材料科技发展，选择稀土材料、碳纤维材料、核能材料、超导材料、生物降解材料、光电材料、新型半导体材料、生物医用材料等重点材料进行前沿科技发展趋势分析。

本书可供各级行政和科技部门、发展规划部门、科技政策和管理研究部门，以及高校和研发机构研究人员、各材料行业企业的有关人士阅读参考。

图书在版编目(CIP)数据

材料发展报告/中国科学院武汉文献情报中心，材料科学战略情报研究中心编著 . —北京：科学出版社，2014.12

ISBN 978-7-03-039517-7

Ⅰ.①材… Ⅱ.①中… ②材… Ⅲ.①材料科学—研究 Ⅳ.①TB3

中国版本图书馆 CIP 数据核字（2014）第 003834 号

责任编辑：石 卉 焦 洋 王苗艳／责任校对：桂伟利
责任印制：徐晓晨／封面设计：无极书装

编辑部电话：010-64035853

E-mail：houjunlin@mail.sciencep.com

斜 学 出 版 社 出版

北京东黄城根北街 16 号
邮政编码：100717
http://www.sciencep.com

北京凌奇印刷有限责任公司 印刷
科学出版社发行 各地新华书店经销

*

2014 年 2 月第 一 版 开本：720×1000 1/16
2020 年 1 月第六次印刷 印张：20 1/2
字数：413 280

定价：**98.00 元**

（如有印装质量问题，我社负责调换）

《材料发展报告》

总 策 划

钟永恒　张　军　冯瑞华

编 写 组

组　长：冯瑞华

撰稿人：（以姓名拼音为序）

冯瑞华　黄　健　姜　山　马廷灿

潘　懿　万　勇　王桂芳　张　军

材料是人类赖以生存并得以发展的物质基础。无论是人类的衣食住行，还是社会的经济活动、科学技术、国防建设，都离不开材料。材料是当代产业技术发展的基石，能源产业、资源环境产业、信息技术产业、消费电子产业、装备制造产业、生物技术产业等当代高科技产业与材料科技的发展息息相关。材料科技的进展成为人类进步的强大"引擎"，极大地推动了社会经济的发展。

材料科学属多学科交叉领域，是现代工业和高科技发展的基础和关键。材料产业是重要的战略性新兴产业，人类历史上的每一次科技革命和工业革命都伴随着材料科技的飞跃。材料科技的发展水平已经成为一个国家工业水平与技术能力的重要标志，并将在 21 世纪及更长远的发展时期引领和推动人类文明的进步。

当前，材料科学是发达国家竞相追逐的热点。美国近年来强力推进制造业复兴，提出打造材料创新基础、通过先进材料实现国家目标、培育下一代材料工作者，以及力争将材料的开发周期从目前的 10～20 年缩短为 2～3 年。欧盟着眼于材料研究和材料技术的长期基础研究，大力支持纳米科学与技术、材料和制造技术领域的研究主题活动，提高欧洲工业竞争力。日本将纳米技术与材料作为日本科学技术基本计划重点推进领域，计划每年投入约 1 万亿日元，约占基本计划总经费的 25％。

我国与国外发达国家相比还存在一定差距。新材料战略性新兴产业、新材料产业"十二五"规划等重大政策和计划都为材料科技的发展提供了重要的发展机遇，我国材料将有望实现跨越式发展。

在这个关键性的战略机遇期，国家科学图书馆武汉分馆材料科学战略情报研究中心在多年来对材料科技的政策规划、技术发展趋势的跟踪和积累的基础上，编写了《材料发展报告》，旨在通过全面系统的分析，使关心材料科学发展的广大公众了解全球材料科学的发展状况，同时为决策层提供咨询建议。

材料的科技发展政策和计划，尤其是发达国家的政策和计划，对于我国材料政策和计划的制订、实施和管理具有重要的借鉴意义。深入剖析材料科学各主要领域的发展趋势，有助于我们切实地把握未来。因此，本书在撰写过程中，注重将文献综述和定量分析相结合，将国际态势与国内发展相结合，将现状分析与趋势展望相结合，将学科分析与对策建议相结合。

全书共分为五章，第一章主要从材料的定义和分类出发，研究材料与人类社会发展的关系，以及其在社会发展中的地位和作用；第二章重点分析主要国家特别是美国、日本、欧盟及其成员国等的材料科技战略和政策，从材料战略、材料计划、材料产业政策、材料科技投入、主要材料研究机构等方面进行分析研究；第三章重点分析若干战略性材料，如稀土材料、碳纤维等的发展趋势，主要从关键问题、政策计划、专利计量和论文计量、技术发展、产业化和应用等多角度全面阐述材料的发展趋势；第四章分析能源、信息材料、环境、生物等领域涉及的若干重点材料，提出各种材料发展中的关键科技问题、发展趋势和产业化方向，并提出相关意见和建议；第五章主要对材料的总体发展趋势进行梳理和展望，并对我国的材料科技发展提出建设性意见和建议。

本书可供各级行政和科技部门、发展规划部门、科技政策和管理研究部门，以及高校和研发机构研究人员、各材料行业企业的有关人士阅读参考。

本书在撰写和出版过程中得到了余英杰、刘桂菊、谭若兵、何天白、周光远、曹红梅、唐清、陈丹等各位专家学者的悉心指导和大力支持，在此表示衷心的感谢。

因作者知识和经验的局限，书中难免会有疏漏和不足之处，敬请广大读者批评指正。

中国科学院武汉文献情报中心
材料科学战略情报研究中心
2013 年 10 月

表目录

第一章

当今世界材料科技发展概况

第一节　材料的定义和分类

材料是人类赖以生存并得以发展的物质基础。无论是人类的衣食住行，还是社会的经济活动、科学技术、国防建设，都离不开材料。材料科技作为高新技术的核心和先导之一，作为新兴产业的基础，应用范围极其广泛，将同能源技术、环境技术、信息技术、生物技术、航空航天技术等一起成为21世纪最重要和最具发展潜力的领域。

人类最初使用的都是纯粹的或者仅进行了粗加工的自然物质，而现代科学意义上的材料，是指在自然物质基础上，经过某种构成、形状及功能加工，具有符合一定需要的结构、组分和性能，并可应用于一定用途的物质。

《中国大百科全书》将材料定义为人类用来制造机器、构件、器件和其他产品的物质。但并不是所有的物质都可以被称为材料，如燃料和化工原料、工业化学品、食物和药品等，一般都不算作材料。

《大不列颠百科全书》将材料科学定义为研究固体材料的性能及这些性能跟材料的结构与组成之间的关系的科学。其定义起源于固态物理、冶金、化学等多个学科，是多学科交叉与结合的结晶。材料科学与工程技术密不可分，我们可以根据不同的需要选择并设计各种材料。材料科学对电子、航空航天、电信、信息处理、核能及能源转换等工程领域具有重要的意义。

《材料科学与工程百科全书》将材料科学与工程定义为关于材料成分、制备与加工、组织结构与性能及材料使用性能诸要素，以及它们之间相互关系的有关知识的开发与应用的科学，因而把结构与成分、合成与制备、性质及使用效能称为材料科学与工程的四个基本要素（图 1-1）。考虑到在四要素中的组成结构并非同义词，即相同成分或组成通过不同的合成或加工方法，可以得出不同结构，从而材料的性质或使用效能都不会相同，有学者提出了材料科学与工程的五个基本要素——成分、合成与制备、结构、性质和使用效能。当今世界，材料科学已经发展成多学科交叉的领域，并且成为现代工业和高科技发展的基础和关键。

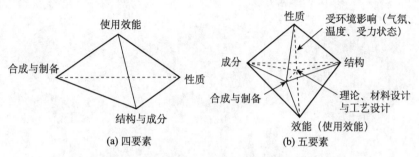

图 1-1 材料科学与工程四要素和五要素

材料的品种繁多，有多种分类方法（图 1-2）（中国科学院先进材料领域战略研究组，2008；周达飞，2009；戴起勋等，2008；耿保友，2007）。按照来源，材料可分为天然材料和人造材料。按照用途，材料可分为结构材料和功能材料。结构材料主要是利用其强度、韧性等力学及热力学性质，功能材料主要是利用其声、光、电、磁、热等性能。按照材料的形态，可分为块体材料、薄膜材料、多孔材料、颗粒材料、纤维材料等。按照材料的物理性质，可分为半导体材料、磁性材料、导电材料、绝缘材料、透光材料、超硬材料、耐高温材料、高轻度材料等。按照材料的化学组成，可以分为金属材料、无机非金属材料、高分子材料和复合材料等。按照材料的发展历程，可以分为传统材料和新材料（也称先进材料）。传统材料是指生产工艺已经成熟，并已投入工业生产的材料；新材料是指那些新出现或已在发展中的、具有传统材料所不具备的优异性能和特殊功能的材料。新材料与传统材料之间并没有截然的分界，在传统材料基础上发展而成的材料，或者传统材料经过组成、结构、设计和工艺上的改进而提高性能或出现新的性能都可称为新材料。按照材料的应用领域，可分为能源材料、生态环境材料、电子信息材料、生物医用材料、装备制造材料等。

基于材料在科技、产业、社会发展中的地位和作用，以及各国对材料和材料科技的发展和重视情况，本书选取了若干具有代表性的战略性材料和关键材料进行发展趋势研究和分析。战略性材料主要包括稀土材料、碳纤维、固态照明材料等，关键材料主要包括核能材料、超导材料、生物降解材料、水处理膜材料、光电材料、新型半导体材料、金属合金材料、生物医用材料等。

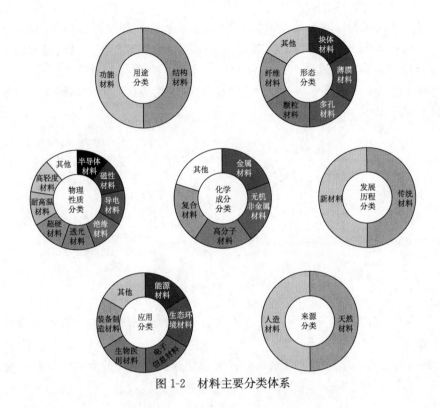

图 1-2 材料主要分类体系

第二节 材料的发展历史和作用

人类的文明史就是一部材料发展演变的历史，文明的进步实质上就是材料发现、发明、使用的进步。材料的发展保障了人类的生存，提高了劳动力水平，满足了人类的物质需求，丰富了人类的物质选择，为其他产业和科技的发展提供了保障。

一、材料的发展历史

材料是人类文明的里程碑，对材料的认识和利用能力决定着社会的形态和人类生活的质量。在人类社会发展的历程中，可以发现很多阶段都是以材料为主要标志或是材料起主导作用，如远古的旧石器时代、新石器时代、陶器时代、青铜器时代、铁器时代，到近现代的煤炭时代、蒸汽机时代、水泥时代、钢铁时代、石油时代、电气与化工时代、半导体时代，以及发展中的复合材料、纳米材料、绿色环保材料等新材料时代（图1-3）。

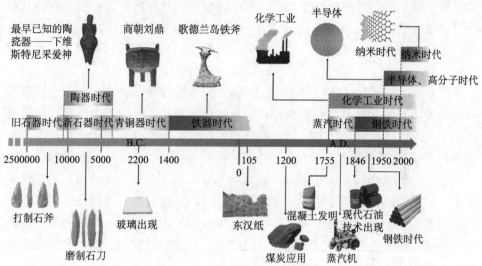

图 1-3　材料与人类社会的发展简史

公元前 250 万年至公元前 1 万年是旧石器时代，人类使用打制的石器作为主要劳动工具。虽然使用的是粗糙的人造材料，但却为人类抵御其他生物的侵害、承受自然压力提供了一定的保障。人类不再是大型食肉动物的猎物，而是登上食物链的最顶端。人类广泛使用火，开始渔猎生活，通常以原始族群的形式聚居在一起，能够搭建原始的住所，出现了农业文明，更重要的是，人类形成了基于血缘的原始社会。

公元前 1 万年至公元前 5000 年左右是新石器时代，人类以磨制的石器为主要工具。这一时期，人类开始从事耕种和畜牧，能够制作陶器和织物，牢牢站稳了自然界顶端的位置，生存能力大幅提高，衣食住行都有了明显改善，人口增长显著，社会关系也不再仅仅局限于血缘，人类开始关注文化事业的发展，甚至出现了城邦这一文明标志的社会形态。

陶器时代始于旧石器时代晚期，贯穿整个新石器时代，甚至延绵至青铜器时代，是广布于世界范围内的一种特殊文化现象。陶器是人类第一次改变自然材料性质的创造。作为第一种伟大的非金属工程材料，陶丰富了人类的生活器具，使人类的定居生活更加稳定，使人类的装饰艺术有了更广阔的施展天地。陶器的大规模使用也是新石器时代的主要标志之一。人类在寻找石器过程中认识了矿石，并在烧陶生产中发展了冶铜术，开创了冶金技术，促进了青铜器的发展。

公元前 5000 年至公元前 1400 年是青铜器时代，青铜成为制造工具、用具和武器的材料。这一时期，不仅人类的生存能力得到大幅度提高，而且人类开始告别原始部落文化，出现了文字、宗法制度，社会制度，维系社会的文化萌芽，并有了发达的农业和手工业。青铜铸造术的发明，与石器时代相比，起到划时代的作用。

公元前 2200 年，伊朗人发明了玻璃①，玻璃成为第二种伟大的非金属工程材料，人类开始制造出玻璃装饰品和简单的玻璃器皿。公元前 200 年，巴比伦发明了玻璃吹管制玻璃的方法。随着玻璃生产的工业化和规模化，各种用途和性能的玻璃相继问世。

公元前 1400 年，人类开始进入铁器时代，掌握了铁的冶炼技术，铸造铁质工具、用具和武器。铁器坚硬、韧性高、锋利，胜过石器和青铜器，铁器的广泛使用使人类的工具制造进入了一个全新的时期，生产力得到极大提高，使部分民族从原始社会发展到奴隶社会，也推动了一些民族脱离了奴隶制的枷锁进入了封建社会。

古代文明中曾采用过各种材料书写文字，如古巴比伦人将楔形文字刻在泥板上；古埃及人在莎草纸上书写；古印度人用贝叶（椰叶）写佛经；古近东人用野兽皮书写；古代中国人将甲骨文刻在龟甲和兽骨上，将西周铭文刻在青铜器上，将秦汉陶文刻在陶器上，以后还以石块、竹简、木片、丝帛等做过书写的载体。统而观之，这些材料各有缺点，或是太沉重，或是太昂贵，不能大量使用，有的还不能修改。公元 105 年，我国蔡伦首创用树皮、麻头和破布造纸，使文字的书写有了良好的载体。造纸术的发明和广泛传播，大大推进了书籍的抄写和文化传播事业，对于人类文明的传承和发展具有非常重要的意义。

13 世纪，煤炭作为燃料被广泛应用。煤的发现提供了大量热能，风车和水车的出现积累了机械制造的丰富经验，两者结合起来，蒸汽机就出现了（侯玉春，2008）。蒸汽机的使用，奠定了工业化的基础，也开辟了人类利用化石燃料作动力的新时代。煤炭的使用历史从民用普通的燃料，到炼钢炼铁，到机械动力，到火力发电，最后到化工原料，成为人类世界使用的主要能源和原料之一，被誉为黑色的金子、工业的食粮。

石油被发现的历史可以追溯到 4 世纪或更早，我国宋代的沈括（公元

---

① The greatest moments in materials science and engineering. http://www.materialmoments.org/vote.html［2007-02-26］

1031～1095 年）在《梦溪笔谈》里将其正式命名为石油。现代石油历史始于1846 年，人类发明了从煤和石油中提取煤油的方法，出现了采油和炼油工业。1861 年巴库地区出现了世界上第一座炼油厂。19 世纪下半叶，石油还主要用于照明，20 世纪初随着汽车、船舶、飞机的发展，石油成为内燃机最重要的燃料，并迅速成为现代文明的生命源泉。

现代水泥始于 1755 年斯米顿发明的混凝土。1796 年英国人詹姆士·帕加用泥灰岩烧制了一种棕色水泥，称之为罗马水泥。1824 年英国人约瑟·阿斯普丁用石灰石和黏土烧制成的水泥，被命名为波特兰水泥，并取得专利权。水泥成为当代的建筑材料，使人类快速建起更加牢固的房子，对于推进建筑和人类文明的发展具有重要的作用。

18 世纪 60 年代，人类进入蒸汽时代，珍妮纺纱机、瓦特改进蒸汽机的出现引起了第一次工业革命，并持续到 19 世纪中叶。蒸汽机是人类继发明用火之后，在驯服自然力方面所取得的重大成果。有了蒸汽产生的动力，工厂不必再建在水流湍急的地方。大规模生产不仅成为可能，而且成为必要，带动了纺织业、采矿业和冶金业的迅猛发展，机械制造业繁荣起来，出现了大量的工厂。纺织业的发展促进了纺织材料的发展，第一次实现了工农业的对接。

19 世纪中叶，现代平炉和转炉炼钢技术的出现，使人类进入了钢铁时代。钢铁时代的到来使大规模制造成为可能，造船、汽车、兵器等工业逐渐兴起。与此同时，铜、铅、锌也大量得到应用，铝、镁、钛等金属相继问世并得到应用，合金钢、铝合金及其他材料技术的发展成为第二次工业革命（电力革命）的支撑。

从 18 世纪中叶至 20 世纪初是化学工业的初级阶段，无机化工已初具规模，有机化工正在形成，高分子化工处于萌芽状态。从 20 世纪初至第二次世界大战后的六七十年代，是化学工业真正成为大规模生产的主要阶段，石油化工得到了发展，无论是装置规模，还是产品产量都增长很快，奠定了化学工程的基础，推动了生产技术的发展。化学工业日趋大型化，降低成本、精细化工、超纯物质、新型结构和功能材料成为化学工业发展的重点。

20 世纪中叶，单晶硅和半导体晶体管的发明及硅集成电路的研制成功，带来了电子工业革命。20 世纪 70 年代初，石英光导纤维材料和砷化镓（GaAs）激光器的发明，促进了光纤通信技术迅速发展，使人类进入了信息时代。超晶格概念的提出及半导体超晶格、量子阱材料的研制成功，彻底改变了光电器件的设计思想，使半导体器件的设计与制造从"杂质工程"发展到"能带工程"。

20 世纪中叶以后，人工合成高分子材料塑料得到广泛生产和应用，仅半个世纪，高分子材料已与有上千年历史的金属材料并驾齐驱，成为经济、国防和高科技领域不可缺少的材料。合成化工原料和特殊制备工艺的发展，使陶瓷材料产生了飞跃发展，出现了从传统陶瓷向先进陶瓷的转变，许多新型功能陶瓷形成了产业，满足了电力、电子技术和航天技术的发展需要。

20世纪40年代，因航空工业的需要，玻璃纤维增强塑料得到发展，复合材料应运而生。50年代以后，碳纤维、石墨纤维和硼纤维等高强度和高模量纤维得到发展。70年代，出现了芳纶纤维和碳化硅纤维。这些高强度、高模量纤维能与合成树脂、碳、石墨、陶瓷、橡胶等非金属基体或铝、镁、钛等金属基体复合，构成各具特色的复合材料，促进了航空、汽车、国防军事等行业的发展。

21世纪，高性能、多用途的新材料将会显示出更加强大的推动力，继续成为科学与工程研究的重点。新材料技术将向材料的结构功能复合化、功能材料智能化、材料与器件集成化、制备和使用过程绿色化等方向发展。纳米科学技术的发展和应用，将使人类能从原子、分子或纳米尺度水平上控制、操纵和制造功能强大的新型器件与电路。碳纳米管、石墨烯、发光二极管（LED）、碳纤维、生物降解材料等各种新型材料将广泛运用到能源、电子信息、军事国防、资源环境、人类健康等领域，并发挥重要作用。

总之，人类文明的发展史，就是一部如何更好地利用材料和创造材料的历史。每一种重要材料的发明、规模生产和广泛应用，都会把人类支配和改造自然的能力提高到一个新的水平，使社会生产力实现新的跨越，深刻影响着世界的政治、经济格局，给人类的生活方式和社会形态带来深刻变革。

二、材料的地位和作用

材料是现代文明的基石，是推动人类进步、经济和社会发展的强大"引擎"（师昌绪和徐坚，2010），是现代工业和高科技发展的基础和关键。材料科技的发展提高了劳动水平，满足了人类的物质需求，丰富了人类的物质选择，为其他产业和科技的发展提供了保障。材料科技的发展对于社会经济发展、人类医疗健康、人类生活等至关重要。以下从几个方面探讨材料科技的地位和作用。

（1）新能源材料的发展将对社会经济产生重要的影响。为保障世界经济的可持续发展，以及解决越来越严重的温室效应和大气污染等环境问题，新能源材料将引导传统能源向洁净能源、可再生能源、分散型能源等多元化能源发展。核能材料、太阳能材料、燃料电池材料、锂离子电池材料等的研究取得了很大进展，极大地推动了低碳、节能、环保等能源经济的发展。

（2）生物材料为人类提供了新的医疗手段，并且创造着人类健康新概念，使疾病得以早期发现和有效治疗，并显著降低了重大疾病的死亡率。同时，它对于改善人们的健康状况和提高生活质量，具有重要的民用价值和社会意义，并将带来巨大的经济效益。组织、器官缺损或功能障碍是人类健康所面临的主要危害之一，也是引起人类疾病和死亡的主要原因。每年发生创伤的人数在全世界有数千万，在我国有数百万，其中有相当一部分骨创伤者需要进行不同程度的早期救治或晚期修复，骨修复材料在其中起到了至关重要的作用。

（3）电子信息材料的发展促进了信息产业的发展，使信息产业成为许多国家的支柱性产业。任何高度复杂、高度精细加工的集成电路，都需要高纯度、高度掺杂的半导体材料和各种先进工艺的应用。信息技术的每一次突破都与材料和工艺的创新有着密切的关系。高密度的光磁记录材料给信息的存储提供了极大便利。各种波长的激光晶体、半导体激光器、激光光导纤维材料技术的发展，把人类带入光通信时代。

（4）材料技术为航空、航天工业提供了强度更高、刚性更好、质量更轻的新型材料，对航空航天器性能的提高至关重要。高强度铝合金、钛合金及碳纤维增强的树脂基复合材料是主要的航空材料。火箭、导弹材料与航空材料相比，则要求有更好的瞬时性能，导弹壳体材料对导弹的射程至关重要，由金属改为石墨纤维增强复合材料时，导弹射程增加近 1000 公里。

（5）LED 照明使人类照明发生了划时代的变革。自从 1879 年爱迪生发明电灯以来，人类进入白炽灯的照明时代，随着科技的发展和进步，高压钠灯、卤素灯、荧光灯等照明产品相继出现。与传统灯相比，LED 产品体积小、光效高、耗电量低、使用寿命长、发热量小、绿色环保、坚固耐用，而且产品安装简便、维护成本低，LED 照明被公认为是 21 世纪的"绿色照明"，是未来照明领域节能降耗的主力军。LED 照明产业潜藏着巨大的经济和社会效益，美国、日本、欧盟、韩国、中国台湾等对 LED 的研发生产都极为重视，投资的力度不断加大，纷纷制定相关的政策和规划促进 LED 产业发展。

（6）多种高性能新型材料，如高温结构材料、多功能材料、超导材料、激光材料、纳米材料等的开发与利用已经获得突飞猛进的发展，成为推进国家产业升级，影响产业结构变化的重要动力，成为社会经济的支柱性产业。材料技术虽然是一个高投入的领域，但它同时也是一个具有高回报率的领域，许多国家都将开发材料作为促进社会发展的重点项目（材料科学与工程教学指导委员会，2006）。

第三节　世界材料科技竞争

材料产业是重要的战略性新兴产业。在现代社会的经济生活中，诸多高新技术产品都与新材料技术的发展密切相关。国际竞争的热点也离不开材料科技的支撑。材料技术是支撑工业生产与工业技术的物质基础，已经成为一个国家工业水平与技术能力的十分重要的标志。

一、新材料是新兴产业成长发展的关键

材料科技促进了新兴产业的快速发展。当代高科技产业，如节能环保产业、信息技术产业、生物产业、装备制造产业、新能源产业等，无不与新材料的发明、规模生产与广泛应用息息相关。材料已成为各个高技术领域发展的突破口，并在很大程度上影响着新兴产业的发展进程。没有半导体材料的工业化生产，就不可能有目前的计算机技术；没有高温高强度的结构材料，就不可能有今天的宇航工业；没有低损耗的光导纤维，也就没有现代的光纤维通信。

日本、美国等国家战略性产业或主导产业的发展都离不开材料科技的支撑。日本政府非常重视战略性新兴产业（或主导产业）的发展和扶持，政府预测关键技术，制定和实施大型科技计划，给予大量的优惠性投资、财政补助及减免税等扶持性政策，同时较早采取了官产学研相结合的政策，以优化科技要素，形成从研究到应用的完整体系，缩短新技术研究和应用周期，从而加速了科技成果转化。目前形成科技与产业结合的科技城、知识集群、产业集群等多种联合形式全方位推动科技成果转化，加快战略性新兴产业的发展（万军，2010）。美国政府大力支持战略性新兴产业的发展，推动一场以新能源和环保为核心的主导产业革命，发展节能技术，开发新的可再生能源，实行输电网络的智能化调度，通过节能减排，发展低碳经济。美国转向可持续的增长模式，即出口推动型增长和制造业增长，发出了向实体经济回归的信号，即重视国内产业尤其是先进制造业的发展，设立白宫制造业政策办公室，推出"先进制造业伙伴关系"计划等，重塑"美国制造"。

同样，材料科技对我国战略性新兴产业的发展也至关重要。2010 年，我国《国务院关于加快培育和发展战略性新兴产业的决定》出台，计划用 20 年的时

间使节能环保产业、新一代信息技术产业、生物产业、高端装备制造产业、新能源产业、新材料产业、新能源汽车产业等整体创新能力和产业发展水平达到世界先进水平，为经济社会可持续发展提供强有力的支撑。《中华人民共和国国民经济和社会发展第十二个五年规划纲要》《新材料产业"十二五"发展规划》等都体现了材料科技的发展对于推动七大战略性新兴产业的发展具有重要的战略地位。

随着世界资源能源的进一步短缺和日益严峻的环境问题，节能和环保产业日益受到重视。由于节能环保新兴产业技术发展的基石是新材料，材料科技创新在新材料发展中起着先导作用。节能产业的发展离不开稀土永磁材料、高效照明材料等的发展；环保产业的发展离不开水处理膜材料、生物降解材料、高性能防渗材料、膜生物反应器、环保材料等的发展。我国"十二五"期间节能环保产业对材料的需求剧增，稀土三基色荧光灯年产量将超过30亿只，需要稀土荧光粉约1万吨/年；新型墙体材料需求将超过230亿平方米/年，保温材料产值将达1200亿元/年；火电烟气脱硝催化剂及载体需求将达到40亿元/年，耐高温、耐腐蚀袋式除尘滤材和水处理膜材料等市场需求将大幅增长（中国工业和信息化部，2012）。

以云计算、物联网、下一代互联网为代表的新一轮信息技术革命，正在成为全球后金融危机时代社会和经济发展共同关注的焦点。信息技术创新不断催生出新技术、新产品和新应用。信息产业的新兴产业形态群体正逐渐形成并壮大，成为引领世界各国摆脱危机困扰、抢占后危机时代经济发展制高点的关键。预计到2015年，信息技术产业需要8英寸①硅单晶抛光片约800万片/年、12英寸硅单晶抛光片480万片/年，平板显示玻璃基板约1亿平方米/年，薄膜场效应晶体管（TFT）混合液晶材料400吨/年（中国工业和信息化部，2012）。

生物科技革命将为人类社会发展提供新资源、新手段、新途径，引发医药、农业、能源、材料等领域新的产业革命，有效缓解人类社会可持续发展所面临的健康、食品、资源等重大危机。生物医学工程材料在生物产业中起着至关重要的作用，在生物领域得到广泛的应用，生物产业的发展在某种程度上受制于材料的发展情况。新型药物输送和释放技术等离不开载体材料和控释材料；疫苗的改良技术离不开纳米生物材料；疾病诊断试剂与检测新技术离不开传感材料、生物芯片；组织器官修复和再造技术等离不开组织工程材料等。2015年，预计需要人工关节50万套/年、血管支架120万个/年、眼内人工晶体100万个/

---

① 1英寸＝0.0254米

年，医用高分子材料、生物陶瓷、医用金属等材料需求将大幅增加；可降解塑料需要聚乳酸（PLA）等 5 万吨/年、淀粉塑料 10 万吨/年（中国工业和信息化部，2012）。

新材料产业发展对中国成为世界制造强国至关重要。中国许多基础原材料及工业产业的产量位居世界前列，但是高性能的材料、核心部件和重大装备严重依赖于进口，关键技术受制于人，"中国制造"总体水平处在国际产业链低端。因此，发展大飞机、高速列车、电动汽车等重点工程的高端装备制造业具有重要的战略地位。"十二五"期间，航空航天、轨道交通、海洋工程等高端装备制造业，预计需要各类轴承钢 180 万吨/年、油船耐腐蚀合金钢 100 万吨/年、轨道交通大规格铝合金型材 4 万吨/年、高精度可转位硬质合金切削工具材料 5000 吨/年。到 2020 年，大型客机等航空航天产业发展需要高性能铝材 10 万吨/年，碳纤维及其复合材料应用比重将大幅增加（中国工业和信息化部，2012）。

新能源材料已经成为当今各国低碳经济发展热潮中的重点突破方向与技术制高点。太阳能光伏电池及系统制造业的崛起与发展，是以硅原料的分离、提纯和多晶硅材料的制备为基础和前提的。核电的发展离不开核燃料、核级不锈钢等材料的发展。风能的发展离不开高性能风机叶片材料的发展。燃料电池离不开质子交换膜、催化剂等的发展。"十二五"期间，我国风电新增装机 6000万千瓦以上，建成太阳能电站 1000 万千瓦以上，核电运行装机达到 4000 万千瓦，预计共需要稀土永磁材料 4 万吨、高性能玻璃纤维 50 万吨、高性能树脂材料 90 万吨、多晶硅 8 万吨、低铁绒面压延玻璃 6000 万平方米，需要核电用钢 7万吨/年、核级锆材 1200 吨/年、锆及锆合金铸锭 2000 吨/年（中国工业和信息化部，2012）。

新能源汽车产业的发展离不开铝合金、碳纤维复合材料等轻量化材料，锂电、燃料电池材料，以及驱动电机材料的发展。2015 年，新能源汽车累计产销量将超过 50 万辆，需要能量型动力电池模块 150 亿瓦时/年、功率型 30 亿瓦时/年、电池隔膜 1 亿平方米/年、六氟磷酸锂电解质盐 1000 吨/年、正极材料 1 万吨/年、碳基负极材料 4000 吨/年；乘用车需求超过 1200 万辆，需要铝合金板材约 17 万吨/年、镁合金 10 万吨/年（中国工业和信息化部，2012）。

"十二五"是我国全面建设小康社会的关键时期，是加快转变经济发展方式的攻坚时期，经济结构战略性调整为新材料产业提供了重要发展机遇。一方面，加快培育和发展节能环保、新一代信息技术、高端装备制造、新能源和新能源汽车等战略性新兴产业，实施国民经济和国防建设重大工程，需要新材料产业提供支撑和保障，为新材料产业的发展提供了广阔的市场空间；另一方面，我国原材料工业规模巨大，部分行业产能过剩，资源、能源、环境等约束日益强化，迫切需要大力发展新材料产业，加快推进材料工业转型升级，培育新的增长点。

二、战略性材料是国际竞争的热点

一个国家如果没有强大的材料科技基础，就不会有强大的新材料产业，更不会有先进的产业技术。当今世界的经济强国，无一不是制造业强国，无一不是材料强国。材料研究与应用是衡量一个国家产业核心竞争力的重要标志，材料科技的技术与水平更是一个国家科技综合实力的重要体现，也是国家竞争力的一个重点，体现在产值和核心技术两方面。稀土原材料、碳纤维、石墨烯、纳米材料、高温超导材料、深海环境材料、航空航天材料等都体现了国际竞争的热点。因此，在激烈的国际角逐中，这些战略性材料往往成为竞争的热点。

1. 稀土原材料

全球范围内对原材料，尤其是"技术金属"的需求正在不断上涨，新技术的进展对相关产业开发中的重要资源的需求也在持续提升。原材料，尤其是稀土材料的国际供给受到出口配额的限制，价格也是屡创新高。美国、日本、欧盟、韩国等国家和地区采取了一系列措施来保证本国的稀土原材料供应。

1) 各国频繁发布稀土和稀有金属战略和政策，加强稀土战略储备

美国持续开展稀土战略研究，颁布稀土法案，建立国家稀土储备，发布"关键材料战略"（DOE，2011a）报告，注重来源供应和风险评估；还加紧稀土矿产的勘探工作，重启加利福尼亚州稀土矿。日本更是出台了《确保稀有金属稳定供应战略》，提出了确保稀有金属供应的政策和措施，保证足够的官方储备和民间储备；鼓励日本企业进行海外矿产资源投资并提供贷款，加快海底资源的开发利用。欧洲议会认为，欧盟需要有一个强大的工业基础，这高度依赖于原材料的充足供给。欧洲必须通过保证国外的出口供应、寻找替代资源、提高电子废料的循环利用等措施来防止原材料短缺。韩国也非常注重稀有金属资源，积极进行储备，不仅用于战略储备，还用于工业储备应用，采取了扩大稀有金属储备名单、计划推动稀有金属材料发展综合对策等。

2) 稀土替代材料开发、回收和高效利用研究日益升温

各国正在开发新材料来代替稀土或减少对稀土的依赖，还采取各种措施积极开展稀土回收和利用研究，试图减少对中国的稀土依赖。美国能源部、美国

国家科学基金会、日本经济产业省、日本新能源产业技术综合开发机构等投入资金支持稀土相关项目和计划的实施。美国开发出稀土永磁电机的替代品——使用电磁材料的感应电机；日本北海道大学宣布成功研发出完全不必使用稀土元素磁体的电机，但技术还不成熟；美国内布拉斯加大学研制采用铁钴合金的永磁材料，特拉华大学正在开发一种使用极少量珍贵稀土的纳米复合材料。但是材料和技术的开发可能需要很多年，并且当前的替代材料还只是一种折中之选。在回收利用方面，日本通过回收利用旧手机等电子产品来大力开采"都市稀有金属矿"，从钕磁铁中有效回收稀土；日本三井物产等综合商社从中国进口碎玻璃等"废弃物品"，从中提取获得镧、铈等稀土元素，间接获得稀土资源。

3）拓宽稀土来源，投资和开发中国以外稀土资源，确保稳定供应

各国都在尽力拓宽稀土资源的多渠道来源，加紧投资和开发中国以外的稀土矿产。美国将准备重新启动芒廷帕斯稀土矿；日本与越南、澳大利亚、印度等国家签署稀土资源开发协议，鼓励国内企业进行海外投资和开发。韩国出台《强化海外资源开发力度方案》，与越南、澳大利亚、南非等联合开发稀土资源。澳大利亚四个稀土矿未来五年内有望形成较大的稀土开发能力，甚至可能在数年后使澳大利亚成为世界上主要稀土供应国之一。加拿大、越南、俄罗斯等国家也正在积极准备开发本国的稀土资源。

4）各国联合掀起货币战与贸易战，对抗中国的稀土出口限制

面对所谓的中国出口禁运，美国、日本等纷纷出手，一方面，通过与其他国家的合作逼迫中国放弃稀土出口政策，进而通过技术优势掌控中国无法掌握的稀土定价权；另一方面，通过国际上的政治施压，借口稀土掀起货币战与贸易战，以此来对抗中国。

2. 碳纤维

美国、日本、欧盟等的政府机构都非常注重碳纤维及其复合材料的研发，制定了相关战略和计划促进碳纤维的研发和商业化。低成本碳纤维原丝技术或聚丙烯腈原丝替代技术开发成为各国关注的焦点。美国正在研发来自可再生资源（如木质素）、聚乙烯基、聚丙烯基碳纤维、木质素/聚丙烯腈混合原丝等技术，将原丝成本降低至原来的50%。日本作为碳纤维及其复合材料产业化发展最快的国家，非常注重低能耗碳纤维制造技术和碳纤维回收利用技术的研发。

全球碳纤维的供需问题一直碳纤维发展的热点。随着高强高模碳纤维应用到飞机二次结构、网球拍、高尔夫球杆等领域，并进一步扩大到压力容器、产

业机械、船舶、汽车等工业领域，碳纤维应用进入全面增长期。碳纤维未来最活跃和最具发展潜力的领域包括航空航天、风力发电大型叶片、清洁能源车辆、近海油田勘探和生产、建筑领域、高尔夫球杆和球拍等。随着碳纤维生产规模的扩大和生产成本的下降，其在增强木材、机械和电器零部件、新型电极材料乃至日常生活用品中的应用必将迅速扩大化。

3. 石墨烯

石墨烯是当前物理学界与材料科学界最热门的研究主题之一。随着对石墨烯的研究越来越深入，科学家们认为，石墨烯有望彻底变革材料科学领域，未来或能取代硅成为电子元件材料，广泛应用于超级计算机、触摸屏和光子传感器等多个领域。2011 年以来，欧盟、韩国、英国等相继投入大量资金用于石墨烯的科研及商业化工作。欧盟计划在未来十年投入 10 亿欧元用于石墨烯的研究。英国将投资 5000 万英镑在曼彻斯特大学建设石墨烯全球研究和技术中心，支持石墨烯商业化的能力建设，确保英国在石墨烯领域的领先地位。由于大规模制备技术尚未成熟，以及石墨烯的性质很大程度上受到制备技术的影响，"石墨烯时代"还尚未到来，低成本、大规模、可重复的制备技术将是石墨烯取得突破的关键。

4. 纳米材料

纳米材料和技术已经成为全球范围内最大和最有竞争力的研究领域之一。纳米技术推动了量子计算、纳米医学、能源转换和存储、水净化、农业和食品系统、合成生物、航空航天、地球工程、神经形态工程领域的研究。纳米医药已经取得了重要突破，并在临床实验中发展迅速，一些先进的诊断和治疗方法已经商业化，并在对抗癌症的过程中发挥着重要作用，纳米技术已经渗透至若干重要产业领域。

根据世界前沿纳米技术研究和技术信息供应商 Cientifica 在 2011 年发布的报告，现阶段世界各国政府对纳米技术的研发投资每年约为 100 亿美元，并且未来三年年均增长将达到 20％以上。以纳米技术为基础的产品市场将超过 2500 亿美元，到 2015 年预期将达 2 万亿至 3 万亿美元。世界上有 60 多个国家实施了纳米技术研究计划，还有一些国家虽没有专项的纳米技术计划，但在其他计划中也包含了纳米技术相关的研发。2011 年，美国用于纳米技术的投资达到 21.8 亿美元，中国为 13 亿美元，日本和俄罗斯等国的经费支出也有较大幅度增加。不过在绝对数量上，美国对纳米技术的投资金额仍然全面超过其他国家。

5. 高温超导材料

超导材料技术是 21 世纪具有战略意义的高新技术，极具发展潜力和市场前景。世界各发达国家政府纷纷制定相关计划和加大研发投资，积极开展超导材料技术开发和应用。美国、欧洲各国、日本、韩国和中国都竞相开展高温超导电缆、超导故障限流器、超导变压器、超导电机和超导储能装置等的研究，竞争十分激烈。超导材料技术的发展趋势是不断探求更高温度的超导体，实现高温超导材料产业化，使超导材料技术应用更加广泛，主要包括能源、交通运输、电子技术、医疗卫生、军事、重大科学装置等领域，也必将引起这些领域的重大变革。2008 年，高温铁基超导材料的发现，掀起了各国又一轮的竞争热潮。中国科学家在这轮竞争中走在世界前列，引导潮流发展。

6. 深海环境材料

深海领域是国际竞争的热点，其竞争离不开材料的支撑和发展。常规潜艇、核潜艇等的减震降噪材料，深海载人潜水器、遥控潜水器等的耐高压材料等都是国际竞争的热点。耐高压、耐腐蚀的材料对深海探测至关重要。除了难以想象的高压外，深海探测设备还将遭遇各种复杂环境的挑战，海水还对设备有很强的腐蚀性。因此，研发出能在极端环境中正常工作的深海材料和装备非常重要。

深海装备材料技术最重要的通用性材料，包括耐压性好的结构材料和深潜器上大量使用的作为浮力补偿用的浮力材料。深海这种特殊环境对深海装备的耐压壳材料提出了特殊要求。深海装备耐压壳材料既要有一定的抗腐蚀性，在一定温度范围内还要有相当稳定的物理性能和适当的延展性，还要具有较高的屈服强度和较高的弹性模量。深海装备耐压壳使用的技术材料主要有两种：钢和钛合金。美国、日本、英国、俄罗斯等国的潜艇多使用钢为耐压壳体材料；一部分潜器使用钛合金作为耐压壳体，还有一部分深海潜器的耐压壳使用先进碳纤维等树脂基复合材料、结构陶瓷材料等。

7. 航空航天材料

航空航天材料主要有飞机材料、航空发动机材料、火箭和导弹材料、航天器材料等。这些材料往往需要在超高温、超低温、高真空、高应力、强腐蚀等极端条件下工作，要求材料要有极高的可靠性和质量保证。航空航天材料的发展体现了一个国家的高端科技水平，对于国防、军事、征服太空等都具有重要的战略意义。飞机发动机制造技术非常重要，发动机总的核心部件就是压气机叶片和涡轮叶片，因此高温合金材料成为航空航天领域的一个最关键材料技术。解决了该技术就可以解决或者提升所有飞机包括直升机，以及坦克、水上船只、军舰、潜艇、汽车、煤炭或者燃气燃油发电机组、燃气燃油提供动力机组的动力问题。

三、新材料是各国科技研发的焦点

材料科技是各国科技开发的重点之一。各国不断增加投入经费，发布相关战略和计划确定重点发展领域，促进本国材料科技的发展。

1. 美国

美国奥巴马政府十分强调新能源、生物、航天航空、宽带网络的技术开发和产业发展，明显预示着美国期待着以新能源革命作为整个工业体系新的标志性能源转换的驱动力，发动一场新的经济、技术、环境和社会的总体革命。美国能源部等重点研发与能源相关的材料，"固态照明研究和发展计划""基础能源科学计划（材料科学部）""光伏计划""先进汽车材料计划""太阳能先导计划"等基本都是基于材料的研发计划。美国国家科学基金会、国家标准与技术研究院等对材料基础研究进行资助。美国 2000 年启动的国家纳米技术计划，资助累计已超过 140 亿美元，使美国的纳米科技研发、技术劳动力、支撑设施、商业化、产业化处于世界前列。美国还对战略性关键原材料（如稀土）的获取、供应、储备、替代研究等高度重视。

2011 年 6 月 24 日，美国总统奥巴马宣布了一项超过 5 亿美元的"先进制造业伙伴关系"计划，以期通过政府、高校及企业的合作来强化美国制造业。"材料基因组计划"是"先进制造业伙伴关系"计划中的重要组成部分之一。"材料基因组工程"与"人类基因组工程"类似，通过高通量的第一性原理计算，结合已知的可靠实验数据，用理论模拟去尝试尽可能多的真实或未知材料，建立其化学组分、晶体和各种物性的数据库，并利用信息学、统计学方法，通过数据挖掘探寻材料结构和性能之间的关系模式，为材料设计师提供更多的信息。"材料基因组计划"旨在通过搜集新材料的数据、代码、计算工具等，构建专门的数据库实现共享，缩短材料开发和应用周期，从 10～20 年缩短一半。

2. 欧盟

欧盟先进材料科技战略目标是保持在航空航天材料等领域的竞争领先优势，着眼于材料研究和材料技术的长期基础研究。"欧盟框架计划"是全球最大的官方科技计划之一，为整合各成员国的力量，提升整个欧盟层面的研发水平，欧盟从1984年开始，已顺利实施了六个研发框架计划并取得了丰硕的成果。2007年1月，欧盟启动了第七个科研框架计划。与以往的框架计划相比，该计划具有期限长（2007～2013年）、投资大（532.72亿欧元）、更注重基础科学研究和产学合作、国际合作及发展各国科技机构间长期伙伴关系等特点。

2011年11月30日，欧盟公布了"地平线2020"科研规划提案，规划为期7年，预计耗资约800亿欧元。欧盟提出了非常明确的工作思路——利用科技创新促进增长，增加就业，战胜危机。从2010年"欧洲2020战略"提出建设"创新型欧盟"以来，欧盟对科技创新的重视程度越来越高，制定科研规划投入的力量也越来越大。该规划分基础研究、应用技术和应对人类面临的共同挑战三大部分。其中，基础研究预算为246亿欧元，用于提高欧洲基础研究水平，使欧盟基础研究保持世界先进水平。应用技术研发预算为179亿欧元，将用于推动信息技术、纳米技术、新材料技术、生物技术、先进制造技术和空间技术等领域的研发。在应对人类面临的共同挑战领域的预算为318亿欧元，用于应对气候变化、"绿色"交通、可再生能源、食品安全、老龄化等领域的研发，用于建设"包容的、创新的、安全的社会"。该规划还将向"战略创新议程"项目投资28亿欧元，为中小企业创新投资25亿欧元。

3. 日本

日本是材料大国，也是材料强国。日本科学技术基本计划和国家层面的战略技术路线图（strategic technology roadmap）都把纳米技术与材料作为国家级优先发展领域之一，强调支持科技研发在各学科间和不同领域的融合，着重强调基础研究和战略应用研发，重点解决能源问题的材料技术、实现环境和谐循环型社会的材料技术、构建安全安心社会的材料和利用技术、维持和加强产业竞争力的材料和设备技术、材料共性技术开发等重点科技问题。日本科学技术振兴机构和新能源产业技术综合开发机构对材料的重要技术项目进行资助研发。科学技术基本计划每年的投入约4万亿日元，其中材料和纳米技术的投入约1万亿日元，约占总额的25%。日本在超级钢、高性能合金、高性能陶瓷、碳纤维、超导材料与技术、稀土金属替代材料、纳米功能材料、半导体技术、超高密度信息存储材料等领域的研发居世界前列。

2011 年 3 月，日本福岛核危机爆发后，其未来几年的经济工作重心将放在灾后重建上。日本政府 2010 年 6 月制定的《日本新经济增长战略》将基础设施/系统（核电、高铁及智能电网等）作为转型的五大战略领域之一。可以预见的是，未来日本基础设施的重建绝非低水平的重新建设，将是新材料、新技术的集中展现，其特点必将是绿色、智能及新能源设施与建筑的完美结合。

4. 韩国

韩国新材料科技发展的战略目标是继美国、日本、德国之后，使韩国成为世界新材料产业的强国。在 2008 年颁布的第二期科学技术基本计划中，将存储半导体技术、下一代半导体装备技术、下一代显示器技术、下一代核反应堆技术、核裂变技术、纳米原材料技术、纳米复合材料技术等相关材料作为七大重点研发领域中的重点培育技术，并且将生物材料和工程技术、纳米生物材料、纳米材料应用技术等列为重点培育候补技术，通过集中培育七大技术研发领域和实施七大系统改革，使韩国到 2012 年跻身于世界七大科技强国之列。

韩国长期科技发展长远规划"2025 构想"确定了构建未来产业竞争力必须开发的材料技术清单；韩国生物工程育成基本计划重点研究性能生物材料技术、生命体材料设计和尖端生物材料技术等；零部件、材料核心技术研发计划重点开发零部件产业原创技术；"世界一流材料"项目计划重点开发纳米复合材料、柔性显示材料、二次电池电极材料、生物医用材料、碳化硅材料等。

5. 德国

新材料与制造业之间则存在着极为紧密的联系，其相关产业涉及电子、化工、设备制造、金属加工、汽车、航天、能源等。而德国的制造业水平一直处于世界领先地位，特别是汽车制造、机械制造和化工制造等。新材料作为先进制造行业的基础，德国非常重视对其的研发。德国为了促进新材料创新，多年来持续制定了多项政策。从 20 世纪 80 年代至今，德国先后颁布实行了 MatFo、Matech 和 WING 等多个材料相关规划。随着 21 世纪纳米技术的兴起，德国政府又先后制订了"纳米倡议-行动计划 2010"及其后续"纳米技术行动计划 2015"，以保证德国各大产业在纳米技术领域的创新发展。此外，德国政府还建立了多种创新集群和竞争力网络，借此推动官产学研合作，促进技术-产品-市场的转换,并扶持新创企业和中小企业的发展。在研究实力上,德国主要的国立科研机构包括马普学会、莱布尼茨科学联合会、弗劳恩霍夫协会,囊括了材料研究从基础到应用的各阶段研发领域,并产出了丰硕的研究成果。德国大中型企业更是材料科学研究的重要承担者,其中西门子、巴斯夫、拜耳、博世等跨国集团投入巨资用于材料研发。可见,德国从政府到企业,到科研院所,都进行了大量投入,推动材料科学创新,进而促进各产业发展,提高德国在世界舞台的经济科技竞争力。

第二章

主要国家材料战略
和发展趋势

第一节　美国材料战略和发展趋势分析

冷战时期，美国为了对抗苏联，把军事放在非常重要的地位，国内的经济与科技都是为军事服务的。这一时期，美国政府提出的重大科技发展计划具有浓厚的军事色彩，如"曼哈顿计划""阿波罗计划"及"星球大战计划"等，大多以维护国家安全为最高方针。

克林顿上台后，冷战刚刚结束，美国国内经济发展缓慢，传统的科技政策重军轻民，并面临日本与欧洲的挑战。克林顿政府开始重新审视世界，认为经济已成为各国竞争的决定性因素，而支撑经济发展的科技则是重中之重。这一时期的科技政策日益突出高科技发展，强调军民相结合的科学技术研究，经费投入大幅度从国防领域转向经济与民用技术领域。为了支撑国防及民用技术研究，美国政府在材料领域设置了"美国国家纳米技术计划"（NNI）、"美国能源部未来工业材料计划"（IMF）等研究计划。

布什政府的科技政策，主要方向跟克林顿政府是一致的，但由于"911"等事件的影响，加大了对军事领域的投入。主要投入领域包括教育、基础研究、军事科技、能源技术、信息技术、军民两用，同时强调促进转化，推动出口。布什政府在材料领域则不断加大对 NNI 及 IMF 等计划的投入力度。

奥巴马上台以后，刚刚经历金融海啸，经济危机仍蔓延全球。政府重新认识到仅靠服务业无法支持美国经济走出泥潭，必须重振制造业。美国制造业的振兴不是传统制造业的再兴，而是新兴制造业的培育。建立在新材料科技基础上的材料产业是重点领域之一。美国为了保持新材料领域在全球的领导地位，继续加大对材料领域的投入力度，投入范围越来越广，并制订了新的相关材料科技发展计划，如 2011 年启动的 "材料基因组计划" 等。

一、材料战略分析

美国极其重视材料研究的基础地位，其材料科技战略目标是保持本领域的全球领导地位，支撑信息技术、生命科学、环境科学和纳米技术等领域的发展，满足国防、能源、电子信息等对材料的需求。美国在 2005 年提出的国家五大研发优先领域（反恐、能源与环境、纳米技术、信息技术、分子水平上对生命的理解）发展战略中，材料科学占有重要的地位。以美国陆军为例，其研发预算的 60％与新材料的研发有关，这足以说明材料科学的重要基础地位（美国陆军研究实验室，2012）。美国自然科学基金会（NSF）在材料领域的投入力度也很大，以 2011 年为例，在材料领域的实际研究经费达到 2.95 亿美元。

美国的材料科学研究发展战略部署较为全面，研究工作主要以政府的财政支持为主，致力于基础创新（冯瑞华，2006）。美国对材料研究的重视主要是通过设立重大项目，建立并保持美国在先进材料及其加工技术领域的国际领先地位而实现的。以 "美国国家纳米技术计划" 为例，从 2000 年设立以来到 2011 年为止的资助经费超过 140 亿美元，用于支持纳米技术领域的基础性与应用性研究、建立与发展重点设施、支持纳米技术的各种活动，以保持美国在纳米技术及相关领域的领导地位。

同时，美国还非常重视投资重大科研基础设施，支持材料基础研究，如美国能源部（DOE）的研究机构有艾米斯实验室、阿贡国家实验室、布鲁克海文国家实验室、爱达荷州国家工程与环境实验室、劳伦斯伯克利国家实验室、劳伦斯利弗莫尔国家实验室、桑迪亚国家实验室、洛斯阿拉莫斯国家实验室、美国国家能源技术实验室、国家可再生能源实验室、橡树岭国家实验室、西北太平洋国家实验室、普林斯顿大学等离子体物理实验室、桑迪亚国家实验室、斯坦福大学线性加速器中心等。其中，劳伦斯利弗莫尔国家实验室、桑迪亚国家实验室和洛斯阿拉莫斯国家实验室是三个最大的研究机构，主要从事武器方面的研究。其他比较活跃的包括：艾米斯实验室，该实验室主要从事材料方面的研究；阿贡国家实验室、布鲁克海文国家实验室、橡树岭国家实验室和劳伦斯伯克利国家实验室为多领域研究机构，在很多领域的研发活动都非常活跃；西北太平洋国家实验室也属多领域研究机构，专门从事化学研究，同时也涉及一些材料研究工作；橡树岭国家实验室拥有庞大经费支持和大量的人才，也进行大量材料方面的研究工作。美国国家标准与技术研究院（NIST）的机构和实验室主要分布于马里兰州盖瑟斯堡（Gaithersburg）和科罗拉多州的玻尔得（Boulder），玻尔得实验室主要开展化学、物理、材料、工程和信息科学方面的研究工作。除了 DOE 和 NIST 从事材料研究外，美国海军研究实验室、陆军研究实验室、空军研究实验室、美国国家航空航天局（NASA）艾姆斯研究中心、格伦研究中心等政府机构也进行多方面的材料研究。

为了推动网络设计，美国还建设大型材料数据库，降低设计门槛。2012 年，美国推出"先进制造业伙伴关系"（AMP）（The White House，2011）计划框架下的全美制造业创新网络（NNMI）（The White House，2012a），中小企业和个人都能参与其中。NNMI 旨在建立相关的超大容量的专业网络数据库，供材料设计者使用。2011 年出台的"材料基因组计划"（The White House，2012b）也强调开发新的集成式计算、实验和数据信息工具，这些软件和集成工具将贯穿整个材料链，它们采用一种开放平台进行开发，以满足制造业设计网络化的需求。

近年来，在材料科学与工程一体化趋势下，美国的大学、工业和政府实验室更趋向密切合作，致力于缩短先进材料从创新到商业化应用的周期，"材料基因组计划"将为新的研究范式发展提供必要的工具集，强大的计算分析将减少对物理实验的依赖。改进的数据共享系统和更加一体化的工程团队将允许设计、系统工程和生产活动的重叠与互动。这种新的综合设计将结合更多的计算与信息技术，再加上实验与表征方面的进步，将显著加快材料投入市场的种类及速度。美国国家科学院国家研究理事会在其综合计算材料的报告中介绍了潜在的结果：结合材料计算工具与信息及复杂的已在工程领域使用的计算与分析工具，材料的开发周期可从目前的 10～20 年缩短一半。

美国对材料研究开发的管理与其他研发领域一样，以间接管理为主，实行的是分散决策、统一协调的科研体制，联邦政府中没有专门的科学管理部门。联邦政府对全国科学技术的作用和影响，以及对全国科学技术的管理并不是直接通过政策进行的，而主要是通过经济手段进行，通过联邦政府的研究与发展经费来控制。联邦政府在科技发展中的作用主要是着重于宏观管理，以间接干预为主，通过制定强有力的经济与科技法律、法规，创造一个有利于科技进步的大环境。联邦政府在科技支持方面，主要着眼于基础研究的统一管理，协助解决因技术变革出现的暂时困难，确保美国在全球高技术领域的竞争力；以适当的方式帮助参与投资大、风险大的关键企业度过风险期；对重大的、跨学科、综合性技术领域及公用技术领域给予适当扶持；开展知识产权保护的立法和执法；建立和执行统一的技术标准，对企业的技术研究与开发给予税收上的优惠。在这种环境下，在材料领域的科技政策管理也是如此，企业与国防部门在诸如隐形材料等材料领域的研究发挥了重要的作用。

美国的科技计划分为中长期计划和年度计划，中长期计划一般是由国家科学技术委员会制订的跨政府部门的综合性国家科技计划和科技战略计划；年度计划主要是指 NSF 的年度投入，NSF 是专职科技资助部门，主要资助基础研究（不含医学）。联邦政府设立实施了一系列国家重大科技计划来支持科技的发展，如 NNI、IMF、"光伏计划""下一代照明光源计划""先进汽车材料计划""化石能材料计划""NSF 先进材料与工艺过程计划""材料基因组计划"等。

二、材料计划分析

美国国防部（DOD）、DOE、NSF、NIST、NASA 等机构主要负责与材料相关的基础研究。其中 DOE 负责国内能源供应和国家安全，是联邦政府在自然科学领域进行基础研究的主要机构。NSF 的使命是推进基础研究、教育及大学和研究机构的基础设施建设。NSF 只有少数几个研究机构，但主要为科学与工程各领域提供资助。DOE 和 NSF 对材料基础研究投入巨大，用于材料研究方面的经费连年增加。美国在材料领域的研究战略与计划大多数是在 2000 年以后制定的，主要研究战略与计划如表 2-1 所示。

表 2-1　美国材料领域主要研究战略与计划

计划名称	时间	主要内容
美国国家科学基金会材料学科年度计划	每年	材料学科的资助计划主要包括材料科学进步重点领域，如可持续发展科学工程和教育（SEES）、超越摩尔定律科学与工程（SEBML）等项目。资助范围涵盖了材料研究和教育等，资助领域广泛，包括凝聚态物质和材料物理、固体化学和材料化学、多功能材料、电子、光子、金属、超导、陶瓷、高分子、生物材料、复合材料和纳米结构等（温新民和左金凤，2009；NSF，2012）
美国能源部未来工业材料计划	2000～2004 年	重点关注以下四个领域并优先开展相关研究：①抗衰退材料，致力于材料和保护系统的开发，以推动工业加工实现更高的效率和生产率；②能源系统材料，致力于开发先进耐火材料和绝缘材料，并通过创新的概念，来实现降低能量损失，回收废能；③分离材料，致力于开发用于化学品、石油炼制、林产品和采矿等行业的低能耗替换分离系统；④热物理学数据库与模拟，建立热物理学数据库，发展模拟能力，特别是发展模拟和优化高温工业加工、高磨损、高腐蚀等恶劣使用环境中材料性能的能力（DOE，2012b）
材料基因组计划	2011 年	"材料基因组计划"是"先进制造业伙伴关系"计划的组成部分之一，其预算为 1 亿美元。重点包括以下三方面的内容：①打造材料创新基础；②通过先进材料实现国家目标；③培育下一代材料工作者。"材料基因组计划"将使得美国公司能够以比现在快一倍的速度及足够低的成本发现、研制、制造并部署先进材料

计划名称	时间	主要内容
美国能源部基础能源科学计划(材料科学与工程部)	每年	材料科学与工程部的核心研究活动分为三大部分:①材料发现设计与合成,包括材料化学、生物分子材料、合成与过程科学;②凝聚态与材料物理,包括实验凝聚态物理、理论凝聚态、材料物理行为、机械行为与辐射效应;③散射和仪器科学,包括X射线散射、中子散射、电子与扫描探针显微镜等(DOE, 2012c)
美国国家纳米技术计划	每年	2000年1月21日开始启动,截至2011年资助经费累计超过140亿美元,成为联邦政府科技研发第一优先计划。NNI不仅支持纳米技术的基础性和应用性研究,创建卓越多学科中心和发展重点研究设施,还支持纳米技术的社会影响活动,包括道德、法律、人类与环境健康,以及相关的劳工关系等问题。2011年,NNI的战略目标和投资的项目主题领域包括八个方面:纳米现象与过程的基础研究;纳米材料;纳米器件与系统;纳米技术仪器仪表研究、计量和标准;纳米制造;主要研究设施和仪器仪表的采购;环境、健康与安全;教育社会层面
美国环境保护署纳米材料研究战略	2009年	2009年颁布的纳米材料研究战略强调将重点研究纳米材料的安全性能(EPA, 2009)。在这项新战略中,EPA将研究重点放在七种类型的纳米材料上:单壁碳纳米管、多壁碳纳米管、富勒烯、氧化铈、银、二氧化钛和零价铁
固态照明研究与发展计划(SSL)	每年	为了加强DOE与SSL产业和学界之间的联系,DOE制定了一个广泛全面的SSL研发组合,其主要内容包括基础能源科学、核心技术研究、产品开发、制造业研发、商业化支持及SSL合作伙伴关系等
光伏计划等	2011年	SunShot计划的目标在于降低太阳能技术成本,以推动大规模采用这种可再生能源技术(DOE, 2011a)。2011年8月启动的"SUNPATH"计划,旨在通过5000万美元的投入,增加国内太阳能生产市场,并以此带动经济发展,保证美国21世纪在清洁能源领域继续保持领先地位(DOE, 2011b)
化石能材料计划	每年	能源部化石能计划的一部分,目标是提供材料技术基础,开发煤燃料技术先进动力生产系统,2003年度的预算就达到了8.16亿美元
先进汽车材料计划	每年	由美国能源部与汽车材料联合会共同管理,包括汽车材料子计划和汽车推进系统材料子计划等

三、材料产业化政策

美国政府没有专门针对产业发展的政策体系,其产业的发展以市场导向为主,政府则通过支持基础研究、营造有利于私人部门创新的环境,以及制定相关的税收优惠政策来刺激企业不断增加对研发的投入,促进产业的发展。美国的基础研究与技术开发十分强调考虑商业上的适用性,要求大学、实验室及产业界建立起紧密的工作关系。

美国联邦政府和州政府在职权上分工明确。科技研发投入属于公共支出，基本由联邦政府承担。在新技术利用、高技术发展及技术推广服务等方面，州政府可从自由职权范围出发，采取有关政策措施加以促进，包括通过改进本地教育（特别是本州公立中小学的教育），提高科学教育水平；通过成立各种非政府、非营利机构，开展技术开发和成果推广服务；通过营造良好的科研环境和投资环境，吸引高科技企业（李乐，2004）。

例如，DOE 2001 年启动的"下一代照明光源计划"的目标是就是要联合产业界、学术界和国家重点实验室的力量，加速半导体照明技术的发展和应用。2011 年 6 月 24 日宣布的"先进制造业伙伴关系"计划，也强调通过政府、高校及企业的合作来强化美国制造业。"材料基因组计划"是上述计划的组成部分之一，该计划将使得美国公司能够以比现在快一倍的速度以及足够低的成本发现、研制、制造并部署先进材料。材料产业的发展将催生多个数十亿美元规模的产业，将在应对制造业、清洁能源与国家安全领域存在的挑战发挥巨大的作用。可以看出，美国当前的科技政策更加重视科技成果的商业化和开发新市场的改革，"下一代照明计划""材料基因组计划"等也都体现出了这一特点。

四、材料科技研发投入

自 20 世纪 80 年代以来，美国研发经费稳步增长，2008 年达到 3981.94 亿美元，远远超过其他国家，较 1981 年增长了 4.47 倍，占经济合作与发展组织（OECD）国家总量的 41.24%（OECD，2011）。美国的研发强度（国内研发经费总额占 GDP 的比例）也非常高，长期稳定在 2.6% 左右，2008 年达到 2.78%，在主要发达国家中仅次于日本的 3.44%（图 2-1）。奥巴马政府已在《美国创新战略》中制定了未来要进一步提高至 3% 的目标，这一强度甚至超过了太空竞赛时期的水平（DOE，2012a）。

美国研发经费来源主体是企业，2008 年企业投入经费 2678.47 亿美元，占总经费的 67.26%；其次是政府，2008 年投入 1077.27 亿美元，占 27.05%；来自高校和非营利机构的经费很少，仅分别占 2.66%（106 亿美元）和 3.02%（120.20 亿美元）。总体来看，各个部门研发经费投入都呈上升趋势，1981～2008 年，企业和政府的研发经费投入分别增长了 6.45 倍和 2.1 倍（图 2-2），前者增幅已经超过了平均增幅，表明企业在推动研发经费投入的持续增加上发挥了越来越重要的作用。

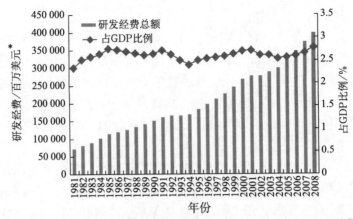

图 2-1　1981～2008 年美国研发经费总额及占 GDP 比例的变化态势[①]

* 按购买力平价现值美元计

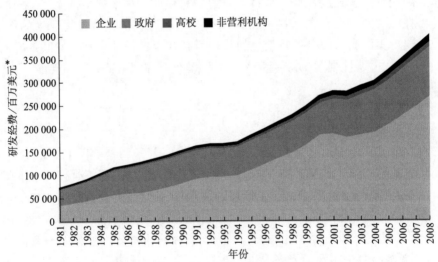

图 2-2　1981～2008 年美国研发经费按来源部门的变化态势[①]

* 按购买力平价现值美元计

DOE 基础能源科学 2001～2013 财年材料科学与工程领域经费年度发展趋势见图 2-3。2001～2011 财年为实际经费，2001 财年经费 5.12 亿美元，2011 财年经费为 11.62 亿美元，单纯从经费上来看，十年来经费增长翻番。2012 财年为预算经费，2013 年为请求经费，分别为 12.21 和 13.39 亿美元。材料研究总经

---

① http://stats.oecd.org/index.aspx

费主要包括材料科学与工程研究、机构设施运行费用、中小企业创新研究计划/
技术转移计划（SBIR/STTR）等方面。

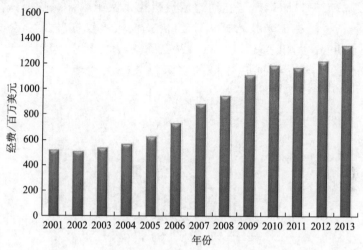

图 2-3　2001～2013 财年 DOE 材料科学与工程领域经费年度发展趋势

NSF 材料领域 2001～2013 财年研究经费发展趋势见图 2-4，总体上来讲，
经费增长较为平稳。2001～2011 财年为实际研究经费，经费基本维持在
2.00 亿～3.00亿美元，其中 2009 财年包括复苏法案追加的 1.08 亿美元。2011
年实际研究经费为 2.95 亿美元，2012 年预算经费为 2.95 亿美元，2013 财年请
求经费为 3.03 亿美元。

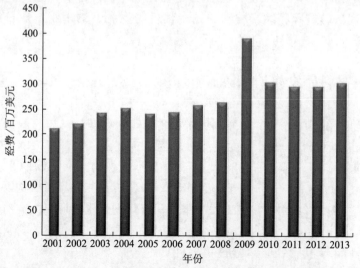

图 2-4　2001～2013 财年 NSF 材料领域研究经费发展趋势

美国一直重视纳米技术领域的发展，在纳米领域的投入一直很大，图 2-5 显示了美国 NNI 研究经费年度发展趋势，NNI 作为一个国家计划，本身并没有经费支持科研，但是它通过成员机构来实施联邦财政预算资助的科技研发活动。美国在纳米技术研发上的科技投入逐年提升（National Nano-technology Initiative，2012a）。2001～2010 财年为实际投入经费，2011 年的经费为基于 2011 年 3 月 4 日年前的实际投入做出的测算，2012 年的为预算值。

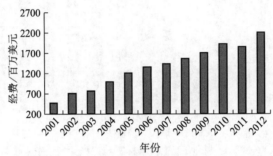

图 2-5　2001～2012 财年 NNI 经费发展趋势

NNI 的主要领域涉及 25 个机构的纳米科技相关活动，其中 15 个已对2011 年的纳米技术研发投入做出了预算。拟议 NNI 的 2011 财年预算是 17.6亿美元。其中对纳米材料的资助为 3.42 亿美元。本次预算设立了新的重点，即加速转化基础研发成果和能力到支撑可持续能源、环境保护和健康等国家优先领域的创新中。NNI 战略规划中直接与材料本身密切相关的包括基本的纳米尺度现象与过程、纳米材料、纳米器件与系统、纳米制造业及纳米技术的设备研究等。

五、主要材料研发机构和设施

材料研究在美国各科学研究领域中的地位举足轻重。从事材料研究的主要有美国一些政府机构、高校、企业等，政府机构在引领材料发展和技术前沿方面发挥了重要作用。以下主要介绍政府的一些研究机构，主要有 DOE 基础能源科学办公室、NSF 数学物理科学部、NIST、NASA 及一些军事机构等。

DOE 主要支持材料科学与工程的基础研究计划，重点研究方向有实验凝聚态物理学、理论凝聚态物理学、中子与 X 射线散射、材料化学、材料结构与组成、机械性能与辐射效应、材料物理性能、合成与加工科学、工程研究等。DOE 基础能源科学办公室材料科学与工程部支持对宏观材料行为本质的探索，以及其与原子、分子和电子结构之间的基本联系。材料科学与工程部的核心研究活动主要材料发现设计与合成、凝聚态与材料物理、散射和仪器科学等。此外，该部门还关注材料物理转换过程的概念化、计算化和预测过程以及支持先进实验或计算工具与技术的开发等。

NSF 对材料学科的资助计划主要包括在材料科学进步重点领域，如可持续发展科学工程和教育（SEES）、超越摩尔定律科学与工程（SEBML），以及生物、数学与物理科学工程等领域增加合作项目。NSF 的资助范围涵盖了材料研究和教育等，资助领域广泛。NSF 对材料的研究资助渗透到各个学校与研究机构，覆盖面相当广泛，而 NSF 本身并没有下属的相关研究机构。

NIST 是隶属于商务部的机构，其下属的实验室主要分布在马里兰州的盖瑟斯堡和科罗拉多州的玻尔得。与材料相关的研究工作主要在玻尔得开展。NIST 的材料研究包括材料测量技术和测试方法方面的研究，提供标准、标准参考数据及有关服务。

NASA 和一些军事机构则侧重于海上、空间、航空航天和特殊性能材料的研发。美国的材料主要研究机构及其重要基础设施如表 2-2 所示。

表 2-2　美国材料主要研究机构及重要设施

机构		主要研究方向	重要基础设施
美国能源部	阿贡国家实验室	高温超导、高分子超导材料、薄膜磁性材料、表面科学、纳米材料等	ALCF 领先计算设施①、纳米相材料中心②、电子显微中心（阿贡，西场所）③
	艾米斯实验室	磁性材料、超导材料以及稀土元素的实验与理论研究等	材料制备中心④
	布鲁克海文国家实验室	超导材料、先进永磁材料、电池材料的合成、金属材料腐蚀机理、玻璃水泥材料、纳米材料、高分子导体等	功能型纳米材料中心、计算科学中心、环境废物技术中心
	爱达荷州国家工程与环境实验室	金属、陶瓷与复合材料，纳米复合材料，颗粒材料的开发，计算材料科学与材料加工等⑤	复合材料与燃料中心⑥

① Argonne Leadership Computing Facility. http：//www. alcf. anl. gov/index. php ［2012-06-12］

② Center for Nanoscale Materials. http：//nano. anl. gov/ ［2012-06-12］

③ Materials Science Division. Electron Microscopy Center. http：//www. msd. anl. gov/groups/emc/ ［2012-06-12］

④ Materials Preparation Center. http：//www. ameslab. gov/mpc ［2012-06-12］

⑤ Materials Science and Engineering. https：//inlportal. inl. gov/portal/server. pt?open＝514&objID ＝1650& parentname＝CommunityPage&parentid＝7&mode＝2&in＿hi＿userid＝200&cached＝true ［2012-06-12］

⑥ Facilities. https：//inlportal. inl. gov/portal/server. pt/community/facilities/261 ［2012-06-12］

续表

机构		主要研究方向	重要基础设施
美国能源部	劳伦斯伯克利国家实验室	超导材料、薄膜材料、生物高分子、复合材料、磁性材料、纳米材料、微电子学材料与器件、表面科学及理论研究等①	国家能源研究科学计算中心、先进光源、分子工厂、国家电子显微中心②
	劳伦斯利弗莫尔国家实验室	金属与合金材料、陶瓷材料、激光材料、金属间金属电子材料、抗腐蚀性与耐磨性材料等	凝聚态与材料
	洛斯阿拉莫斯国家实验室	电子材料、微结构发展理论、等离子体浸没离子注入技术、纳米材料等	集成纳米技术中心
	橡树岭国家实验室③	超导材料、磁性材料、薄膜材料、电池材料、热电材料、表面、高分子材料、陶瓷与合金材料、纳米材料等	国家计算科学中心及 OLCF 领先计算设施、催化作用基础与应用研究中心、结构材料缺陷物理中心、高温材料实验室、纳米相材料科学中心
	西北太平洋国家实验室	金属和合金应力腐蚀裂纹、高温耐腐蚀陶瓷材料、陶瓷材料的辐射效应等	化工与材料科学、计算科学中心④
	桑迪亚国家实验室⑤	陶瓷材料、金属材料、纳米材料等、玻璃与陶瓷材料的胶粘与润湿	集成纳米技术中心
高校	斯坦福大学	纳米材料、磁性材料、磁性薄膜材料、磁性记忆媒介材料	线性加速器中心、Geballe 先进材料实验室⑥
	普林斯顿大学	金属与合金材料、陶瓷材料	等离子体物理实验室
	康奈尔大学	能源材料、仿生材料等⑦	先进计算中心计算材料研究所
	麻省理工学院	纳米材料、光子器械与材料、磁性材料、材料加工等⑧	材料科学与工程院材料科学计算与分析组⑨、材料加工中心

---

① Materials Sciences Division. http：//www. lbl. gov/msd/research _ and _ facilities/index. html ［2012-06-12］

② The Molecular Foundary. http：//foundry. lbl. gov/ ［2012-06-12］

③ http：//www. olcf. ornl. gov/ ［2012-6-12］

④ http：//www. pnnl. gov/science/highlights/highlight. asp? id＝1069 ［2011-11-20］

⑤ Materials and Modeling Simulation. http：//www. cs. sandia. gov/capabilities/MaterialsModelingSimulation/index. html ［2012-6-12］

⑥ http：//www. stanford. edu/group/glam/research. html ［2012-06-12］

⑦ http：//www. mse. cornell. edu/research/matrix. cfm ［2012-06-12］

⑧ Las，centers and programs. http：//web. mit. edu/research/topic/materials. html♯labs ［2012-06-12］

⑨ Computational and Experimental Design of Emerging Materials Research Group. http：//burgaz. mit. edu/ ［2012-06-12］

续表

	机构	主要研究方向	重要基础设施
美国国家标准与技术研究院	盖瑟斯堡实验室	纳米材料、材料的表征	纳米科技中心、材料检测实验室①
	博尔德实验室	陶瓷部门研究电子与光电子材料、磁性材料、纳米材料以及材料表征等；材料可靠性部门主要进行微观结构传感研究；冶金部门主要从事磁性材料、材料性能、结构与表征等研究	理论与计算材料科学中心
其他科研机构	美国海军研究实验室/海军部②	能源存储、磁性材料、辐射材料、超导材料、材料的界面与表面性质等	计算材料科学中心③、纳米技术研究所
	美国陆军研究办公室	材料的性能与稳定性、高性能材料等的研发	材料科学部
	美国空军实验室	空间、航空低成本军用材料	材料和制造局
	美国宇航局埃姆斯研究中心	热保护材料、纳米材料等	纳米技术部
	美国宇航局格伦研究中心	航空材料	金属技术分部

1. 阿贡国家实验室

阿贡国家实验室（ANL）（Argonne National Labotatory，2012a）是隶属于DOE最大、最古老的国家实验室，主要从事科学与相关技术方面的研究，拥有大约2800名雇员，超过1000位的科学家和工程师，其中3/4的人拥有博士学位。ANL的年度运作经费大约为6.95亿美元，支持200个左右的研究项目，也与企业级别的研究机构开展广泛的合作，自1990年以来，已与600多家企业、众多的联邦机构及别的组织开展了合作。ANL也非常注重开发新的方法，促进创新与发现，有20多个与产业合作紧密的部门。实验室也积极寻求机会，促进研究成果的转移转化。ANL主要研究领域包括计算、环境与生命科学；能源工程与系统分析；物理科学与工程；光子科学。

该实验室的重大实验装备主要包括先进光子源（APS）、纳米尺度材料中心（CNM）、阿贡串联直线加速器系统（ATLAS）、电子显微镜中心（EMC）、阿贡国家实验室领先计算设施（ALCF）、交通运输研究和分析计算中心

---

① Material Measurement Laboratory. http：//www. nist. gov/mml/［2012-6-12］
② About NRL. http：//www. nrl. navy. mil/［2012-6-12］
③ Center for computational materials science. http：//cst-www. nrl. navy. mil/［2012-6-12］

（TRACC）、大气辐射测量气候研究设施（ARM）。跟材料研究有关的实验装置主要有先进光子源，纳米尺度材料中心以及电子显微术中心。

先进光子源提供美国亮度最高的存储环产生的 X 射线束流。APS 的 X 射线可使科学家们获得对地球中心和外层空间以及各点之间材料的结构和功能的新知识。这项研究所获得的知识可能会影响内燃机和微电路的发展，协助开发新药以及尺度在十亿分之一米的开创性纳米技术等。这些研究会深远地影响美国的技术、经济、健康以及人类对构成世界材料的基本了解。

纳米尺度材料中心（CNM）[①] 是 DOE 五个纳米科学与技术研究中心之一，为跨学科的纳米科学与技术研究提供专业知识，工具及基础设施。无论是学术界、工业界还是国际研究人员都可以访问该中心。该中心的目标是支持基础研究与先进仪器的研制，鼓励支援新的科学见解，开发具有独特功能的新材料，促进与能源相关的研究。其主要研究方向包括生物与无机界面、纳米碳、复合氧化物、纳米光学、X 射线纳米探针等。

电子显微术中心（EMC）[②] 利用电子束独特的微结构表征功能进行相关的材料研究，EMC 研究人员与材料科学部、其他分部、大学以及其他实验室的研究人员进行广泛的合作研究，研究领域主要包括以显微术为基础的高温超导材料在金属和半导体中的辐射效应、相变，处理加工薄膜中界面的相关结构和化学研究等。

2. 劳伦斯伯克利国家实验室

劳伦斯伯克利国家实验室（LBNL）是 DOE 所属的科学和能源研究实验室之一，由加利福尼亚州大学管理并负责进行跨学科的科学研究。该实验室有科学家、工程师、技术支持人员与学生近 4200 名。实验室 2011 年的经费预算为 8.36 亿美元，实验室开发的技术创造了成千上万的就业机会，并已创造了数十亿美元的收入。

LBNL 研究的领域非常宽泛，包括高能物理、地球科学、环境科学、计算机科学、能源科学、材料科学等多个学科。LBNL 的重要基础设施主要包括先进光源、能源科学网络、联合基因组研究所、分子铸造、国家电子显微镜中心以及国家能源研究科学计算中心。与材料有关的设施包括先进光源、分子工厂、国家电子显微镜中心等。

---

① About Argonne. http：//www. anl. gov/Administration/index. html［2012-06-12］

② Materials Science Division. Electron Microscopy Center. http：//www. msd. anl. gov/groups/emc/［2012-06-12］

先进光源中心[①]对材料的研究主要集中在磁性材料、高分子材料及半导体材料等。

分子工厂[②]主要协助纳米领域的研究，包括无机纳米结构设备；有机、高分子与生物高分子纳米结构设备；生物纳米设备；成像与控制设备；纳米材料的合成、表征以及纳米材料的理论研究。

国家电子显微镜中心[③]是电子光学领域最先进的仪器与表征中心，中心提供先进仪器、技术与专家帮助进行材料的先进电子束微表征。其主要研究材料的缺陷与变形、材料相变的机理与动力学、纳米材料、薄膜材料以及微电子材料与器件。

3. 橡树岭国家实验室

橡树岭国家实验室（ORNL）是 DOE 所属最大的科学和能源研究实验室。拥有大约 4600 名雇员，超过 3000 位的科学家和工程师。ORNL 的年度运作经费大约为 14 亿美元，其中 80％用于与能源相关的研究，20％用于其他研究。随着现代设施建设的进展，前沿研究成为可能，ORNL 对未来的大科学任务进行了重新定位，其研究领域主要包括神经科学、生物系统、能源科学、先进材料、国家安全以及先进的计算和其他有关的研究领域。

ORNL 拥有众多的重要科学研究设施，如纳米材料科学中心、基因科学中心、超级计算机中心、散裂中子源、高通量同位素反应堆等，目前已发展成为大型的综合性研究基地，对美国的发展作出了巨大贡献。

ORNL 的材料研究是美国最强的材料研究基地之一，涵盖的范围极为广泛，从基础研究到几乎所有种类材料的应用。ORNL 在材料合成、加工与表征方面具有独特的优势。其材料研究领域主要包括催化材料、结构缺陷材料、纳米材料科学、高温材料、极端环境材料、材料科学与技术、物理研究、可持续交通计划等。

催化基础与应用研究中心拥有来自世界各地的研究人员，有最先进的科学设施与仪器。从事的研究工作涵盖了基础研究到各个方面的应用，主要包括设计与合成新的催化剂、基础表面科学、理论建模与表征等。

结构材料缺陷物理中心为能源研究的前沿研究中心，致力于基础研究，对

---

① Advanced Light Source. http：//www-als. lbl. gov/index. php/research-areas. html ［2012-06-12］

② The Molecular Foundry. http：//foundry. lbl. gov/ ［2012-06-12］

③ National Center For Electron Microscopy. http：//ncem. lbl. gov/frames/center. html ［2012-06-12］

缺陷、缺陷相互作用及缺陷力学进行原子层面的控制。其主要研究领域包括辐照条件下的缺陷形成与发展、变形过程中的缺陷相互作用等。

纳米材料科学中心是 DOE 五个纳米尺度科学研究中心之一，重点研究纳米级磁性与迁移、催化和纳米结构单元、纳米制造、理论建模与模拟、纳米材料的设计与结构控制、结构与功能的相互关系、大分子纳米材料、纳米材料理论与仿生纳米材料等。

高温材料实验室致力于解决与发电系统的能量转换、分配和使用的效率，以及与可靠性相关的材料问题。为来自美国工业界、大学和联邦实验室的研究人员提供技术熟练的员工和独一无二的材料表征仪器，并协助教育和培训材料研究人员。其主要用于材料的微观结构表征、微量化学、物理和机械性能研究。

工业技术项目致力于开发新型材料、新型材料加工等。目前的研发领域主要包括材料的高温处理、反应与分离、纳米制造、替代燃料与原料的开发，以及无线传感器等方面的研究。

六、总体发展趋势

作为各个行业发展的基础，材料领域的研究在美国科学研究中占有举足轻重的地位，美国在新材料领域的科技战略目标是保持本领域在全球的领导地位，并支撑信息技术、生命科学、环境科学与纳米技术等领域的发展，以满足能源等重要部门对新材料的需求。近年来，美国国防部（DOD）、DOE、NSF、NIST 及 NASA 等对材料研究领域的投入逐年增加，政府也日益重视材料及其产业在国家竞争中的作用。美国为保持其材料科技的国际领导地位，制定了详细的材料技术发展路线图，明确了发展目标和路线。政府虽较少直接干预科技政策的制定，但高度重视高技术产业的发展，采取一系列措施，如运用立法手段、制定和执行新的科技发展战略与计划等来推动高新技术产业的发展。"材料基因组计划""固态照明计划"等都为引导和促进材料产业快速发展、制造业的回归等发挥了重要的作用。

从研发投入来看，DOE 对材料的投入是最大的，DOE 拥有阿贡国家实验室、艾米斯实验室、布鲁克海文国家实验室、爱达荷州国家工程与环境实验室、劳伦斯伯克利国家实验室、劳伦斯利弗莫尔国家实验室、洛斯阿拉莫斯国家实验室、橡树岭国家实验室及西北太平洋国家实验室等众多世界级实验室，绝大多数领域的研究都处于世界领先水平。NSF 对材料的研究资助渗透到各个学校与研究机构，覆盖面相当广泛。

基于美国材料战略、计划、研发机构等的分析，美国未来材料的发展将以能源材料（如聚变材料、太阳能材料、燃料电池材料、氢能材料等）、计算材料、高温超导材料、纳米材料、生物材料、高分子材料、多功能复合材料、特殊性能的航空航天材料等为重点研究方向。

第二节　日本材料战略和发展趋势分析

日本是材料大国，也是材料强国。日本长期实施"科技立国"战略，1994年做出重大战略部署，由"科技立国"转向"科技创新立国"，强调日本要告别"模仿与改良的时代"，把科技政策的重点放在"开发有独创性的科学技术"方向，力争从一个技术追赶型国家变为科技领先型国家。"科技创新立国"战略提出之后，日本政府在1995年年底颁布了《科学技术基本法》，以立法的形式规定了日本的科技发展战略，明确了科技发展战略的具体目标。1996年，日本开始实施第一期科学技术基本计划，此后又连续实施了三期科学技术基本计划，目前正在实施第四期科学技术基本计划，这些计划都强调了材料及其产业等高新技术在国家发展战略中的重要战略地位。2009年12月，日本经济产业省发布了"新成长战略"[①]，包括环境能源战略、健康战略、亚洲战略、旅游观光战略、科技战略、人才战略六大领域，并制定了具体目标任务和主要措施，材料研发及产业化在各领域战略中发挥了重要作用。

一、材料战略分析

日本历来都十分重视材料的研发，采取了一系列战略和措施促进材料科技和材料产业的发展（陈广金，2011），如确定重点发展领域和重点科技问题、建立产业集群、知识集群、创新集群等。

1. 政府连续制定四期科学技术基本计划，确定了材料重点发展领域

日本长期实施"科技立国"战略，1994年由"科技立国"转向"科技创新立国"，1996年开始实施第一期科学技术基本计划，目前正在实施第四期科学技术基

---

① 新成長戦略（基本方針）. http：//www.cao.go.jp/cstp/budget/aptf/green1/sanko1.pdf＃page＝1［2009-12-30］

本计划（2011～2015 年），这些计划都强调了材料等高新技术在国家发展战略中的重要地位，确定了重要的发展方向。第二期和第三期科学技术基本计划强调了优先发展生命科学、信息通信、环境科学，以及纳米技术与材料领域，有效分配研发资源，同时也要推动能源、制造技术、社会基础设施和前沿科学领域的研发。

日本在材料领域的重点发展方向包括解决能源问题的材料技术、实现环境和谐循环型社会的材料技术、构建安全安心社会的材料和利用技术、维持和加强产业竞争力的材料和设备技术、材料共性技术开发等。日本在纳米技术领域的重点发展方向包括纳米电子、纳米生物材料与技术、纳米计测和加工技术、纳米生物系统机制等。日本的科学技术计划提出了材料领域十大战略重点科学技术。其中，解决社会问题和困难的创新材料科学和技术包括：①解决清洁能源成本大幅降低的创新材料技术；②解决资源问题中稀有资源和不足资源的替代材料创新技术；③支撑安全生活的创新纳米技术和材料技术；④以改革创新为核心的新型材料技术。新一代创新科学技术包括：①突破设备性能界限的先进电子设备；②实现超早期诊断和微创治疗一体化的先进纳米生物医疗技术。加快创新材料和技术的基础推进研究包括：①能被社会接受的纳米技术研究开发；②创新研究和发展中心的纳米技术创新的商业化开发；③纳米领域先进计测和加工技术；④X射线自由电子激光器开发和共享①。

2. "新成长战略"促进材料等新产业的发展

为了解决经济长期低迷、金融危机冲击实体经济的难题，2009 年 12 月，日本推出了"新成长战略"，2010 年 6 月，日本内阁通过"新成长战略"最终决议，日本新的产业政策的内容和目标也逐渐浮出水面，成为指导日本产业发展的重要依据，而新产业政策的实施也预示着日本走向新的增长模式。从创造"供给"为主转向创造"需求"为主的政策，从扶持"硬产业"到扶持"软产业"出口政策的转变，从直接扶持产业到培养产业活力政策的转变等这些政策都大大促进了日本产业发展特别是材料产业的发展（金仁淑，2011）。

"新成长战略"除了减税之外，还在产业方面提出了七大重点领域：①在全球 2020 年温室气体减排 25％的压力下，运输部门、原子能等各个领域都蕴含着较大的机遇，存在巨大的需求；②将日本建设为"健康大国"，日本由于少子、高龄等问题，国民对于医院、介护等各个领域都信心不足，因此，日本政府要

---

① 第三期科技技术基本计划纳米材料领域．http：//www.cao.go.jp/cstp/kihon3/bunyabetu6-2.pdf
[2011-09-13]

从养老金、医疗、介护等各个方面出发，加大政府的投入；③亚洲战略，亚洲高速增长的地区面临着许多的问题，包括与城市化、工业化相伴的环境问题，日本在铁路、公路、电力、水等各个领域都有较大的优势，可以满足这些地区的需求；④观光立国；⑤科技、信息通信立国战略；⑥就业与人才；⑦金融战略。在以上七个领域，日本内阁府都设立了 2020 年要实现的目标。

3. 官产学研通力合作，发展材料科技的研发和产业化

日本政府主要通过立法和经济援助等方式引导企业和大学开展合作，在法律框架下，政府、企业、大学和研究机构在材料产业发展目标、技术开发、生产和推广等方面通力合作，各司其职，取得了较好效果。日本政府还先后建立了共同研究制度、委托研究制度、委托培训制度、捐赠制度、研究室制度、经费划拨与使用制度、人员互派制度等一系列行之有效的制度（刘民义，2009），促进官产学研之间的合作。

日本经济产业省的材料研发计划和项目都非常注重材料基础研发和实用化（或产业化）的联合研究开发。计划项目的共用基础研究开发事业多通过委托实施，而面向市场化产业界实用化技术研究开发事业多通过补助金的形式实施。

4. 制定一系列政策和措施，加大对新材料产业的指导和扶持

1998 年，日本国会通过了促进大学技术研究成果向民营企业转让的相关法律《大学技术转移促进法》和《研究交流促进法》的部分修正案。根据《研究交流促进法》的部分修正案的规定，民间企业在国立大学及国立试验研究机构等所在土地上建设共同研究设施，其土地使用费给予优惠。2004 年 4 月，日本开始实施国立大学法人化制度，以推进产学合作。此外，日本政府还通过设立"高科技市场"等中介机构来促进大学科研成果向民间企业转移和研究成果产业化。"高科技市场"由日本科技厅所属的日本科技振兴机构负责经营和管理；科研人员所进行的研究如果得到"高科技市场"的经费资助，其所获专利将与科学技术振兴事业团共有，有关科研人员可获得专利收入的 50%～80%。

2000 年，日本政府颁布的《产业技术力强化法》规定，在一定的条件下，大学教员可以接受顾问费，在将自己的技术发明商品化的过程中，可在企业兼职，获得认可的技术转移机构可以免费使用国立大学的设施。2001 年，经济产业省开始实施"中小企业支援型研发事业"，促使企业与产业技术综合研究所及其研发人员开展合作研究，对拥有可望迅速实用化的萌芽技术的企业给予资助。2003 年，新能源产业技术综合开发机构启动了"产业技术研究培育事业"，凡产

业界希望在大学里开展研究课题、年轻研究人员向企业提出了高质量的科研建议、年轻研究人员和中小企业相结合组成研究团队，都有望获得资助和补贴（王玲等，2006）。

日本科技振兴机构在推进产学研合作方面也发挥了重要作用。"日本产业竞争力强化材料研究开发战略"由日本科学技术振兴机构 2009 年发布，为日本目前的材料开发和国际产业竞争力强化提供了新的方向性战略。

5. 创新集群建设促进产业规模化发展

日本经济产业省和文部科学省在日本各地联合推进"产业集群计划"和"知识集群计划"，充分发挥中小企业的作用，使之成为技术研发创新的支柱，同时促进这些企业和大学等机构的合作，吸引大型企业参与，使日本的产业集群作为技术创新的基础充分发挥作用。

早在 20 世纪 50 年代，日本政府就开始着手制定推进产业群聚的规划，以颁布相关法律等形式来推进产业集群的建设与发展工作。在经受了 90 年代泡沫经济破灭考验后，日本政府对传统产业集群的发展策略进行了调整，将推进创新产业集群作为其今后发展经济的主要手段。2001 年开始，日本政府开始推行新的产业集群政策，"产业集群计划"将计划的规划期选择为 20 年，并分三个阶段实施，分别为产业集群启动阶段（2001～2005 年）、产业集群发展阶段（2006～2010 年）、产业集群自主成长阶段（2011～2020 年）（吴丽华和罗米良，2011）。

2010 财年，日本文部科学省在"开发创新体系计划"（project for developing innovation systems，2010 财年预算为 121 亿日元）的框架下，将以上两种计划和"产学官合作战略发展计划"合而为一，即"创新集群"，通过建立和强化产学官网络，促进产学官与拥有研发潜力的本地核心高校和其他研究机构的联合研究，以形成能提供可持续创新的集群，促进区域自持续能力。材料领域详细的区域创新集群项目、建设目标和核心的研究组织详见第二章第二节。

二、材料计划分析

日本材料领域的国家级重大研究计划和项目主要集中在文部科学省及其下属机构物质材料研究机构（NIMS）、理化学研究所（RIKEN）等，以及经济产业省及其下属机构产业技术综合研究所（AIST）、新能源产业技术综合开发机构（NEDO）等。

1. 日本科学技术基本计划

为实施科学技术创新立国战略,日本政府根据《科学技术基本法》,自 1996 年以来先后制订和实施了四期科学技术基本计划。第四期科学技术基本计划 (2011~2015 年)几经修订,已于 2011 年 8 月 19 日实施,政府财政预算为 25 万亿日元。

第一期科学技术基本计划提出了科学技术发展的基本方向,即根据经济社会发展的需要,大力推进研究开发,振兴基础研究,促进知识产权的发明创造。

第二期科学技术基本计划提出了三个重要观念,即把日本建设成为"一个创造和利用科学知识为世界作出更大贡献的国家"(创造智慧);"一个具有强劲国际竞争能力和可持续发展的国家"(活力来自智慧);"一个安全、舒适生活的国家"(智慧的先进社会)。该计划主要包括以下重要政策:科学技术优先战略部署、创造和利用优秀成果的科学技术体制改革,以及科学技术活动国际化。优先发展生命科学、信息通信、环境科学以及纳米技术与材料领域,有效分配研发资源,同时也要推动能源、制造技术、社会基础设施和前沿科学领域的研发。改革研发系统,通过引入广泛的竞争机制、加倍竞争性基金、引入间接经费和提高人力资源流动性使研究人员的研究能力最大化,改革评价体系以确保共享资源的透明、公平和公正。扩大志愿国际合作活动,加强国际传播信息的能力,使日本的研究环境国际化(冯瑞华和张军,2006)。

第三期科学技术基本计划①提出了新科技政策的两个基本方向:①及时向社会和国民普及研究开发成果,使国民更为关心科学技术,争取国民的理解和支持,全社会共同推进科技进步;②把科技政策的重点从重视基础设施的硬环境建设,转向重视人的软环境建设,进一步加强人才培养,营造竞争性的科技环境。该期计划依然重点推进八大领域的研究开发,纳米技术与材料依然仍是国家级优先发展的领域之一,并且还更加强调了支持科技研发在各学科间和不同领域的融合,着重强调基础研究和战略应用研发。科学技术体制改革的举措包括发展、保护和激活人力资源,创造科学进步与可持续创新,加强基金建设促进科技发展以及战略上推进国际性活动。科学技术应该得到社会和广大公众的支持。图 2-6 重点分析了第三期科学技术基本计划的重点课题和重点的战略科学技术体系。

---

① 第三期科学技术基本计划. http://www.cao.go.jp/cstp/kihonkeikaku/honbun.pdf [2006-03-28]

纳米电子领域	材料领域	纳米生物技术和生物材料领域
①新一代硅基半导体纳米电子技术开发 ②电子/光控制纳米电子技术 ③纳米级电子器件制造技术 ④纳米电子器件低成本化技术 ⑤实现与环境和经济和谐发展节约能源的纳米电子技术 ⑥安全纳米电子科学技术	【解决能源问题】 ⑦为普及的能源利用实现的材料技术 ⑧实现能源高效率的创新材料技术 【实现环境和谐循环型社会】 ⑨有助于减少有害物质的材料对策技术 ⑩稀缺资源和不足资源高效利用和替代资源开发技术 ⑪改善环境保护的材料技术 【构建安全、安心社会】 ⑫实现安全、安心社会的材料和利用技术 【维持和加强产业竞争力】 ⑬世界领先的电子机器材料技术 ⑭具有国际竞争力的交通运输设备材料技术 ⑮下一代创新材料和器件的创新制备技术	⑯利用分子成像技术解释生物结构和功能 ⑰生物体内分子操作技术 ⑱以 DDS 成像技术为核心诊断治疗 ⑲超微细加工技术设备 ⑳极微量物质检测技术 ㉑高性能、高安全生物友好设备 ㉒再生诱导材料 ㉓应用纳米生物技术的食品

纳米技术材料领域推进基础领域

【技术基础】	【推进基础】
㉔创新的纳米计测和加工技术 ㉕先进量子测量、加工和制造工艺技术 ㉖基于仿真设计技术的新性能发现	㉗纳米技术研究与开发 ㉘纳米材料领域人力资源开发与研发环境整备

纳米科学和物质科学领域

量子计算技术、界面性能控制机理、纳米生物系统机制、强相关电子器件的战略推进

10 大战略重点科学技术

| 【解决社会问题和困难的创新材料科学和技术】
①解决清洁能源成本大幅降低的创新材料技术
②解决资源问题中稀有资源和不足资源的替代材料创新技术
③支撑安全生活的创新纳米技术和材料技术
④以改革创新为核心的新型材料技术
【新一代创新科学技术】
⑤突破设备性能界限的先进电子设备 | ⑥实现超早期诊断和微创治疗一体化的先进纳米生物医疗技术
【加快创新材料和技术的基础推进研究】
⑦能被社会接受的纳米技术研究开发
⑧创新研究和发展中心的纳米技术创新的商业化开发
⑨纳米领域先进计测和加工技术
⑩X 射线自由电子激光器开发和共享 |

图 2-6　第三期科学技术基本计划纳米材料领域重点研究课题和战略科学技术体系①

　　第四期科学技术基本计划围绕 2009 年 12 月制定的"新成长战略"所提出的建设环境、能源大国和健康大国的目标,以绿色技术创新和生命科学技术创新为两大重点,战略性、综合性地强化科技创新政策,建立促进创新的新体制。受地震和福岛核事故的影响,日本大幅削减了核能研发计划。"环保、能源""医疗、护理、健康"以及"灾后恢复与重建"等成为未来的经济发展支柱,并强调预计未来可能发生严重电荒,可再生能源的开发等将不可或缺。本计划与材料相关的研究课题有燃料电池、功率半导体、纳米碳材料的研发,资源循环

---

① 科学技术基本计划. http://www.cao.go.jp/cstp/kihonkeikaku/4honbun.pdf ［2011-08-19］

利用技术创新，如稀土替代材料创新研究等①。虽然第四期科学技术基本计划对纳米技术和材料的发展力度有所弱化，但环保、能源、生命科学领域的发展都离不开材料的支持。

2. 文部科学省材料领域重要研究计划分析

日本文部科学省注重材料、纳米科技领域的基础技术研究工作，开展了一系列相关的研究计划和课题（表 2-3）。日本文部科学省材料领域研发计划和项目一般由科学技术振兴机构（JST）提出战略计划和建议，物质材料研究机构（NIMS）和理化学研究所（RIKEN）负责计划的研发和实施。以下对重点计划和项目进行分析。

表 2-3　日本文部科学省材料领域主要研究计划和项目

研究机构	研究计划或项目
文部科学省	元素战略计划； 实现能源安全的纳米结构控制材料研究和开发； 基于非硅器件材料的工艺设备开发； 柔性、大面积、轻量、薄型器件基础技术研究开发； 纳米电子功能技术构建； 分子技术战略——分子水平新功能创造； 间隙控制材料设计和利用技术； 超高密度信息存储器件开发； 环境功能纳米催化剂开发； 微结构控制材料开发； 纳米计测加工技术商业化开发（下一代电子显微镜组件技术开发）； 先进研究设施创新基金项目（纳米技术网络）； 应用于环境的纳米技术开发
科学技术振兴机构（JST）	新型有机材料电子产品开发； 聚合物光学先进通信技术开发； 超导电子技术在先进能源产业系统的创新应用
物质材料研究机构（NIMS）	纳米技术通用平台开发； 纳米新材料组织控制技术开发； 利用纳米技术的信息和通信材料开发
物质材料研究机构（NIMS）	利用纳米技术的生物材料开发； 提高环保节能的材料技术研究和开发； 高安全性高可靠性材料研究和开发
理化学研究所（RIKEN）	材料性能创新研究； 先进光科学研究； 分子融合研究； 动态和分子构造过程研究； 极端高能粒子望远镜开发研究； 清洁化学研究

---

① 科学技术基本计划．http：//www.cao.go.jp/cstp/kihonkeikaku/4honbun.pdf［2011-08-19］

1）元素战略计划

文部科学省 2007 年 11 月实施"元素战略计划"（the elements strategy），研究期为 2007～2012 年。该计划的目的是在不使用稀有或者危险元素的前提下开发高性能材料，研究将在充足、可用、无害的元素中展开，旨在开展减少稀有元素、有害元素的"减量战略""替代战略""循环战略""规制战略"。减量战略是指，对稀有元素性质、功能等进行研究，提高稀有元素利用效率。替代战略是指，稀有元素和有害元素由无害元素替代；常见元素实现新功能；新材料的设计、探索技术。循环战略是指，进行稀有元素的循环利用和再生。规制战略是指，设定必须超过的高目标，进行目标达成型的研究开发战略。该计划主要研究主题见表 2-4。

表 2-4　元素战略技术研究主题

研究主题	主要承担组织
开发钢板表面处理技术（采用镀铝合金取代锌）	东京技术研究所（Tokyo Institute of Technology）
下一代非易失性存储器的开发（铝阳极氧化膜）	日本物质材料研究机构（National Institute for Material Science）
纳米晶格材料吸附氢原子的新性能	日本东北大学（Tohoku University）
以降低催化剂中贵重金属含量为目的的纳米粒子的自我生成催化剂	日本原子能署（Japan Atomic Energy Agency, JAEA）
基于钡材料的新型巨压电效应材料	山梨大学（Yamanashi University）
开发新型二氧化钛电极以取代钢锡金属氧化物	神奈川科技研究所（Kanagawa Academy of Science and Technology）
开发稀有元素含量低、高性能、各向异性的纳米复合磁体	日立金属有限公司（Hitachi Metals Ltd.）

2）纳米电子功能技术构建

2009 年，科学技术振兴机构研究开发战略中心提出了"纳米电子功能技术构建"的战略提议。主要研究课题包括：①构筑高速化、大容量化、低功率化、高可靠性的新原理结构逻辑单元/存储单元的动作验证和设备技术；包括自旋、自旋波器件、多铁合金器件、单电子器件、原子开关、分子设备、量子信息处理设备、新原理纳米存储单元等。②纳米电子学设备的新材料探索和设备适用性的验证；包括低维材料、石墨、功能性高分子材料、自旋功能材料、氧化物电子学材料、超材料等（日本科学技术振兴机构研究开发战略中心，2009a）。

3）分子技术战略——分子水平新功能创造

2009 年，日本科学技术振兴机构研究开发战略中心提出"分子技术战略——分子水平新功能创造"开发战略。该战略由文部科学省和经济产业省联合推行，还包括日本化学学会、日本物理学会、日本应用物理学、日本药学会、日本分子生物学学会等。主要研究课题包括电子状态控制、形态结构控制、集成和合成控制、分子离子传输控制、分子变换技术、分子设计与创造技术等（日本科学技术振兴机构研究开发战略中心，2009b）。该战略的主要研究课题见表2-5。

表2-5　分子技术战略主要研究子课题

主要研究课题	主要研究子课题
分子的设计-创建技术	从功能上打造分子的理论创建和模拟技术的开发； 使分子结构的预测成为可能的分子设计方法的开拓； 基于功能设计预测的精密合成法的开发； 分子物质的高纯度精制法的开发
转换过程的分子技术	酵素催化酶分子催化剂的开发； 金属自由有机合成催化剂的开发； 催化剂生成物的在线合成法的开发； 由微反应装置等的系统化学的开拓； 原料转换过程的开发（未利用化石资源等的利用）
分子的电子状态控制技术	分子物质纯度测量评价技术的开发； 分子阵列技术阶层性构筑控制技术的确立； 由液体半导体等的可自我修复设备的开发； 分子物质、分子材料的退化机制的阐明
分子的形状-结构控制技术	自下而上及自上而下方法自我组装的间隙结构形成技术； 从纳米向宏观结构规模扩大技术、高强度化、高速合成、低成本化； 具有宏观结构材料的物理现象的观测分析技术； 由计算机模拟的宏观结构的合成以及结构功能的设计
分子集合体-复合体的控制技术	电子设备表面分子集合体精密配置技术的开发； 分子集合体的动态结构变化和功能控制的分析； 由向蛋白质导入非天然氨基酸的人工酵素的构筑； 液体分子的结构与功能控制的解析和模拟
分子-离子的输送-移动控制技术	有机蓄电材料的开发； 超高性能分离膜的开发； 实现高效率的药物运输的高度DDS开发

4）间隙控制材料设计和利用技术

间隙控制材料（spaces and gaps controlled materials，SGCM）设计和利用技术是日本科学技术未来战略研讨会提议的"间隙控制材料利用技术"计划的重要研究课题。"间隙控制材料利用技术"计划于2009年10月26日开始实施。"间隙控制材料设计和利用技术"主要有三项研究内容：①间隙控制材料设计与合成——优化性能；②间隙技术的实现差距——促进应用；③通用平台技术——观察分析技术、原理（日本科学技术振兴机构研究开发战略中心，2009c）。

3. 经济产业省材料领域重要研究计划分析

日本经济产业省的材料研发计划和项目主要通过NEDO和AIST负责实施，注重材料基础研发和实用化（或产业化）的联合研究开发。经济产业省的材料研发计划和项目不仅包括纳米技术和材料及器件的研发，还包括能源、资源、环境、信息技术等领域需求的材料技术研发。表 2-6 介绍了重点的计划和项目。

表 2-6　日本经济产业省材料领域主要研究计划和项目

研究机构	研究计划或项目
产业技术综合研究所（AIST）	软材料设计与功能材料开发； 节能型建筑材料开发； 纳米仿真技术开发； 批量有机合成碳纳米管技术研究开发
新能源产业技术综合开发机构（NEDO）	实现低碳社会的创新性碳纳米管复合材料开发（2010～2014 年）； 实现低碳社会的新型功率半导体材料研究开发（2010～2014 年）； 钢铁材料革新的高强度、高功能化基础研究开发（2007～2011 年）； 环境友好型炼铁技术开发（COURSE50）（2008～2012 年）； 下一代印刷电子材料、工艺基础技术开发（2010～2015 年）； 超复杂材料技术开发（纳米级结构控制的相反功能材料技术开发）（2008～2011 年）； 可持续超复合材料技术开发（2008～2012 年）； 下一代绿色、革新评价基础技术开发（2010～2015 年）； 3D 光学器件高效加工技术开发（2006～2010 年）； 超柔性显示元素技术开发（2006～2009 年）； 稀有金属替代材料开发（2008～2013 年）； 纳米电子半导体新材料和结构技术开发（2007～2011 年）； 先进半导体材料相关技术开发（2009～2011 年）； 先进陶瓷反应器项目（2005～2009 年，2009～2013 年）； 碳纳米管电容器开发（2006～2010 年）； 新热绝缘多层陶瓷薄膜开发（2007～2011 年）； 镁合金锻造材料技术开发（2006～2010 年）； 先进功能和结构的纤维材料基础技术开发（2006～2010 年）； 下一代纳米结构光子器件和工艺技术（2006～2010 年）； 金属玻璃纤维增强复合材料创新器件开发（2007～2011 年）； 绿色和可持续化学工艺技术开发（2009～2013 年）

1）实现低碳社会的创新性碳纳米管复合材料开发

"实现低碳社会的创新性碳纳米管复合材料开发"项目研发期为 2010～2014 年，2011 年预算经费为 6 亿日元，主要包括以下研发课题：①单壁碳纳米管（CNT）的形状、性能等控制、分离、评价技术的开发；②单壁 CNT 均匀分散技术开发；③确立纳米材料自主安全管理技术；④高热传导率单壁 CNT 金属复合材料开发；⑤导电性树脂复合材料开发；⑥单壁 CNT 透明导电膜开发等（NEDO，2012）。

2）实现低碳社会的新型功率半导体材料研究开发

"实现低碳社会的新型功率半导体材料研究开发"项目开发期为 2010～2014 年，2011 年预算经费为 14.5 亿日元（经济产业省，2010a）。项目开发目标是建立高品质和低成本的大直径碳化硅（SiC）晶圆制造技术和耐高压开关设备制造技术，主要研发课题包括：①高品质大直径 SiC 晶体创新生长技术开发；②大直径 SiC 晶片加工技术开发；③SiC 外延层生长技术；④SiC 高压开关设备制造技术；⑤SiC 晶片量产技术的开发；⑥大直径 SiC 晶片加工工艺验证；⑦SiC 高电压功率模块验证；⑧大直径兼容设备开发工艺等（NEDO，2010）。

3）下一代印刷电子材料、工艺基础技术开发

"下一代印刷电子材料、工艺基础技术开发"项目研发期为 2010～2015 年，2011 年研发经费为 2.7 亿日元，主要研究开发课题包括：①印刷技术的高度柔性电子线路板连续制造技术的开发（关于标准生产线的技术开发、TFT 中特有的特性评价的技术开发）；②基于高度 TFT 阵列印刷制造的材料、加工工艺技术的开发；③印刷技术的电子纸的开发（关于电子纸的基础技术开发、高反射式彩色电子纸的开发、高速应答型彩色电子纸的开发、大面积轻量单色电子纸的开发）；④基于印刷技术的柔性传感器的开发（关于柔性传感器的基础技术开发、大面积压力传感器的开发、轻便式图像传感器的开发）等（NEDO，2011a）。

4）钢铁材料革新的高强度、高功能化基础研究开发

"钢铁材料革新的高强度、高功能化基础研究开发"项目研究开发期间为 2007～2011 年，2011 年研究经费为 4.8 亿日元。重点进行共通基础技术和实用化技术开发。

共通基础技术开发包括：①高级钢材创新性焊接技术的基础开发，具体的研究课题有清洁熔化极惰性气体保护焊（MIG 焊）加工技术的开发；纤维激光、电弧混合焊接适用基础技术的开发；高强度、高韧性焊接金属的开发，以及焊接接头可靠性评价技术的研究；焊接接头特性优良的耐热钢的合金设计指南提示和长时间蠕变强度预测法的开发；由焊接部氢侵入的低温裂纹机构的研究。②尖端的控制锻造技术的基础开发，具体的研究课题有由锻造部件组织控制的倾斜功能赋予技术的研究；预测组织、特性分布的锻造工艺虚拟试验系统基础技术的开发；高强度锻造材料的龟裂发生、传播机理的阐述。

实用化技术开发课题包括：①高级钢材创新性焊接结合技术的开发，具体的研究课题有：MIG 焊的低温用钢、980MPa 级高强度钢的适用研讨；激光、电弧混合焊的 980MPa 级高强度钢的适用研讨；无预热、后热下可控制低温龟裂的 980MPa 级钢用焊接材料的开发；在无预热、后热情况下，不会低温龟裂的 9Ni 系低温用钢焊接材料的开发；焊接接头特性优良的耐热钢的合金设计；为阐明由 980MPa 级接头的氢侵入的低温龟裂和确保可靠性的预测手段构筑。

②尖端的控制锻造技术的开发，具体的研究课题包括：为了赋予高强度化、倾斜功能的合金设计、工艺开发；预测组织、特性分布的锻造工艺的虚拟试验系统数据库的构筑；滚动疲劳机理的阐述和非金属夹杂物组成、尺寸控制指南提示（NEDO，2011b）。

5）环境友好型炼铁技术开发

2007 年 5 月，日本前首相安倍晋三提出"Cool Earth 50"倡议，充分利用节能技术实现环境保护与经济增长的兼容性。为了实现这一目标，日本于 2008 年推出"环境友好型炼铁技术开发"项目（CO_2 ultimate reduction in steel making process by innovative technology for Cool Earth 50，COURSE50），通过抑制 CO_2 排放以及分离、回收 CO_2，将 CO_2 排放量减少约 30％的技术。项目一期的第一阶段是 2008～2012 年，项目预算约 100 亿日元，日本新能源产业技术综合开发机构负责实施。项目一期的第二阶段是综合实验阶段（2013～2017 年），项目预算约 150 亿日元；2018～2027 年的十年是项目的二期。计划 2030 年完成技术确立，2050 年达到实用化并普及。

NEDO 通过项目委托方式，与神户制钢、JFE、新日铁、新日铁工程公司、住友金属、日新制钢 6 家公司共同开展 COURSE50 第一阶段的项目。2009 年 7 月，日本铁钢联盟公布了 COURSE50 的研发内容。主要技术研发包括减少高炉排放 CO_2 技术和高炉煤气分离回收 CO_2 技术；减少高炉排放 CO_2 技术，包括氢还原铁矿石反应控制 1 项新技术，提高焦炭质量和利用焦炉 800℃余热提高焦炉煤气氢含量 2 项支撑技术；高炉煤气分离回收 CO_2 技术包括从高炉煤气中分离并回收 CO_2 技术 1 项新技术和未利用显然回收技术 1 项支撑技术。

6）超复杂材料技术开发

"超复杂材料技术开发"研发期为 2008～2011 年，2011 年研发经费为 5.4 亿日元。主要研发课题包括：①超复杂材料创新技术开发；②相反功能发现基础技术开发；③相反功能材料创新工艺基础技术开发；④有助于材料设计的统一评价、支援技术的开发等。超复杂材料的制品包括电气电子材料、光学材料、汽车等工业材料（NEDO，2011a）。

7）稀有金属替代材料开发

经济产业省 2008 年实施的为期 4 年（2008～2011 年）的"稀有金属替代材料开发"计划，当年投入预算 10 亿日元（表 2-7），2010 年预算为 11.8 亿日元，目标是到 2011 年建立整套新型制造技术，将铟、镝、钨三种矿物的使用量降低到目标范围内，目前该计划又延伸至 2013 年。研究计划的具体目标：将电极中铟的使用量降低 50％，将稀土金属磁体中镝的使用量降低 30％，将硬质合金刀具中钨的用量降低 30％。这些研发计划不会立刻产生效果，但是在日本科技政策中为了解决那些不可避免的难题而必须实施研发的（NEDO，2011d）。

表 2-7　稀有金属替代材料研究项目

关键技术	被替代或降低使用量的稀土金属	说明
透明电极中铟降低使用量技术开发	铟	铟锡氧化物（ITO）通常包含 90％的铟，目标是电极中铟使用量降低 50％，开发高度分散的纳米油墨和 ITO 纳米粒子合成技术
透明电极中铟替代材料技术开发	铟	氧化锌透明电极系统逐渐成为 ITO 透明电极的替代技术
稀土磁体中镝降低使用量技术开发	镝	镝是提高烧结钕铁硼烧结磁体耐热温度不可或缺的添加剂，目标是镝使用量减少 30％以上
硬质合金工具中钨降低使用量技术开发	钨	硬质合金工具（刀具）中钨的使用量减少 30％以上
硬质合金工具中钨替代材料技术开发	钨	金属陶瓷刀具开发、硬金属陶瓷涂层技术等
尾气净化催化剂中铂降低使用量和替代材料研究	铂	铂抑制烧结技术、铁等过渡金属替代材料开发、催化反应等离子体处理技术、柴油尾气净化铂催化剂使用量减少技术等
精密抛光用铈降低使用量和替代材料技术开发	铈	降低磨料铈使用量超过 30％
荧光材料铽、铕降低使用量和替代材料技术开发	铽、铕	荧光材料中铽、铕等使用量降低 80％以上。建立新的高速理论计算方法和材料化学合成工艺，建立新的荧光高速评价方法，开发新的玻璃材料，以减少荧光损失技术开发等

三、材料产业化政策分析

日本最注重发展具有产业竞争力的材料科技，并注重将材料科技成果产业化。日本产业竞争力强化材料研究开发战略、日本的创新集群、日本战略技术路线图等都从国家战略的角度引导和促进材料科技的发展和产业化。

1. 日本产业竞争力强化材料研究开发战略

日本产业竞争力强化材料研究开发战略由日本科学技术振兴机构（JST）2009 年发布，为日本目前的材料开发和国际产业竞争力强化提供了新的方向性战略。主要研发课题来自从各产业群选取的下一代系统和横向的重要基础材料技术。主要产业群包括能源系产业群-环境系产业群、资源开发系产业群、信息通信系产业群、机器及精密机器系产业群、运输系产业群等。具体研究开发课题见表 2-8。

表 2-8 "日本产业竞争力强化材料研究开发战略"研究开发课题

产业分类	主要研究开发课题	重点研发技术
能源系产业群-环境系产业群	氢生成和二氧化碳固定化	利用自然能源完全不发生二氧化碳的氢生成法，新的催化剂开发将成为关键。二氧化碳固定化，能大规模实施的是化学的固定化，除向地中和深海底存积之外，也可以研讨将二氧化碳作为化学品的原料使用，需要开发出能够提高反应效率的新的催化剂，并加速二氧化碳回收工序中分离膜的开发
	由细微藻类生成的生物燃料	通过引入最新的生物技术，将藻类更加高效率地转换成生物燃料
	水资源的持续获得和评价监测	利用日本先进的基础材料技术，进入水资源市场，开发成本更低的新的功能膜。水的管理和水质监测需要开发毒性检测简易评价和选择性物质技术
	关注环境设计	在产品的整个生命周期都能意识到节约能源和降低环境负荷的产品设计，能实现简单地自行分解的材料，如环境协调型复合材料或智能自我拆卸材料，材料科学、纳米技术及计算科学将成为其基础技术
资源开发系产业群	工业基干原料的多样化	追求资源的多样化，如碳资源，转换利用作为植物体的生物，转换利用大气中和工业中大量排出的二氧化碳，对二次产品进行资源化利用
	低品位、二次资源的金属、无机原料的研究开发	开发能实现新的精制、分离、精炼的基础科学技术。开发现在未利用的资源，重质油渣滓中包含的有用金属的回收，海水、火山性地下水中包含的稀有金属回收的新科学技术。高科技产业大量回收被废弃的产品，分解、分离有用元素的技术
信息通信系产业群	超细微化、超集成化、超低功率化纳米电子学与设备技术	基于新概念、新材料的下一代电子学系统，记忆功能、逻辑功能、信息传递功能需要突破。重点开发低维材料、功能性高分子材料、自旋功能材料、复合金属氧化物材料、自我组装材料等及其设备技术
	超细微化、超集成化、超低功率化纳米电子学工艺实际装配技术	加工工艺技术和实际装配技术、电源、包含散热的能源转换，积蓄技术/热管理技术都极为重要。重点开发光刻技术、能源转换、蓄热技术/热管理技术、纳米结构控制的高热导率材料和高效率热电转换材料等
机器及精密机器系产业群	代替人的机器人	开发在极限环境下的材料技术和耐环境材料、动力电池、电源技术、能源转换材料技术、轻量化材料技术等
	自律分散型、低能源消耗型机器及系统	开发超细微集成技术，高速化，热处理和冷却技术
	适应生物体的自律分散型医疗设备和系统	完全生物亲和性材料、动力源（微小能源发电等）、膜技术、微纳米 TAS 研究开发
运输系产业群	燃料电池汽车	电解质中离子移动的机制研究及测量技术的开发，大容量氢制造技术的开发、耐高压氢储藏材料开发、高性能磁铁的开发等
	采用新型电池的电动汽车	高功率、高可靠性电池，高性能电子控制零部件，不使用稀少资源的高性能电动机的开发；电极界面反应过程的可视化的分析、测量技术的开发；模仿生物的新型电池的开发等
	轻量化车辆	轻量的结构材料及透明材料，合金材料的开发、结晶结构控制技术和细微组织控制技术及复合化技术的复合材料的开发等

续表

产业分类	主要研究开发课题	重点研发技术
重要基础材料技术	间隙控制材料利用技术	控制细微空间的维、形状、尺寸、界面特性等，微米至纳米级设计的多孔材料的开发和利用
	轻量化技术	零部件、材料轻量化的研究开发，用轻元素替代材料本身的轻量化技术开发和由结晶构造、细微组织的控制以及复合化技术的轻量化技术开发
	融合分子材料技术	融合分子科学和分子技术而开拓的新技术领域，其主角是有机材料，本技术是在环境、能源、IT、生活、医疗等广泛产业领域的重要技术
	界面、表面控制及形成	界面高功能化技术：医疗用材料技术、电子学技术、生物材料和人体连接界面、软硬件材料连接界面（含有机物和金属、绝缘体）等；通过界面、表面功能创造新工艺和新功能
	热管理	具有高效率性能的热电气材料的开发和具有新功能元件的开发，随着元件的集成化、细微化，纳米结构中的热传导控制成为了极为重要的研究开发课题
	合成材料技术	功能合成材料设计方法的确立、纳米界面设计、粒界尺寸、分散状态等的控制、评价分析法的确立、制备工艺的开发等

在该战略研究推进和管理方面，通过将各产业群明确的需求向大学等研究机构提示，并把产业方的需求适宜地传达给大学等研究机构后，就可将研究开发目的明确化，并强化基础研究与产业的结合。JST 研究开发战略中心通过"为了强化国际竞争力的研究开发战略筹划方法"，选取了适用材料开发领域的研究开发课题，尽可能重视产学结合。企业和大学共同研究，不断提出详细规格和需求；省和政府的协作也是必不可少的，文部科学省和 JST 的资助之前，通过直接结合经济产业省和 NEDO 的资助，能强化更有效的产业竞争力的材料研究开发。

2. 日本的创新集群

2001 年 3 月制订的第二期科学技术基本计划，指出在区域内创建"知识集群"的重要性。2006 年 3 月，第三期科学技术基本计划明确要求建立高度潜力、世界一流的集群，以及各种利用地区优势的小规模集群。2010 财年，文部科学省在"开发创新体系计划"的框架下（图 2-7），提出能提供可持续创新的集群，促进区域自持续能力（中国科学院国家科学图书馆，2010）。区域创新集群计划项目在 2010 财年的预算为 121 亿日元，旨在促进拥有高度研发潜力的本地核心高校和其他研究机构的产学官之间的联合研究。

区域创新集群项目（世界型）（表 2-9）的目的是建立具有全球竞争力的、世界一流的知识集群，吸引世界各地的人力资源、技术和资金。此项目将通过与日本国内外其他地区的合作，战略性地开展广泛的活动来实现，如加强产业

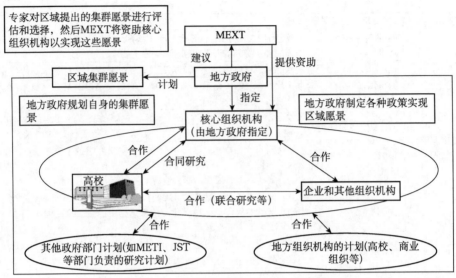

图 2-7 "开发创新体系计划"示意图

界、学术界和政府的综合研究与开发活动，培育技术"种子"和扩大知识集群。2010 财年预算为 79 亿日元。

表 2-9 区域创新集群项目（世界型）列表

序号	地区	集群	所属领域	建设目标	核心研究组织
1	山口	山口绿色材料集群	纳米技术/材料；环境	建立世界领先的绿色环保材料、天然资源和节能材料的工业和研发中心（绿谷）	山口大学、山口东京理科大学、国立水产大学等
2	久留米地区	久留米尖端医学研究集群	生命科学	建立世界领先的用于癌症治疗的肽疫苗医学研究中心	久留米大学、九州大学、九州产业大学、京都大学、福冈工业技术中心（FITC）的生物技术与食品研究所（BFRI）和化学与纺织工业研究院（CTRI）、产业技术综合研究所（AIST）等
3	德岛	德岛卫生和医药集群	生命科学	建立世界一流的糖尿病临床和研究中心	德岛大学、德岛文理大学、德岛工业技术中心等
4	函馆地区	函馆海洋生物产业集群——海洋工业大学（UMI）绿色创新	生命科学	建立可持续海洋产业集群，充分利用巨大的海洋系统产生宝贵的资源	北海道大学、函馆未来大学、函馆工业高等专门学校、函馆工业科技中心等

续表

序号	地区	集群	所属领域	建设目标	核心研究组织
5	关西（齐藤和神户）	关西生物医药集群	生命科学	致力于药物创新和先进医药的生产、具有国际竞争力的生物医药集群	京都大学、大阪大学、神户大学、大阪府立大学、医药基盘研究所（NIBIO）、理化学研究所发育生物学研究中心等
6	北九州福冈饭冢	福冈先进系统LSI技术发展集群	IT	建立世界领先的先进系统开发LSI技术发展中心	九州大学、九州工业大学、北九州市立大学、福冈大学、早稻田大学等
7	京都和京阪奈	京都环境纳米技术集群	环境；纳米技术/材料	建立全球性的、以开发纳米技术为基础的先进功能材料中心，将有助于解决全球环境问题	京都大学、京都工艺纤维大学、大阪大学、神户大学、同志社大学、立命馆大学、京都女子大学、高知工业大学、京都市产业技术研究所等
8	北海道地区（以札幌为中心）	札幌"Bio-S"生物集群	生命科学；IT	基于先进的分析和活性评价研究，通过开发和商业化先进功能性食品等材料，发展卫生科学产业	北海道大学等
9	大仙台地区	先进预防保健服务集群	IT；生命科学	建立医疗服务集群，旨在提供基于先进预防保健技术的预防医学和卫生保健服务	东北大学等
10	富山县/石川	北陆卫生科学创新集群	生命科学	基于尖端生物相关设备开发，建立预防和生命科学保健研究和开发中心	富山大学、富山县立大学、金泽大学、金泽工业大学、金泽医科大学、富山县药物研究所等
11	长野地区	真宗智能设备集群	纳米技术/材料	利用先进的纳米技术和新型材料，建立世界领先的真宗集群	信州大学、东京理科大学、长野工业技术综合中心等
12	滨松（静冈县）	滨松光电集群	IT；纳米技术/材料；生命科学	建立以先进光电为主导的可持续发展和创新社会，创造安全、安心和舒适生活	静冈大学、丰桥科技大学、滨松大学医学院等
13	东海地区	东海地区纳米技术制造集群	纳米技术/材料；环境	基于先进的等离子纳米科学与工程，创建环保先进功能材料和设备	名古屋大学、名古屋工业研究所等

注：编号1~4的地区为创新阶段项目，共4个集群；编号5~13的地区为第二阶段项目，共9个集群。所属领域为第三期科学技术基本计划确定的四个优先领域

地区创新集群项目（城区型）（表2-10）的目的是培育以研发为导向的地方产业，推动集群的形成。这些集群尽管规模不大，但能够最大地发挥地区优势。为此，可以利用高校及其他研究机构所拥有的知识创造出技术"种子"并构建

自持续的产学官合作体系等途径。2010 财年预算为 30 亿日元。

表 2-10　区域创新集群项目（城区型）列表

序号	区域	所属领域	建设目标	核心研究组织
1	宍道湖及中海区域	纳米技术/材料	根据下一代 LED 及与环境友好材料相关的新能源技术，开创新的行业	岛根大学等
2	福冈筑紫区域	纳米技术/材料；环境；其他领域	建立一个研究中心，开发以纳米结构控制材料制造的先进功能汽车部件	九州大学、佐贺大学、福冈女子大学、福冈产业技术中心等
3	爱媛-南予区域	生命科学	创建可持续的、源于爱媛的、具有日本风格的养鱼模式	爱媛大学、爱媛农林水产研究所渔业研究中心等
4	宫崎海滨区域	生命科学	开发海洋资源利用技术，使民众安居乐业	九州保健福祉大学、宫崎大学、宫崎县水产试验场等
5	福井－若狭町区域	环境	利用核电及能源相关技术开发新产业	福井大学若狭湾能源研究中心等
6	石川中部/北部区域	生命科学	根据传统地方发酵食品以及新型先进功能食品的开发，建立先进发酵体系	石川县立大学、金泽大学、石川产业研究所等
7	和歌山县纪北纪中区域	生命科学	利用当地水果以及原创技术开发新型先进食品和材料	近畿大学和歌山县产业技术中心等
8	陆奥小川原及八户区域	IT	通过下一代平板显示技术开发新型功能、高效的光学器件	青森产业振兴支持中心先进液晶技术研究所等
9	鹤冈庄内区域	生命科学	建立评估体系，利用当地农产品开发先进功能食品产业集群	庆应义塾大学先进生物科学研究所、山形大学农学系、山形县农业研究中心、山形技术研究所等
10	冲绳沿海区域	生命科学	利用冲绳亚热带海洋资源的多样性，并通过打造冲绳自产海藻，开创海洋生物产业	冲绳科技振兴机构（核心实验室）、琉球大学、冲绳县渔业及海洋研究中心、冲绳县产业技术中心、冲绳县健康与环境研究所、冲绳县深海研究中心等
11	广岛区域	生命科学	根据预防医学、诊断、生物医药开发支持技术等，建设医疗卫生行业	广岛产业振兴机构广岛产业科技县研究所、广岛大学等
12	长崎区域	生命科学	利用无创医用传感技术开发对人体友好的预防医学以及家庭医疗体系	长崎大学等
13	高松区域	生命科学	利用独特的糖功效创建医疗保健生物产业	香川大学、德岛文理大学、名城大学、东京海洋大学、九州大学、冈山大学、AIST、香川县产业技术中心等

序号	区域	所属领域	建设目标	核心研究组织
14	三重/伊势海湾区域	纳米技术/材料；其他领域	开发新一代固态聚合物锂蓄电池及新材料革新	三重大学等
15	关西学研都市及周边区域	生命科学	开发普适的生物仪器医疗保健器件及体系	大阪大学、奈良先端科学技术大学院大学、京都府立医科大学、奈良县立医科大学、同志社大学等
16	十胜区域	生命科学	开发与食品功效及安全相关的新技术，并通过产业化形成农业生物集群	带广畜产大学等
17	千叶/东葛区域	生命科学	利用当地先进的基础技术，下一代抗体药物-创制体系及诊断器械的开发和商业化	东京大学、千叶大学、国立放射学研究所、千叶癌症研究所等
18	上总/千叶区域	生命科学	根据先进基因分析，形成治疗免疫性疾病和过敏性疾病的产学官合作集群	KazusaDNA 研究所、千叶大学、RIKEN 等
19	西远野区域	其他领域	创造与环境和谐发展的新型陶瓷工业	名古屋工业大学、岐阜县陶瓷研究所等
20	岐阜南部区域	生命科学；IT	利用制造技术以及 IT 技术开发先进医疗设备	岐阜大学、丰田工业大学、产业技术中心（岐阜县政府）等

注：编号 1～10 的地区为城区型（基础阶段计划），10 年；编号 11～20 的地区为城区型（发展阶段计划），10 年。所属领域为第三期科学技术基本计划确定的四个优先领域

3. 日本战略技术路线图

日本战略技术路线图是由经济产业省与新能源产业技术综合开发机构（NEDO）联合制定发布的，用来确定能够孕育新兴产业、增强主导产业国际竞争力的战略技术，并使这些技术能够按照设定的技术目标推进，为工业、学术界和政府对研究与发展（R&D）投资的战略执行情况提供导航，技术战略报告已成为日本政府引导重大产业技术布局和投资的重要技术战略文件。自 2005 年 3 月公布第一份技术路线图报告以来，截至 2011 年 9 月，已公布了 6 份技术路线图报告，每年公布的报告都会经过不断的修订和补充，最新的版本为 2010 年 6 月 14 日公布的技术战略 2010，共分 8 大类 31 个技术领域（经济产业省，2010b）。

每个技术领域均由引入情景、技术图、技术路线图三部分构成。引入情景重点描述了将研发成果导入新产品及服务中的途径，强调研究开发及其成果最终要转化为产品和服务提供给社会和消费者，积极优化应该采取的关联政策。这一环节的特点是研发的体系化，以未来创新技术开拓的新市场为目标，通过把现有的主要研究活动体系化，制定和执行具有明确目标（国家目标）的研发项目；政策一体化，整理并明确与制度改革、标准化以及创新实现不可或缺的

相关政策，将必要的政策一体化；目标共享化，通过相关人员和相关机构在时间轴上共享国家目标，提高官产学研的研发方案制定和实施效率。技术图主要通过技术性课题及相关技术的总揽，帮助整理实现目标所需要支撑的关键技术，同时降低各领域参与研发这些领域的障碍。技术路线图在时间轴上以"标志成果"的形式表现技术阶段性的进展：①通过在时间轴上明确研发中应该实现的技术目标，清楚地对研发进展进行评价，同时能够检测并行开展的相关技术和竞争技术开发的整合性；②官产学研所有相关人员共享研发目标和方法，可使各项技术研究开发所处的位置和相互关系更加清晰，同时各领域的参与合作也更加融洽（上海科技发展研究中心，2010）。

　　与材料相关的技术领域路线图包括半导体战略技术路线图、纳米技术战略技术路线图、材料与器件战略技术路线图、绿色可持续化学战略技术路线图、超导技术战略技术路线图等。

四、材料科技研发投入

　　20 世纪 80 年代以来，日本的研发经费投入基本上保持稳步增加的趋势（图 2-8）。2008 年日本国内研发经费总额为 1487 亿美元，比 1998 年增长 63.31%，比 1988 年增长 173.30%。日本的研发投入强度除 20 世纪 90 年代中期略微有下降外，一直保持着增长的趋势，研发经费总额占 GDP 比例从 1981 年的 2.11% 增长到 1998 年的 3.00%，到 2008 年已增长到 3.44%，远高于 OECD 国家平均水平（2.33%）。

图 2-8　1981～2008 年日本研发经费总额及占 GDP 比例的变化趋势[①]

*按当前美元购买力平价计算；1981～1995 年数据采用调整后的数据

---

① http://stats.oecd.org/index.aspx

企业部门投入研发经费最多，2008 年为 1162.58 亿美元，占总经费的比例为 78.17％（图 2-9）。其次是政府投入，2008 年为 232.29 亿美元，占比 15.62％。第三是高校投入，2008 年为 76.47 亿美元，占比 5.14％。各部门的研发投入保持了稳步增长的态势。2008 年，企业研发投入比 1998 年增加了 75.93％，政府研发投入增加了 31.93％，高校研发投入增加了 17.95％。

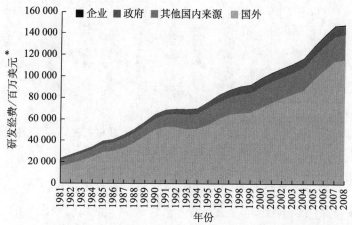

图 2-9　1981～2008 年日本研发经费按来源部门的变化趋势①
*按当前美元购买力平价计算；1981～1995 年数据采用调整后的数据

在日本经济长期停滞、财政状况一直紧张的情况下，日本政府的科学技术预算总体上实现了稳定增长。日本第一期科学技术基本计划实施之前的五年（1991～1995 年），政府科学技术相关经费总额为 12.6 万亿日元。第一期基本计划期间（1996～2000 年）增至 17.6 万亿日元。第二期科学技术基本计划期间（2001～2005 年）实际投入达到 21.1 万亿日元（预算额加上补充预算）。第三期科学技术基本计划（2006～2010 年）政府预算要达到 25 万亿日元，实际投入达到 21.7 万亿日元（预算额加上补充预算）。第四期科学技术基本计划（2011～2015 年）政府预算为 25 万亿日元②。2011 年度日本政府科学技术预算为 3.65 万亿日元，其中文部科学省科技经费预算为 2.45 万亿日元，占 67.1％，负责全国大部分科研资金的分配。

图 2-10 显示了日本基于第二期和第三期科学技术基本计划的纳米技术与材

---

① http://stats.oecd.org/index.aspx
② 平成 23 年度科学技術関係予算案について. http://www.cao.go.jp/cstp/budget/h23yosan.pdf ［2011-01-13］

料领域研究费年度发展趋势，可见日本每年在材料领域的经费投入逐年增长，2008年比2002年增长了141.8%，由于受金融危机等影响，2009年的经费投入有所下降，比2008年降低了近8.4%。

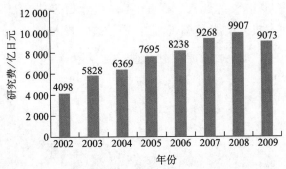

图2-10　日本科学技术基本计划纳米技术与材料领域研究费年度发展趋势
资料来源：日本总务省统计局，2011

日本政府主要通过两种方式向高校和公共科研机构提供研究经费：一是运营费补助金（相当于事业费），主要用于支付研究人员及辅助人员的工资、最低限度研究经费、研究基础运营费（保养、维护设施费用、设备费）等，这类经费是高校和科研机构的主要经费来源，大约占总经费的90%；二是竞争性研究资金，即所谓的竞争申请的课题费，主要是基于对研究人员自由探索的研究的资助，这类经费大约占10%。这是一种重点资助富有创新意识的研究人员从事独创研究开发的机制，主要由内阁府、总务省、文部科学省、厚生劳动省、农林水产省、经济产业省、国土交通省及环境省八个省府来分配，包括科学研究费补助金、科学技术振兴调整费、战略性创造研究推进计划等，其中科学研究费补助金（又称科研费）的资金规模最大，约占整个竞争性研究资金的50%[①]，2011年起一部分科研研究费补助金基金化，成为学术研究助成基金，2011年预算额为853亿日元，而科学研究补助金预算额为1780亿日元[②]。日本政府期望通过竞争性研究资金方式促进形成竞争性的研发环境，日本政府一直在努力增加竞争性研究资金，2010年政府预算中竞争性研究资金预算为4631亿日元，比2009年减少了约281亿日元，占政府科技总预算的12.69%，竞争性研究资金中

---

① 競争の资金制度一覧. http：//www.mext.go.jp/component/a_menu/—icsFiles/afieldfile/2009/06/15/1215952_001.pdf［2009-06-15］

② 科学研究费補助金の一部基金化. http：//www.sangiin.go.jp/japanese/annai/chousa/rippou_chousa/backnumber/2011pdf/20110308037.pdf［2011-03-08］

的约 80％流向了大学，15％左右流向了公共科研机构（包括国立、公立和独立行政法人研究机构）（王玲，2007）。

五、主要材料研发机构

日本的科技创新体系主要由公共科研机构、高等院校、企业科研机构和非营利组织构成。日本材料领域的主要研发机构包括国立科研机构、大学、企业等（表 2-11）。大学是日本的基础研究主体，企业研发活动大多同生产、管理、销售等部门密切联系。而日本国立科研机构所承担的任务大都是国家急需的，是民间企业不愿承担或者无力承担的，一般是投资多、风险大的研究项目，有的项目还是跨学科、跨部门的，需要由政府牵头组织。例如，代表国家整体科技水平的创造性、基础性的研究；世界前沿技术领域的研究开发；与国家可持续发展密切相关领域的研究开发；对进一步提高产业技术和形成新产业具有重大推动作用的研究；与国民生活紧密相关领域的研究开发等（顾海兵和李讯，2005）。日本的国立科研机构经费主要来自政府预算，按照国家经济和社会的总体发展需求来确定研发工作。因此，本书重点关注国立科研机构的材料研究和发展。

表 2-11　日本主要材料研发机构

分类	机构名称	主要下属材料研究机构/研究方向
国立科研机构	日本理化学研究所	和光研究所、前沿研究中心、仁科加速器研究中心、放射光科学综合研究中心、计算科学研究中心等
	日本物质材料研究机构	环境能源材料部门、纳米技术材料部门、先进通用技术部门、元素战略材料中心、中核能部门等
	日本产业技术综合研究所	纳米管研究中心、纳米系统研究部门、可持续发展材料研究部门、光子研究中心、柔性电子研究中心、光伏研究中心、先进能源电子研究中心、压缩化学系统研究中心、氢工业应用储存中心
高等院校	日本东北大学	材料科学综合学科（宇宙材料学、材料环境学、材料物性学、纳米材料、生物材料等）、金属材料研究所（金属物性论、晶体物理、磁性物理、量子表面与界面科学、低温物理学、低温电子性质研究、材料控制学、金属结构控制、计算材料科学工程、核材料科学与工程、材料设计和测试、随机结构材料科学、生物材料科学、非平衡材料工程、氢材料科学与工程、多功能材料科学、制造工艺工程、材料加工与表征研究等）

分类	机构名称	主要下属材料研究机构/研究方向
高等院校	日本东京大学	物性研究所（新物质科学研究部门、物性理论研究部门、纳米物性研究部门、极限环境物性研究部门、先端分关研究部门、物性设计评价设施、中性子科学研究设施、国际超强磁场科学研究设施、计算物质科学研究中心等）、先端科学技术研究中心等
	日本京都大学	化学研究所（材料性能化学、生物性能化学、环境物质化学、复合基础化学、元素科学等）、能源理工学研究所、基础物理学研究所、核反应堆研究所等

1. 日本理化学研究所

日本理化学研究所（RIKEN）创立于 1917 年，是日本唯一一家自然科学综合研究所，2003 年 10 月成为独立行政法人机构。RIKEN 已成为日本最具代表性的公共科研机构，下属"和光研究所""筑波研究所""播磨研究所""横滨研究所""神户研究所"5 个研究所，9 个研究中心以及相应支撑机构。RIKEN 拥有重离子加速器、超级高速计算机、世界上最大的同步辐射加速器（SPring-8）、RIKEN 生物资源中心等世界上独一无二的研究设施。

1）人力资源和经费

截至 2011 年 4 月 1 日，RIKEN 共有人员 3328 人，其中研究人员总数为 2704 人，RIKEN 在基础研究、脑科学、加速器、植物科学、基因组、医学等领域保持了良好的研发力量，近年来在定量生物学、生物质工程、创新（集群）研究等方面也积极部署人力资源。RIKEN 大部分经费都来自政府，研究所自主决定经费的使用和分配，但政府仍要密切监督和审查经费支出的情况。自 2003 年 RIKEN 转型为独立行政法人以来，预算经费逐年增加，2009 年和 2010 预算分别为 1046.93 亿日元和 956.89 亿日元。从预算收入情况来看，2010 财年 RIKEN 的预算中，政府拨付经费是主体，提供经费 918.68 亿日元，占总预算的 96.01%，其中包括营运费补助金、设施维护补助金、大科学装置运营维护补助金等；自营收入（自营收入是指利用营运费补助金开展事业可能产生的预期收益）38.22 亿日元，占 3.99%，其中包括受托研究收入、事业收入（专利权收入、赠款等）与非事业收入（租金、利息收入等）以及大科学装置使用收入等。从支出情况来看，大科学装置（SPring-8、X 射线自由电子激光装置 XFEL、超级计算机等）的建设运营维护费支出最多，达到 317.69 亿日元，占 33.2%。

2）主要研发方向

RIKEN 自 20 世纪 90 年代以来逐渐向生物科学、新材料与生物医学方向扩展，目前则主要集中在物理、化学、生物科学、生物医学、材料科学与交叉前沿科学领域。RIKEN 非常关注生命科学及其交叉领域的研究，新建了几个与生命科学相关的研究所和中心。1997 年日本政府启动生命科学研究和发展计划，脑研究发展 20 年长期战略，推动了 RIKEN 建立基因组科学中心与脑科学研究所。1998 年筑波研究所成立基因科学中心。2000 年成立横滨研究所，新建三个生命科学研究中心。2001 年成立生物资源中心和免疫与过敏症科学综合研究中心。2002 年成立神户研究所，设有发生生物学、再生医学综合研究中心，旨在瞄准生物学今后 10～20 年的发展方向。2005 年成立了知识产权战略中心、传染病研究网络支援中心、SPring-8 中心、分子成像中心。2006 年成立了下一代超级计算机开发实施部、仁科加速器研究中心。2010 年成立计算科学研究中心、创新集群研究。2011 年成立了定量生物学中心等（RIKEN，2011）。

3）重点研究项目

RIKEN 包括世界最快速超级计算机的开发、X 射线自由电子激光光源、分子结构可视化研究、万亿赫兹光频研究、蛋白质解析基础技术开发等。RIKEN 还展开众多的大型科学工程项目，包括：国际"人类基因组工程"5％基因分析；在"蛋白质 3000"国家项目中，RIKEN 承担 2500 种蛋白质结构与功能分析；日本生物银行中 30 万人的脱氧核糖核酸（DNA）和血清的单核苷酸（SNP）解析；跟国立医院合作，开展花粉病、风湿性关节炎等疾病的疫苗开发和治疗研究；跟多所大学合作，开展人体细胞核转基因操作后植入人体干细胞的再生医疗研究。RIKEN 的研究活动还包括物质创新技能研究、超导材料研究、生物材料研究开发、加速器、计算科学、新兴感染症研究、创新药物研究、发生和再发生科学研究等（RIKEN，2010）。

2. 日本物质材料研究机构

日本物质材料研究机构（NIMS）前身是始建于 1956 年的国家金属材料技术研究所（NRIM）和始建于 1966 年的国家无机材料研究所（NIRIM），2001 年 4 月，NRIM 与 NIRIM 合并组建成现在的 NIMS。作为材料科学领域面向全球的 21 世纪重点科研基地，NIMS 致力于在纳米技术和材料领域取得卓越的研究成果，其使命包括以下四方面：①开展材料科学的基础性研究；②推广研究成果及其应用；③非本所研究人员可以使用本所装备仪器；④对研究人员进行教育培训。

1）人力资源和经费

截至 2011 年 10 月 1 日，NIMS 拥有各类工作人员 1489 人，定年制职员 517 人，任期制职员 938 人。NIMS 的经费主要来自政府拨款，约占 75％。2010 年，

NIMS 财政预算为 256 亿日元，其中运行经费 141 亿日元、补助金 16 亿日元、设施装备经费 27 亿日元、委托研究经费 45 亿日元、自营收入 7 亿日元。

2）主要研发方向

一是纳米技术和先进材料研究。为了在纳米技术及新型材料基础研究方面成为世界级技术创新的先锋，NIMS 通过纳米技术开展材料的基础研发，包括先进公共基础技术开发，如纳米测量、分析和建模技术；新材料的纳米制备及结构控制；顺应日本公众社会和生活需要的材料新功能的探究、实用材料的开发等。二是满足社会需求的先进材料研究。NIMS 参与先进环境、能源材料及高可靠性、安全性材料的基础研发，旨在开发出具有减轻环境和能源负荷、构建安全社会等经济和社会价值的材料。根据上述两大领域，NIMS 建立了 20 多个研究中心，确立了 6 个技术领域：关键纳米技术基础、新型纳米材料制备与控制、信息技术纳米材料研究、生物技术纳米材料研究、环境和能源材料研究、可靠性和安全性材料研究。

3. 日本产业技术综合研究所

日本产业技术综合研究所（AIST）成立于 2001 年，前身是工业技术院（工业技术院的历史最早可以追溯到 1882 年成立的地质调查所），隶属于经济产业省。2001 年 1 月，经济产业省对工业技术院进行了重组，将该院所属 15 个研究所重组为 AIST。2001 年 4 月，AIST 成为独立行政法人。AIST 总部设在东京和筑波，拥有北海道、东北、筑波、东京临海、中部、关西、中国、四国和九州 9 个研究基地，50 多个涉及不同研究领域的研究单元。AIST 是日本最大的产业研究机构，在日本产业技术发展中扮演着重要的角色，对于开创新兴产业、提升产业技术能力有着不可替代的作用。

1）人力资源和经费

截至 2011 年 4 月 1 日，AIST 共有职员 3020 人，其中研究人员 2337 人，占 77％。AIST 各研究领域人员分布比较均衡，环境与能源，生命科学与技术，信息技术与电子，计量与测量技术，纳米技术、材料与制造和地质勘探与应用地球科学六个领域研究人员所占比例分别为 24％、18％、17％、16％、15％和 10％（AIST，2011a）。AIST 经费主要来自政府直接拨款和间接补贴，总计占了 80％。此外，AIST 进行产业界的合作研究或委托研究，并通过技术转移机构进行技术授权，获得企业的资金支持。AIST 经费可跨年度使用，拥有较多的资金使用自主权。AIST 2011 财年经费总收入为 812.84 亿日元，政府直接拨款和间接补贴占 76.26％，其中运营费交付金收入为 603.9 亿日元、设施装备补助金

16 亿日元。AIST 2011 年受委托收入 129.17 亿日元，占其总收入的 15.89%，其他收入 63.77 亿日元（AIST，2011b）。

2）主要研发方向

AIST 的研究领域主要有生命科学与技术，信息技术与电子，纳米技术、材料与制造，环境与能源，地质勘探与应用地球科学及计量与测量技术六个领域，其相应重点研究方向见表 2-12。其中，AIST 的计量与测量技术研究领域主要从事国家测试测量和标准化技术研究。

表 2-12　AIST 主要研究领域和重点研究方向

主要研究领域	优先研究方向
生命科学与技术	早期预防、医疗诊断技术开发，精密诊断及再生医疗开发，人类机能评价、机能恢复技术开发及健康寿命延长实现，生物机能产品开发及高功能产品开发，医学装备和设施开发等
信息技术与电子	高速大容量信息技术、安全与可靠性、智能技术、网络技术、先进信息技术应用等
纳米技术、材料与制造	纳米材料、纳米度量学、结构纳米技术、高品质高速的节能工艺技术、节能材料/制造技术、数字智能制造技术等
环境与能源	环保技术：开发新的有害物质分解/解毒反应工艺、在线分离/浓缩工艺和环境友好型替代物质； 能源技术：发展分布式能源（包括可再生能源）、洁净煤技术和生物质燃料等，以及相关应用技术； 系统评价技术：建立资源/能源利用率和有害物质的风险评估方法，为全球气候变暖对策制定评价方法
地质勘探与应用地球科学	国土安全与基础地质情报、地球环境变化和保护机制、资源能源稳定供给等
计量与测量技术	国家计量标准、先进计测评价技术研究开发与标准化等

六、总体发展趋势

2011 年日本福岛核危机爆发后，日本未来几年的经济工作重心将放在灾后重建上。日本政府 2010 年 6 月制定的《日本新经济增长战略》也是将基础设施/系统（核电、高铁及智能电网等）作为转型的五大战略领域之一。日本必将抓住这一机遇，通过国内的重建工作积累经验和技术，培育新兴战略产业以扩大出口。与日本传统出口模式不同的是，设施/系统不再是简单的商品出口，而是"商品＋服务"的捆绑式出口。事实上，日本企业已经在行动了，以东芝、日立、松下这些企业为代表的巨头正在剥离利润低、竞争激烈的民用消费品领域，向利润率、进入资金和技术门槛比较高的重工业、能源、交通等基础设施/系统行业转型。

（1）从发展战略来看：材料与纳米技术是日本科学技术基本计划战略优先研究领域之一，重点解决能源材料、环境友好材料技术、生物医用材料和利用技术、材料共性技术等重点科技问题，日本的研发经费投入基本上保持稳步增加的趋势。"新成长战略"、创新集群建设等战略和措施进一步促进材料及其产业的发展。在"新成长战略"指导下，高温超导、纳米、功能化学、碳纤维、IT 等新材料技术在内的十大尖端技术产业确定为未来产业发展主要战略领域。

（2）从材料科技发展来看：日本文部科学省和经济产业省都非常注重材料和纳米科技的发展，资助和实施了一系列材料研发计划和项目。科学技术振兴机构积极提出发展材料的战略计划和建议，为两省开展和实施项目提供依据。

（3）从材料产业化来看：日本非常注重材料的产业化，制定了详细的材料技术发展路线图，明确了发展目标和路线。注重创新集群建设，正在建设山口绿色材料集群、京都环境纳米技术集群、真宗智能设备集群、滨松光电集群东海地区纳米技术制造等创新集群，使日本材料研究和开发更具全球竞争力，并吸引世界各地的人力资源、技术和资金到日本落户。

（4）从基础设施来看：日本国立科研机构所承担的任务大都是国家急需的，一般是投资多、风险大的研究项目，民间企业不愿承担或者无力承担，需要由政府牵头组织。日本理化学研究所、日本物质材料研究机构、日本产业技术综合研究所等在材料和纳米科技发展中发挥了重要作用。此外，日本东北大学、日本东京大学、日本京都大学等在材料领域也有非常强的实力。

第三节　欧盟材料战略和发展趋势分析

欧盟以英国、法国、德国等西欧国家为代表，在科技发展战略中，尽管各成员国在侧重点上有所差异，但都是以生命科学与生命技术、信息通信技术、纳米技术、能源四大领域为优先发展的战略领域，其中材料均占有重要的地位。早在2003 年 9 月，欧盟科研总司召集相关科学家共同研讨材料科学的未来，会议决定欧盟将着力推进十大材料领域的发展，分别是催化剂、光学材料与光电材料、有机电子学与光电学、磁性材料、仿生学、纳米生物技术、超导体、复合材料、生物医学材料及智能纺织材料等。历次的"欧盟框架计划""欧洲地平线 2020"、欧洲先进工程材料与技术平台等都把材料和纳米材料技术作为重要研究领域等进行资助和布局，材料技术在欧盟科技发展领域占据了越来越重要的位置。

一、材料战略分析

欧盟提出欧洲应该在尽可能多的新材料技术领域中成为世界第一。欧盟建立了欧洲材料委员会，该委员会与各成员国材料协会、研究所和科技委员会一起工作，以保证欧洲可以发展一流的科研设施，同时避免成员国各研究小组的重复性，提高资源的利用率，并寻找合作的可能。如果欧洲政府的经济可以在21世纪持续强劲，欧盟将会增加对基础科学的投资以使其达到美国和日本的水平。欧洲材料委员会需要给予材料研究与生物技术、信息技术同样的优先权，因为材料科学在这些领域及其他技术领域，特别是交通、化学、能源、电子及航空工业的发展和竞争中扮演着至关重要的角色。

1. 从宏观着眼，制定战略开展协同研究

2010年3月，欧盟委员会推出"欧洲2020战略"建议方案，提出了构建"创新型联盟"的设想，旨在凝聚信心，共同应对危机，在经济全球化的浪潮中不断提高欧盟整体国际竞争力。这是继"里斯本战略"之后的欧盟第二个十年经济发展规划。在"欧洲2020战略"中，把智能、可持续、包容性作为经济发展的三个首要方向，提出就业、创新、教育、社会融合、气候变化与能源五项目标，即20～64岁的人口就业率达到75%；研发投入占欧盟GDP的比例达到3%；温室气体排放在1990年基础上减少20%，可再生能源使用比例达到20%，能效提高20%；失学率低于10%，至少40%的30～34岁人口完成高等教育；至少减少2000万贫困和受排斥的社会人口①。

借助于欧盟及其前身的欧共体这个平台，欧盟成员国开展了大量的跨国协同研究工作。欧盟与各成员国紧密合作，组织、利用各种形式的合作方式，通过国与国之间的联合项目和研究计划协调合作，通过欧洲层面竞争及大规模技术创新的联合行动，达到基础设施和欧洲利益的共同发展。

2. 从微观入手，强调纳米技术及其安全性

欧盟委员会在2005年6月公布了一项欧洲纳米技术发展战略，以确保欧洲在纳米技术研究与应用领域保持世界领先地位。这项发展战略主要包括：加强

---

① Europe 2020 Strategy. http://ec. europa. eu/europe2020/documents/related-document-type/index _ en. html [2011-11-23]

对纳米技术研究的资金投入；鼓励建立技术平台，特别是加强在纳米医学、纳米电子和纳米化学等关键领域的横向联合；建设多个顶尖级研究中心及一个旨在支持欧洲研究人员参与世界竞争的机构；创造推动纳米技术成果转化的条件；成立一个纳米技术数据库；建立纳米技术专利许可证管理体系；推动跨学科人才的教育与培养以及鼓励和资助纳米技术研究成果的出版等。此外，这一发展战略还特别强调要在推广纳米技术应用的同时，加强研究纳米技术对环境、健康及安全可能产生的负面影响，保证纳米技术在尊重伦理、尊重环境等条件下健康发展。

纳米材料潜在风险的与日俱增也推动了欧盟制定更广泛的法规，对纳米材料应用进行规管。此类法规在不同领域已被提出和实施。更重要的是，欧洲委员会已开始研究明确"纳米材料"（nanomaterial）一词的定义，该定义将应用于所有欧盟法律。目前针对含纳米材料产品，欧盟已实施了某些行业性立法，如第 1223/2009 号化妆品条例，要求化妆品制造商在含纳米材料化妆品投放市场前 6 个月通报相关主管部门。再者，含纳米材料的产品也可能被纳入到化学品注册、评估、许可和限制（registration, evaluation, authorization and restriction of chemicals, REACH）法规所定义的"物质"之中，同时，根据这些产品在欧盟内每个生产商每年所生产或每个进口商每年所进口的类型和数量，也将带来各种规定义务。除了当前的行业性欧盟立法，欧盟各机构业已提出了多项议案。2010 年 7 月，欧洲议会投票通过修改《新型食品条例》，对含纳米材料食品实施更严格的安全和标签措施（类似于化妆品条例中对纳米材料的标签规定）。欧委会于 2010 年 10 月 21 日关于"纳米材料"术语定义的提案草案中，"纳米材料"被定义为至少满足下述标准之一的任何材料：①由一维或多维尺度在 1~100nm 的微粒组成，其数浓度粒径分布大于 1%；②其内部或表面结构的一维或多维尺度在 1~100nm；③其表面面积与体积比大于 $60m^2/cm^3$，不包括由小于 1nm 大小颗粒组成的材料[①]。

3. 从源头抓起，重视获取原材料

针对材料领域，欧盟层面特别重视对原材料的获取。欧洲议会认为，欧盟需要有一个强大的工业基础，这高度依赖于原材料的充足供给。然而，全球范围内对原材料的需求正在不断上涨，尤其是"技术金属"[②]，新技术的进展对相

---

① 欧盟纳米材料法规的最新进展. http://www.spsp.gov.cn/contents/5/22827.html
② 英文为 technology metals，一般指的是相对较为稀缺的、高科技器件和工程体系不可或缺的金属

关产业开发中的重要资源的需求也在持续提升。原材料的国际供给受到出口配额的限制，价格也是屡创新高。对原材料的争抢加剧，不仅恶化了国际关系，也导致了资源冲突升级。

2010 年 6 月，由欧盟委员会领衔的一个专家组发布了一份名为"欧盟关键原材料"（critical raw materials for the EU）的报告，提出了相对关键程度的概念。当原材料面临供应短缺，并更加严重地影响到欧盟的经济发展时，就会被打上"关键"的标签。在被分析的 41 种矿物和金属中，其中有 14 种被认为是"关键"的。这 14 种关键矿物原材料是：锑、铍、钴、萤石、镓、锗、石墨、铟、镁、铌、铂系金属、稀土、钽、钨。这些原材料很大一部分产量是来自欧盟以外的国家：中国（锑、铍、萤石、镓、石墨、锗、铟、镁、稀土、钨）、俄罗斯（铂系金属）、刚果（金）（钴、钽）、巴西（铌、钽）等。具体可参见图 2-11（Europa，2010）。

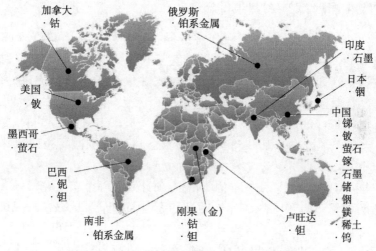

图 2-11　欧盟"关键原材料"的来源分布示意图

2010 年 11 月 19 日，欧洲议会于布鲁塞尔组织了一场有关欧洲原材料新战略的听证会。会议包括 3 个议题：①通过贸易工具更好地获取原材料；②欧洲工业在原材料战略上的需求和利益；③通过增加资源效率和循环手段降低欧洲原材料消耗[①]。

---

① Report forecasts shortages of 14 critical mineral raw materials. http：//europa. eu/rapid/press ReleasesAction. do？ reference＝IP/10/752&format＝HTML&aged＝0&language＝EN&guiLanguage＝en ［2010-06-17］

2011 年 9 月 13 日，欧洲议会表示，欧洲必须通过保证国外的出口供应、寻找替代资源、提高电子废料的循环利用等措施以防止原材料短缺。议会指出，欧洲应推行基于资源效率及原材料循环的创新战略，进而推动欧洲工业的可持续发展和竞争力。同时，议会指出，不发达国家不应该就其向欧盟 27 个成员国出口矿产而针对开发政策提出附加条件[①]。

二、材料计划分析

欧盟提出必须在国际材料科学和工程的各个研究领域成为领导者，并在尽可能多的先进材料技术中争当世界第一。欧盟也以注重支持长期研发活动而著称。欧盟材料发展计划涵盖材料研究和材料技术两部分着眼于长期的基础研究。

1. "欧盟框架计划"材料项目分析

"欧盟框架计划"是全球最大的官方科技计划之一，为整合各成员国的力量，提升整个欧盟层面的研发水平，欧盟从 1984 年开始，已顺利实施了六个研发框架计划（framework programme）并取得了丰硕的成果。2007 年 1 月，欧盟启动了第七个科研框架计划（FP7）。与以往的框架计划相比，FP7 具有期限长（2007～2013 年）、投资大（532.72 亿欧元[②]）、更注重基础科学研究和产学合作、国际合作以及发展各国科技机构间长期伙伴关系等特点。

FP7 支持特定的优先领域，它由四个专项计划和一个核研究特殊计划（欧洲原子能共同体计划）组成。四个专项计划为"合作计划"（cooperation）、"原始创新计划"（ideas）、"人力资源计划"（people）、"研究能力建设"（capacities）。其中，"合作计划"的资金为 324.13 亿欧元，共包括十个主题研究领域，重点支持信息技术、健康、交通、纳米科学技术和材料等领域。其中，纳米科学、纳米技术、材料以及新制造技术（nanosciences, nanotechnologies, materials & new production technologies, NMP）作为"合作计划"的领域之一，投资为 34.75 亿欧元。FP7 主题研究领域以及专项计划的资金分配情况见表 2-13。

---

① EU must secure raw materials supplies-lawmakers. http：//www. reuters. com/article/2011/09/13/eu-rawmaterials-idUSLDE78C0FP20110913［2011-09-13］

② 将"核研究特殊计划"的 27.51 亿欧元一并算入

表 2-13 FP7 的主要研究领域和资金分配情况 （单位：亿欧元）

专项计划		金额
专项计划一：合作计划		324.13
主题研究领域	健康；	61.00
	食品、农业和渔业、生物技术；	19.35
	信息通信技术；	90.50
	纳米科学、纳米技术、材料和新制造技术；	34.75
	能源	23.50
	环境（包括气候变化）；	18.90
	交通（包括航空）；	41.60
	社会经济学和人文科学；	6.23
	空间；	14.30
	安全	14.00
专项计划二：原始创新计划		75.10
专项计划三：人力资源计划		47.50
专项计划四：研究能力建设计划联合研究中心的非核行动		17.51
总计		464.24

NMP 领域 2011 年主要目标是提高欧洲工业竞争力，并确保从资源密集型向知识密集型转变，特别关注研究和技术开发成果向中小型企业转移。2011 年 NMP 项目计划预算超过 3 亿欧元，而 2010 年为 1.98 亿欧元。2011 年核心项目议题达到 35 个，2010 年为 22 个。

具体到材料领域，包括 12 个研究和技术开发议题，分属三个不同层次：①使能研发议题：先进多功能陶瓷材料，材料超快动力学建模；②先进应用的创新材料议题：电子技术应用的超导材料，与年龄有关癌症和感觉器官疾病的组织工程，固态照明，关键材料替代，应用于文化历史遗产的新材料技术，新型超导材料基本性能；③结构性行动议题：源于可再生生物资源的先进封装材料，欧洲研究区网络计划（ERA-NET）（材料研究国际行动）和网络材料实验室协调行动。

NMP 领域资助的有关材料的项目列表见表 2-14。

表 2-14 NMP 领域材料方向计划一览表

计划名称或主题	起止时间	经费额度/万欧元
捕获子带隙光子的纳米材料	2010 − 06 − 01～2013 − 05 − 31	413
超快全光反磁化材料	2008 − 12 − 01～2011 − 11 − 30	417
金属纳米簇	2009 − 05 − 01～2012 − 04 − 30	241
有机电子器件的界面电子过程建模	2009 − 06 − 01～2012 − 05 − 31	413
可再生资源中提取生物质复合材料	2010 − 06 − 01～2014 − 05 − 31	396
光电有机纳米材料	2009 − 01 − 01～2011 − 12 − 31	2617

续表

计划名称或主题	起止时间	经费额度/万欧元
新型碳管树脂基复合材料	2008 - 11 - 01～2012 - 10 - 31	823
多功能杀菌材料	2008 - 08 - 01～2011 - 07 - 31	395
纳米材料的毒性影响	2010 - 05 - 01～2013 - 04 - 30	330
天然纤维和织物	2008 - 11 - 01～2012 - 04 - 30	425
木质复合材料	2009 - 01 - 01～2012 - 12 - 31	715
杂化纳米材料	2008 - 10 - 01～2011 - 09 - 30	719
金属片（学习型）	2009 - 04 - 01～2012 - 03 - 31	477
晶圆级碳管应用	2009 - 05 - 01～2012 - 04 - 30	835
纳米结构氧分离膜材料	2009 - 09 - 01～2012 - 08 - 31	498
纳米材料的大规模开采	2010 - 10 - 01～2013 - 09 - 30	375
纳米材料对健康和环境的影响	2008 - 04 - 01～2012 - 03 - 31	319
合金耐磨涂层	2008 - 12 - 01～2011 - 11 - 30	474
纳米铜抗菌涂层	2010 - 10 - 01～2013 - 09 - 30	199
防腐超薄涂层	2008 - 09 - 01～2011 - 08 - 31	473
基于新材料的膜反应器	2011 - 06 - 01～2015 - 05 - 31	1236
铝合金（轻质材料）	2011 - 06 - 01～2014 - 05 - 31	427
用于超级电容的石墨烯电极	2011 - 06 - 01～2014 - 05 - 31	494
纤维加强塑料产品的加工链	2011 - 06 - 01～2014 - 05 - 31	995
气凝胶复合/杂化纳米材料（超绝缘）	2011 - 06 - 16～2015 - 06 - 15	430
用于催化膜反应器的纳米催化选择膜材料	2011 - 07 - 01～2015 - 06 - 30	1099
有机无机杂化材料	2011 - 06 - 01～2014 - 05 - 31	535
纳米技术与纳米结构材料	2009 - 09 - 01～2011 - 10 - 31	48.4
NMP 技术转移	2010 - 03 - 01～2012 - 02 - 29	123
有机无机杂化材料（成像）	2009 - 10 - 01～2013 - 09 - 30	969
木质复合材料	2008 - 09 - 01～2012 - 08 - 31	937
金属有机框架	2009 - 07 - 01～2013 - 06 - 30	1156
纳米复合材料透光技术	2008 - 09 - 01～2012 - 08 - 31	1095
碳基纳米复合材料	2008 - 07 - 01～2012 - 06 - 30	739
热机功能材料	2009 - 12 - 01～2012 - 11 - 30	450
CO_2 吸附材料	2009 - 05 - 01～2012 - 04 - 30	69.2
合金配方研究	2011 - 06 - 15～2016 - 06 - 14	2195
纳米颗粒及其薄膜的实时测量表征	2011 - 06 - 14～2015 - 06 - 13	426
自组织纳米材料	2009 - 08 - 01～2012 - 07 - 31	461
利用矿物制备纳米复合材料（Ag）	2010 - 10 - 01～2013 - 09 - 30	404
生物活性多孔支架	2009 - 01 - 01～2013 - 12 - 31	834
有机无机透明半导体	2011 - 05 - 01～2014 - 08 - 31	447
膜技术	2009 - 05 - 01～2011 - 04 - 30	68.4
氢脆建模	2011 - 05 - 01～2015 - 04 - 30	512
纳米颗粒嵌入式表征	2011 - 05 - 01～2014 - 04 - 30	408
气液过程催化技术与材料	2009 - 11 - 01～2013 - 10 - 31	1257
磁性超材料	2009 - 09 - 15～2012 - 09 - 14	463

续表

计划名称或主题	起止时间	经费额度/万欧元
纳米材料的环境污染与危害	2009 - 09 - 01～2012 - 08 - 31	310
轻质结构复合材料（运输）	2010 - 10 - 01～2014 - 09 - 30	739
化工过程与水处理用材料、工艺和技术的战略协同	2011 - 05 - 01～2013 - 10 - 31	125
锂空电池	2011 - 04 - 01～2014 - 03 - 31	449
Mg$_2$Si 能量捕获热电材料	2011 - 05 - 01～2014 - 10 - 31	600
磁性纳米材料动态过程的计算模拟	2009 - 06 - 01～2012 - 05 - 31	117
纳米电子器件可靠性建模	2011 - 04 - 01～2015 - 03 - 31	504
钢铁防腐涂层	2011 - 04 - 01～2014 - 03 - 31	378
有机无机杂化（传感）	2011 - 04 - 01～2014 - 03 - 31	398
合金热电性质研究	2011 - 04 - 01～2014 - 03 - 31	401
活性聚合物复合材料	2009 - 09 - 01～2012 - 08 - 31	517
磁性纳米颗粒（oncologing 成像）	2008 - 11 - 01～2012 - 01 - 31	307
磁性纳米颗粒（纳米自旋电子）	2008 - 09 - 01～2011 - 08 - 31	325
纤维材料和织物	2009 - 11 - 01～2012 - 10 - 31	167
PHB 生物质复合材料	2010 - 07 - 01～2014 - 06 - 30	454
耐火热固聚酯树脂	2009 - 09 - 01～2012 - 08 - 31	309
矿产资源制备纳米颗粒产物	2009 - 05 - 01～2013 - 04 - 30	1739
新材料和纳米材料（与拉美合作）	2009 - 08 - 01～2012 - 07 - 31	114
热塑复合材料的在线表征工具	2011 - 04 - 01～2015 - 03 - 31	470
纳米结构材料的电磁表征	2008 - 04 - 01～2011 - 03 - 31	66.7
自组装聚合物膜	2009 - 09 - 01～2012 - 08 - 31	517
体内组织工程磁性支架	2008 - 12 - 01～2012 - 11 - 30	1109
车用超级电容	2011 - 01 - 01～2013 - 12 - 31	566
纳米结构聚合材料的建模	2008 - 11 - 01～2011 - 10 - 31	504
锂聚合物电池的固体材料	2011 - 01 - 01～2013 - 12 - 31	504
C-S-H 凝胶	2008 - 09 - 01～2011 - 08 - 31	376
水处理分子材料	2009 - 05 - 01～2012 - 04 - 30	331
农业膜	2008 - 10 - 01～2012 - 09 - 30	437
第三代薄膜太阳电池材料	2009 - 02 - 01～2011 - 01 - 31	209
源自纤维素和多聚糖的复合材料	2011 - 03 - 01～2014 - 02 - 28	321
光伏用纳米材料与技术	2011 - 03 - 01～2014 - 02 - 28	541
可再生资源制成的柔性包装纸	2008 - 09 - 01～2011 - 08 - 31	444
耐火复合材料	2011 - 02 - 01～2015 - 01 - 31	778
焊接时界面变化建模	2009 - 09 - 01～2013 - 08 - 31	482
金属氧化物的连续化分析（能源、催化）	2009 - 06 - 01～2013 - 05 - 31	123
高温涂层	2008 - 11 - 01～2012 - 10 - 31	690
超材料的纳米化学及自组装路线	2009 - 09 - 15～2013 - 09 - 14	544
组织工程生物活性和应激性支架	2008 - 12 - 01～2012 - 11 - 30	1562
用于机械工具的复合材料和金属材料	2009 - 12 - 01～2012 - 11 - 30	552
石墨烯的纳米级应用	2011 - 01 - 01～2013 - 12 - 31	505
用于太阳电池的半导体纳米材料	2010 - 06 - 01～2013 - 05 - 31	317

续表

计划名称或主题	起止时间	经费额度/万欧元
骨修复材料	2010 - 08 - 01～2013 - 07 - 31	408
利用碳管进行热管理	2010 - 01 - 01～2012 - 12 - 31	353
绝缘相变材料	2010 - 06 - 01～2013 - 05 - 31	352
悬浮石墨烯纳米结构	2010 - 10 - 01～2013 - 09 - 30	389
纳米多孔金属有机框架	2009 - 06 - 01～2013 - 05 - 31	761
利用纳米压印技术制备超材料	2009 - 09 - 01～2012 - 08 - 31	452
椭圆偏光法和旋光法表征纳米材料	2008 - 01 - 01～2010 - 12 - 31	159
纳米材料建模	2009 - 07 - 01～2012 - 06 - 30	124
纳米结构工具与纳米热塑复合材料用于汽车的表面自清洁	2009 - 10 - 01～2012 - 09 - 30	465
太阳电池材料的界面建模	2009 - 12 - 01～2012 - 11 - 30	455
水处理用光催化膜	2010 - 07 - 01～2013 - 06 - 30	409
储氢材料	2009 - 06 - 01～2012 - 05 - 31	118
骨修复复合材料	2010 - 09 - 01～2014 - 08 - 31	541
储氢材料（氢化物）	2009 - 01 - 01～2011 - 12 - 31	275
生物性多孔聚合物支架	2008 - 11 - 01～2012 - 10 - 31	942
分级金属有机催化剂	2008 - 09 - 01～2011 - 08 - 31	387
利用新型纤维开发光伏织物	2008 - 11 - 01～2011 - 10 - 31	421
高能蓄电池用材料	2009 - 04 - 01～2012 - 03 - 31	343
锂离子微电池	2008 - 09 - 01～2011 - 08 - 31	408
纳米线等材料（光伏）	2008 - 10 - 01～2012 - 09 - 30	417
汽车材料的多级保护	2008 - 06 - 01～2012 - 05 - 31	1051
蒸发水收集膜	2010 - 09 - 01～2013 - 08 - 31	572
磁性纳米材料	2008 - 11 - 01～2011 - 10 - 31	386
珍珠岩资源的利用	2009 - 05 - 01～2013 - 04 - 30	829
膜生物反应器	2010 - 09 - 01～2014 - 02 - 28	443
材料复合工艺（碳材料）	2010 - 10 - 01～2013 - 09 - 30	694
界面氧化物（电磁性质）	2010 - 12 - 01～2014 - 11 - 30	1553
纤维素材料的表面功能化	2008 - 12 - 01～2012 - 11 - 30	800
将新兴纳米技术运用于功能化织物	2009 - 09 - 01～2012 - 08 - 31	221
硅纳米点（太阳电池）	2010 - 09 - 01～2013 - 08 - 31	421
自加强塑料	2008 - 10 - 01～2012 - 03 - 31	558
功能氧化物的理论研究	2009 - 06 - 01～2012 - 05 - 31	110
生物材料表面的电修饰	2008 - 10 - 01～2011 - 09 - 30	500
GaN 材料	2008 - 11 - 01～2011 - 10 - 31	1386
氧化物界面建模	2009 - 09 - 01～2012 - 08 - 31	281
多层表面体系的建模	2008 - 11 - 01～2011 - 10 - 31	471
气液分离纳米复合材料和膜	2009 - 06 - 01～2012 - 05 - 31	416
温度调节纤维和衣物	2009 - 01 - 01～2012 - 12 - 31	391
材料建模、过程模拟工具开发	2010 - 01 - 01～2013 - 12 - 31	120
建筑用节能材料	2008 - 11 - 01～2012 - 10 - 31	1202
木质复合材料的结构与功能研究	2008 - 09 - 01～2012 - 08 - 31	985

续表

计划名称或主题	起止时间	经费额度/万欧元
薄膜太阳电池用全无机纳米棒	2009 - 01 - 01～2011 - 12 - 31	408
金属氧化物聚合物界面建模研究	2008 - 09 - 01～2011 - 08 - 31	522
电池用金属纳米粉末的连续放大生产	2009 - 09 - 01～2012 - 08 - 31	433
玻璃质体系界面建模研究	2009 - 09 - 01～2013 - 02 - 28	431
硅化物难熔金属	2009 - 10 - 01～2013 - 09 - 30	428
生物活性植入体作用下心脏组织的再生	2010 - 01 - 01～2012 - 12 - 31	293
运输用功能等级材料	2010 - 02 - 01～2013 - 01 - 31	492
仿生超薄结构	2009 - 12 - 01～2012 - 11 - 30	337
轻质金属的快速制造	2008 - 11 - 01～2011 - 10 - 31	461
纳米氧化物的大规模生产	2010 - 01 - 01～2013 - 12 - 31	429
建筑装饰材料中生物杀灭剂释放研究	2010 - 01 - 01～2013 - 12 - 31	458
心肌植入支架	2010 - 01 - 01～2013 - 12 - 31	526
后硅电子时代的氧化物材料	2010 - 10 - 01～2014 - 09 - 30	1385
固态能效冷却（磁性制冷剂材料）	2008 - 10 - 01～2011 - 09 - 30	327
工程塑料 PEEK、PPS	2010 - 04 - 15～2014 - 04 - 14	685

以下介绍几项近年来，FP7 资助的与材料相关的计划。

1）有机纳米电子材料计划

"有机纳米电子材料计划"（organic nano-materials for electronics and photonics：design，synthesis，characterisation，processing，fabrication and applications，ONE-P），时间为 2009 年 1 月 1 日至 2011 年 12 月 31 日，将欧洲推到了有机电子与光子领域纳米材料应用发展的前沿。这一计划位于 FP7 的"纳米科学、纳米技术、材料以及新制造技术"主题下，投资总额为 2600 万欧元（其中，欧洲委员会投入 1800 万欧元）。ONE-P 计划将在迅速成长的有机、碳基半导体领域展开工作。与硅基半导体不同，有机半导体的制作成本低廉，并且其生产过程耗能低、排放少，对环境影响较小。

FP6 曾成功资助了许多有机电子领域的项目，这些项目开发出了许多新的技术并巩固了欧洲在这一领域的领导地位。然而，技术的进一步发展面临着瓶颈，新技术也存在更广阔的应用空间，这也是 ONE-P 计划实施的原因。在这项 3 年期的计划中，研究人员将致力于开发新的光伏纳米材料、光电探测器及有机发光二极管等。按照计划，这些新材料将具有稳定、易于加工、廉价及环境友好等特点。

ONE-P 计划包括了来自欧盟 10 个国家的 28 个合作伙伴（其中，大学 14 所、研究机构 6 家、企业 8 家），研究人员 200 人。该计划设有计划协调人（1

名)、团体技术官员（1 名）、团体财政办公室、团体运行官员（1 名）①。

2）欧盟高性能复合材料技术研究项目

欧盟高性能复合材料技术研究项目（HIVOCOMP）旨在将先进材料应用于大型交通工具的轻型结构复合构件中，项目得到 FP7nmP-2009-2.5-1 的资助，已于 2010 年 10 月启动，为期 4 年。该项目 2011 年研发重点是碳纤维复合材料的批量生产，满足大规模生产汽车的应用。

HIVOCOMP 项目聚集了全球领先的汽车制造商、材料科学领域的科学家和专家。项目合作伙伴包括欧洲三大汽车原始设备制造商（大众、戴姆勒、菲亚特），行李箱制造商（新秀丽），复合材料及应用供应商（亨斯迈聚氨酯、德国本特勒-西格里、荷兰 Airborne composite、ESI 集团、德国 Propex Fabrics等），以及欧洲的大学（鲁汶大学、利兹大学、佩鲁贾大学、慕尼黑技术大学、洛桑联邦理工学院等），构成了欧洲复合材料研究的前沿（Vasiliadis，2011）。

2. 欧洲科学基金会材料项目分析

欧洲科学基金会（European Science Foundation，ESF）成立于 1974 年，是设在法国斯特拉斯堡的一个非政府性国际组织。涉及的学术领域有：人文科学、生命地球环境科学、医学科学、自然科学和社会科学。ESF 设有材料科学与工程专家委员会，借以推动欧洲在材料领域的研究。当前，ESF 资助的材料领域的研究项目（ESF，2012）如表 2-15 所示。

表 2-15   ESF 资助的材料领域研究项目

项目名称（领域）	起止时间
精密聚合物材料	2011-07～2015-07
材料模拟新概念	2011-01～2016-01
功能电子生物材料	2008-06～2013-06
生物材料及纳米颗粒表面蛋白质研究	2007-05～2012-12
超导体	2007-05～2012-05
新一代有机光伏器件	2006-09～2011-09
生物系统及材料中的分子模拟	2006-05～2011-05
物理、化学、生物、材料中的超快结构动力学	2005-05～2010-05

3. 科学和技术研究欧洲合作计划

科学和技术研究欧洲合作（European cooperation in science and technology，

---

① Project description. http：//www. one-p. eu/public/［2011-10-23］

COST）计划是一个欧盟层面、政府间的合作框架平台。最初的 COST 计划启动于 1971 年，如今该计划仍在执行。作为高级跨学科研究的先驱，COST 参与并执行欧盟 FP 计划，是"欧洲研究区"（ERA）的重要组成部分，主要涉及九大领域，"材料、物理和纳米技术"（materials，physics and nanosciences，MPNS）为其中之一①。

三、材料科技研发投入

这里以 FP7 为代表，介绍欧盟在材料领域的经费投入情况。图 2-12 展示的是"纳米科学、纳米技术、材料和新产品制造技术"（NMP）主题领域历年的经费预算对比。FP7 在 NMP 领域的资助总额为 34.75 亿欧元。具体到材料领域，主要是纳米材料和生物材料两大类。

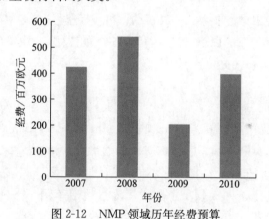

图 2-12　NMP 领域历年经费预算

四、主要材料研发机构

欧洲是世界上科研机构发展最早的地区。长期以来，科研机构在这一区域的科技创新发展中，起到了极为重要的作用。欧洲的主要科研机构大部分分布在各个成员国，材料领域也是如此。

1. 欧洲先进工程材料与技术平台

欧盟于 2004 年 9 月成立了欧洲先进工程材料与技术平台（European

---

① About2012. COST. http：//www. cost. esf. org/［2012-04-16］

technology platform for advanced engineering materials and technologies，EuMaT），以确保相关公司和其他重要利益相关者很好地参与到欧盟先进工程材料与技术领域优先研发主题的制定过程之中。

EuMaT 几乎涵盖了先进工程材料与技术整个生命周期中的各个环节：先进材料的设计、开发与质量鉴定；先进生产制造工艺；材料与组分测试；材料筛选与优化；各种尺度下的先进建模；数据库与支撑分析工具；包括可靠性、危害、风险、可回收利用性等在内的生命周期考量等。

EuMaT 的主要目标是制定欧盟在先进工程材料与技术领域的战略研究议程（strategic research agenda），为明确欧盟在该领域的需求、确立优先研发主题提供基础。此外，EuMaT 还要推动跨学科教育、培训、技术转移和创新，推动研究与开发的社会学原则的研究（如对公共卫生、安全、环境的影响），推动国际合作等。

EuMaT 的成员来自产业界、公共机构、科技团体、其他欧盟项目的团体、财团、用户和消费者等。EuMaT 的管理运行可以分为三大层：决策层（筹划指导委员会）、运行层（工作组）、支撑层（顾问委员会）等（EuMaT，2011）。

2. 欧洲防火研究中心

欧洲防火研究中心（Centre de Recherche et d'Etudes pour les Procédés d'Ignifugation des Matériau，CREPIM）是欧洲防火实验室之一，总部位于法国。CREPIM 致力于防火材料的开发和测试认证，以保证其防火性能达到相应的要求。主要涉及以下四大领域：交通运输（轨道车辆、飞机、船舶和汽车），建筑材料，电子电器，纺织面料。

五、总体发展趋势

欧盟注意到，各成员国的战略侧重点有所不同，其学术研究机构传统上是由各个国家的资源进行支持，欧盟正积极整合各成员国最好的研究中心，聚集他们的力量，提高研究的创造性和效率，特别是可能为欧洲工业创造和加强机会的基础研究。

欧盟及其成员国均已制定了多个与材料相关的整体计划：在已经完成的 FP6 中，总经费达到 175 亿欧元，其中智能型多功能材料、纳米技术领域占 13 亿欧元，此外，信息社会技术、航空航天、可持续发展、全球变化和生态系统四个领域也与新材料有关。正在进行的、自 2007 年启动的 FP7 中，材料仍是十大主题研究领域之一，在 NMP 领域的资助总额为 34.75 亿欧元。欧盟近年来的其他计划还包括：欧盟纳米计划、COST 计划、尤里卡计划等。另外欧盟各成员国也都有自己的材料相关发展规划，主要工业国如德国、法国、英国等都有自己的纳米计划、光产业发展计划等，其他国家，如瑞典、芬兰等都根据自己的优势制定了相关材料发展规划。

在欧盟的材料科学规划中，未来的研究方向和优先发展领域主要有以下几个方面。

（1）材料合成与制备技术，该领域开展的研究包括：材料合成与制备的微型化、仿生合成、复杂结构的建模与组装、界面工程。

（2）先进表征技术，新材料设计和制备的未来目标、新现象新性能的检验和控制，依赖于衍射学、显微技术以及光谱学等方面的新概念和新进展。

（3）材料理论和模拟，该领域开展的研究包括：纳米材料新结构和功能的预测；复杂材料优化解决方案的设计；材料合成、制备、微结构和性能的模拟；复杂材料及其制备的建模等。

（4）新材料体系，仿生、自组装、复杂复合材料体系以及纳米科技的不断发展，加上由计算机建模提供的更深层次的理解和预测能力，未来不断将有新材料涌现出来，以满足各种新的需求。

第四节　德国材料战略和发展趋势分析

德国是出口大国，在汽车制造、机械制造、化工制造、电子技术和电子产品制造、信息通信技术以及能源供应等产业都具有很强的国际市场竞争能力，其中汽车制造、机械制造和化工制造等产业具有国际领先水平。新材料研发涉及的领域非常广泛，包括电子、化工、设备制造、金属加工、汽车、航天、能源等产业。因此，新材料研发是推动德国经济发展、社会进步的重要力量。德国全社会对新材料研发的重要性有着广泛的共识，从政府部门到企业，再到研究机构，都充分认识到新材料创新对国家竞争力的重要影响，只有在新材料研发上取得突破，德国企业才能在日益全球化的市场竞争和科技研发能力竞争方面走在世界前列。德国企业界普遍认为，确保和扩大在材料研发方面的领先地位是它们在国际竞争中取得成功的重要因素之一。据调查，德国最大的 20 家工业企业中有 3/4 认为，新材料研发对它们企业今后的发展"重要"或"至关紧要"。

一、材料战略分析

德国把科学自由和科研自治作为其科技管理的基本准则，德国基本法规定"艺术、科学、研究和教学自由进行"。德国作为一个市场经济国家，政府的主要职能是提供公共服务，确保国家的政治、经济、生活有序进行。对于包括材料创新在内的科学研究，政府都让科技和市场充分发挥自身推动力，政府只通过制定各领域的科技政策、专项科技计划和科技发展重点领域等方式及相应经费资助手段来引导和推动全国的科技工作。德国国家科技重点领域均为指导性计划而非指令性科研计划，是通过聘请专家进行前瞻性研究后制定的。

2006 年 8 月，德国政府史无前例地推出了一个跨部门的"高技术战略"，以期持续加强创新力量，保证德国在未来最重要的市场上保持世界领先地位。"高技术战略"的目标是开辟主导市场，促进产业界和科学界的合作，并为研究人员、创新者和企业家创造自由空间。最终目的是使德国成为世界上研究与创新最友好的国家之一，使创新迅速转成有市场的新产品、工艺和服务。这份纲领汇集了德国创新系统中最主要行动者的共识和智慧，拟定出了各重大领域的创新目标，确定了优先权并引入了新的资助手段，如"尖端集群"和"创新联盟"等。

"高技术战略"的实施，使德国经济界的研发投资显著提高，研发人员数量和研发强度也得到了增长和增强，并明显改善了德国的创新氛围。为了保持"高技术战略"整体规划的连续性，并对该战略进行评估、补充、完善和推出新重点，2010 年 7 月，德国内阁决定延续"高技术战略"的成功路线，制定了新的"高技术战略 2020"。在"高技术战略 2020"中，政府确定了气候与能源、健康与营养、物流、安全性和通信五大最重要的国家需求领域，并围绕这五大国家需求领域确定了示范性项目和重要"关键技术"，包括生物与纳米技术、微纳米电子学、光学技术、微系统技术、材料与生产技术、航天技术、信息和通信技术以及服务研究等领域的关键技术。

从德国指定的"高技术战略"以及"高技术战略 2020"中分析发现，德国政府扶持包括材料科研在内的科技创新的国家战略具有以下特点。

1) 重视科技工程人才的培养，并使教育与科技、经济发展同步

德国十分重视科技工程人才的培养，因为优秀、合格的专业技术力量是创新政策取得成功的前提之一。联邦政府通过职业培训、专业继续教育与深造、加强大学教育等手段巩固和加强德国专业技术力量的基础，以确保德国的未来

能力。为了提高德国高等教育的整体实力，提升高校学生的质量，提高德国高校国际竞争力，德国政府与 2006 年开始实施了"卓越计划"。2007 年，随着德国联邦制改革的进行，德国联邦和州政府共同制定了"2020 年高校公约"，继续推动高等教育的改革与发展，提高质量，保证数量。此外，为了给中等企业的工程师后备人才提供有保障的援助，联邦和各州政府还于 2008 年达成了关于"德国培养计划"的协议。

为了使教育能够与德国的科技和经济发展同步，"高技术战略 2020"提出高等院校要尽力满足提高企业家智慧和创办企业文化的要求，并且借助于"更好的指导"和"更有力的资助"支持在研究与科学基地周边创办新企业。另外，还要进一步改善年轻科技企业及其投资者的基础条件，并作为一体化教育的组成部分，应将"创办培训"纳入各类学校，特别是职业学校和高等院校的基本教学课程（黄群，2011）。

2）大力支持中小企业创新能力建设，为创新提供尽可能充裕的经费或风险资本

德国政府大力推进中小企业创新能力的建设，尤其要增强中小企业长期持续参与研发活动的能力。德国政府资助的重点是中小企业相互之间和企业与科学界之间的可持续联合研发项目。按照联邦和州政府与"经济-科学联盟"签署的协议，在"中等企业创新计划"范围之内，继续推出"技术开放"和"市场取向"创新的促进措施，以及中小企业创新资助计划。此外，还进一步加强"竞争预研究"，以便能够适时地为中小企业提供必要的信息咨询和指导。

在资金层面，对于企业特别是中小企业和创新企业，拥有充裕的经费是实现创新"绝对必要的前提"，德国政府强调发挥政策"杠杆作用"，通过有限的资金来帮助和鼓励中小企业与研发机构开展跨行业跨领域的联合项目。此外，由于德国的风险投资市场与股权投资市场仍然过于薄弱，德国政府正在动员和鼓励风险资本对创新进行投资（黄群，2011）。

3）促进高等院校、研究机构和企业之间的交流，打通从知识到产品的创新链条

德国科研机构众多，也拥有为数众多的世界级科技创新企业，德国政府非常重视高等院校、研究机构以及企业之间的交流合作，鼓励科技界和产业界实现紧密的耦合，加强知识技术的转移转换。德国联邦和州政府联合德国科学基金会、马普学会、弗劳恩霍夫协会、亥姆霍兹拉联合会、莱布尼茨联合会等众多一流研究机构，于 2005 年提出"联合研究倡议"，加强学科与学科、国家与国家，科技界与产业界之间的合作。通过"高技术战略"和"高技术战略

2020"，德国创建的"尖端集群"和"创新联盟"等成为了科研机构和企业之间新的合作模式，促进了各个关键技术从创新到市场化的发展。在知识技术的转移转换方面，联邦政府对中小企业的专利申请给予适当的津贴和补助，鼓励企业使用高等院校和研发机构的研究成果，为中小企业的专利权交易提供有效保障（黄群，2011）。

二、材料计划分析

材料作为创新产品发展中的重要推动力，其重要性得到了德国全社会的共识。自20世纪70年代，德国联邦教研部就大力支持材料科学的发展，90年代末，纳米技术的崛起也导致德国政府将该技术的发展纳入了政府规划。以下介绍了德国自20世纪80年代以来各时间段内制定的联邦层面的新材料研发资助计划。

1. MatFo 计划和 MaTech 计划

德国联邦教研部在 1985～1994 年推出了"材料研究"（materialforschung，MatFo）计划用于支持企业和非产业研究机构进行长期的新材料开发与应用研究。该计划对大约 700 个科研项目，超过 1400 名研究合作伙伴进行了资助。该计划的资金来自于联邦政府和企业，比例约为 1∶1，共投入了 11 亿马克的资金。1996 年有关专家对 MatFo 计划的实施效果进行了调查，结果表明，MatFo 计划资助的项目中约有 27%实现了一定程度的商业化，26%的项目正在计划商业化，54%的项目没有计划商业化。

1994 年后，联邦教研部继续对材料研究予以支持，而资助方式也沿用了 MatFo 计划的模式，启动了新的"用于 21 世纪关键技术的新材料"（MaTech）计划，实施时间为 1995～2003 年。不过，相比 MatFo 计划，新的计划更侧重于应用导向，该计划主要关注于德国各产业的关键技术领域创新应用的新材料的生产与加工研发，这些产业包括信息、能源与制造技术、交通与运输以及医药工程等。Matech 计划的目标分为三个层次：①通过研究发展开辟世界市场的产品创新和技术创新，在制备、加工和应用新材料三个方面，确保德国的国际领先地位；②在产品和技术创新的本土德国确保就业机会，并创造新的经济增长点；③通过开发新材料，穷尽材料的功能极限，以保护资源和环境。MaTech 的年资助金额达 1.30 亿马克，其中，70%用于工业开发的多单位联合项目，30%用于研究机构独立理想地单一项目或特殊项目。

MatFo 计划和 MaTech 计划均为政府研究机构和私营企业研究机构搭建起了合作桥梁。这两个计划所资助的项目必须满足以下条件：①面对重大的科技和经济挑战；②拥有很大的创新潜力；③有一支能够胜任科研工作的研究队伍（Franz，2000；Steffen and Franz，1996；石力开和益小苏，2000）。

2. WING 计划

2004 年，德国联邦教研部继 MatFo 和 MaTech 计划后，制订了"WING——产业与社会之材料创新"计划。与之前两个计划不同，WING 计划是首次传统材料研究与基础化学研究以及纳米技术研究的结合。除了将加速研究成果转化这一目标与基础研究和应用材料研究相结合之外，WING 计划还考虑到了市场条件下技术驱动的变化。尽管材料制造商承担了大部分的研发成本，但是他们在最终产品的高价值产出中，只分享到了较少的一部分。此外，市场需要更少量但更特殊的材料，材料本身不断提高的特殊性需要更多地展开合作，只有研发合作才能够使中小型企业占领有利市场地位。

WING 计划的主要目标是：①加强企业的创新能力；②充分考虑社会需求；③利用科研技术完成可持续发展。

在项目层面上，WING 计划以下列具体目标作为制定执行相关科研政策的准绳。

（1）在研发具有极大社会功效的产品（如智能材料）或工艺当中，充分挖掘材料和相关技术的创新潜力。

（2）通过搭建企业（尤其是中小企业）与科研机构之间高效的合作框架来加速产业的创新过程。

（3）有助于解决社会发展当中遇到的现实问题（如因人口结构变化造成的社会公共卫生体系成本剧增的问题）。

（4）通过培养专业后备力量和鼓励企业界、科研界的（再）培训活动，使研发与教育、培训紧密结合。

（5）鼓励德国企业和科研部门更多参与欧盟的框架规划，加深新材料研发的国际化，加强和中国、韩国、巴西、以色列等国的双边合作。

由于新材料研发具有跨产业、跨研究领域的特点，所以 WING 计划鼓励的新材料研发项目对许多同样受到政府扶持的研究领域具有很强的促进作用，有的甚至是它们不可或缺的组成部分或者是取得突破的关键。

和 WING 计划鼓励的材料研发项目相关度和依赖度比较大的项目包括以下几项：

（1）生产系统和技术领域的"为明天的生产而研究"项目；

（2）微系统技术领域的"微系统技术 2000＋"项目；

（3）纳米电子领域的"信息通信研究 2006"项目；

（4）通信技术领域的"信息通信研究 2006"项目；

（5）环境研究领域的"为环境而研究"项目；

（6）气候保护领域的"为保护气候而研究"项目；

（7）健康研究和医疗技术领域的"健康研究：为人而研究"项目；

（8）生物科学领域的"生物技术：利用和塑造机会"项目；

（9）出行和交通领域的"出行和交通"项目；

（10）光学技术领域的"光学技术"项目。

联邦教研部有意将 WING 计划的资助重点向德国的强势出口产业相关的材料开发倾斜，包括机械工程、汽车制造、化工、电子工程以及信息与通信产业等，都是与德国经济和技术息息相关的产业。WING 计划主要专注于十大典型领域的研发活动：①纳米材料；②计算材料科学；③仿生材料；④材料、化学与生命科学；⑤物质和反应；⑥膜与界面；⑦流动性、能源与信息、轻质结构；⑧资源高效材料；⑨智能材料；⑩电磁功能材料①～③。

3. "纳米倡议-行动计划 2010"与"纳米技术行动计划 2015"

2002 年后，为进一步增强德国纳米技术领域的领先优势，保证德国"世界出口冠军"的地位，德国政府进行了战略调整，推动纳米产品的开发、生产和应用。2007 年，联邦政府推出了一份扩展行动计划"纳米倡议-行动计划 2010"。该计划首次给出了一个跨部门的统一框架，六个联邦部门，包括劳工和社会事务部，环境、自然保护和核安全部，食品、农业和消费者保护部，国防部，健康和商务技术部以及联邦教研部，这些部门共同为以下行动奠定基础。

（1）加快纳米技术研究成果向创新的转化，将更多纳米技术引入工业部门；

（2）扫清创新障碍，通过各领域政策的早期协调改善创新条件；

（3）与公众就纳米技术的机遇和风险展开充分对话。

---

① 中国驻德国大使馆经济商务参赞处 . 2010. 德政府鼓励新材料创新的规划和政策措施 . http：// de. mofcom. gov. cn/aarticle/ztdy/201005/20100506922278. html ［2010-05-06］

② WING-Materials Innovations for Industry and Society. http：//bmbf. de/en/3780. php ［2007-02-26］

③ The WING Programme. http：//www. research-in-germany. de/main/research-areas/materials-technologies/programmes-initiatives/38418/programme-wing. html ［2011-11-10］

德国政府对四大具有经济潜力的创新项目予以了资助，这四大创新对德国的汽车业、眼镜业、制药业、医疗技术及电子技术产业中纳米技术的应用具有重要的意义。这四大创新项目是：对应汽车产业的 NanoMobil，对应光学产业的 NanoLux，对应电子产业的 NanoFab，以及对应生命科学的 Nano for Life。随后的创新项目则被统称为"纳米倡议-行动计划 2010"，这些创新项目包括：生产技术（纳米生产技术）、生产技术（体积光学）、纺织工业、建筑技术、医药/健康（生物微系统技术）、测量技术、工厂设计与施工、微纳一体化、环境、能源①～③。

2011 年初，为了"纳米倡议-行动计划 2010"，德国政府颁布了新的"纳米技术行动计划 2015"，新的行动计划也是德国政府在高科技战略框架下，面向纳米领域施政的一个共同纲领。

新的行动计划在原计划基础上进行了延伸，它包括六个行动领域。

（1）研究资助和技术转让，侧重于高科技战略需要的领域，如气候/能源、健康/营养、运输、安全性和通信等；

（2）确保竞争力，重点在扶持中小企业和资助新成立的企业；

（3）纳米技术对于人类和环境的风险，通过研究，以及在环境、消费者和劳动保护方面的行动将其纳入重点；

（4）完善总体框架，包括法定规章的调整，标准和标准化的问题等；

（5）与公众更深入的沟通和对话；

（6）通过国际合作，加强德国在纳米科技的领先地位。

三、材料产业化政策分析

1. 德国竞争力网络倡议

德国竞争力网络倡议（kompetenznetze deutschland initiative）是德国联邦经济技术部于 1999 年推出的计划，联邦经济技术部希望通过该倡议推动产业界和学术界的联通，支持德国发展具有国际知名度的集群，借此将德国的创新集

---

① Actions Plan Nanotechnology 2015. http：//www. bmbf. de/pub/akionsplan _ nanotechnologie _ 2015 _ en. pdf［2011-11-15］

② Bildung and Forschung in Zahlen 2011. http：//www. bmbf. de/pub/bildung _ and _ forschung _ in _ zahlen _ 2011. pdf［2011-06-30］

③ IKT fürLogistik and Dienstleistungen. http：//www. bmbf. de/de/9099. php［2011-04-07］

群向国际和国内推广。竞争力网络倡议针对以下目标团体提供个性化帮助：①区域创新网络；②寻找目标的投资者和初创企业；③企业、行政与政策决策者；④科学家和预备人才；⑤媒体和公众。

竞争力网络倡议将全部经济分支归为九个主题，所有这些主题都覆盖了整体经济价值链条中的各个环节以及相应的研究领域。这九大主题是：①生物技术；②健康与医学；③运输与流动性科学；④新材料和化学；⑤生产和工程；⑥航空航天；⑦能源与环境；⑧信息和通信；⑨微纳米光电。

竞争力网络倡议将德国根据地域分为了八个区域，每个区域都具有一定的经济相似度，特别是都具有共同的典型的、长期的经济结构。这八个区域分别是：①海岸区，包括奥尔登堡-不来梅-汉堡-基尔-罗斯托克-格赖夫斯瓦尔德；②柏林-勃兰登堡区，包括柏林-波茨坦-科特布斯；③北德国低地地区，包括明斯特-比勒费尔德-汉诺威-布伦瑞克-马格德堡；④莱茵-鲁尔-西格区，包括亚琛-科隆-杜塞尔多夫-多特蒙德-齐根；⑤中德地区，包括卡塞尔-爱尔福特-哈勒-莱比锡-德累斯顿；⑥德国西南地区，包括科布伦茨-特里尔-萨尔布吕肯-卡尔斯鲁厄-弗赖堡；⑦莱茵美茵-内卡河地区，包括哈瑙-法兰克福-美因茨-路德维希-海德堡；⑧德国南部区，包括斯图加特-乌尔姆-慕尼黑-雷根斯堡-纽伦堡-维尔茨堡①。

2. 尖端集群竞赛

尖端集群竞赛（the leading edge cluster competition）是德国联邦教研部于2007年夏天推出的一项鼓励杰出创新的政策倡议（Hightech strategie，2012）。该计划的目的是帮助德国登顶世界先进技术国家。该集群是指通过同一活动领域联系起来的公司、研究机构和其他组织形成的团体，它们由于在地理上以及从事活动方面的接近而彼此产生信任，从而产生和提炼出了新的思想并共同付诸实施。联邦教研部制定的这一倡议，就是鼓励这些优势集群，推动德国的创新能力和经济增长。该倡议每隔约18个月就举办一轮竞赛，为其中的5个集群提供2亿欧元的资助，资助时间不超过5年。集群的选择与资助取决于德国整体的战略目标，以及特定技术领域的未来发展项目情况。参与竞争的一个重要前提条件是必须包含区域创新以及增值链条中的关键角色。从策略上而言，竞争选拔存在以下标准：①企业和私人投资者的重要经济参与；②基于实力并可带

---

① Innovationsallianz "Lithium IonenBatterie LIB 2015". http：//www.bmbf.de/de/11828.php〔2011-05-13〕

来可持续改变的项目计划；③可以增强创新能力，增加竞争力相关的独特卖点，以获得和巩固德国在某领域的国际领先地位；④开发和试验新型合作方式的措施，包括专业集群的管理措施；⑤独特的面向青年人才培训、资格认证和提升。

目前该计划已经举办了两轮竞赛，第三轮竞争正在进行中。第一轮获得资助的集群包括：BioRN集群、酷硅集群、有机电子论坛集群、汉堡都市圈航空集群，以及中部德国太阳谷集群。第二轮获得资助的集群包括：软件集群、慕尼黑生物技术集群、医药谷集群、西南微技术集群，以及鲁尔物流效益集群。

3. 创新联盟计划

创新联盟（innovation alliances）计划是德国联邦教研部在"高技术战略"框架下推出的旨在促进研究与创新的政策工具。创新联盟强调学术界和企业界在特定的对未来市场具有重要价值的应用领域进行合作。创新联盟运用了一种特殊的经济杠杆效应，其目标是：联邦政府投入一分钱，企业界投入五分钱。对于一个创新联盟来说，一个先决条件是参与的商业团体事先承诺会在未来进行经济投资，这一研发投资政策对于中小型企业而言具有重要意义，因为拥有了大型企业的投资承诺，它们在未来的技术研发道路上减少了很多因此带来的高风险性。

在联邦教研部的协调下，学术界和企业界分别在2007年和2008年成立了六个和三个创新联盟。联邦政府为此投入了6亿欧元，企业界则相应投入了30亿欧元。这九个联盟的信息可参见表2-16。

表2-16 创新联盟

创新联盟	描述
eNOVA汽车电子创新联盟①	cNOVA创新联盟致力于建立一个支撑德国汽车制造业的平台。其技术领域包括车辆系统集成，能源存储，轻量合成与复合材料，以及电网整合与连接。联盟成员包括奥迪公司、宝马集团、戴姆勒股份公司、保时捷股份公司、罗伯特博世有限公司、大陆公司、海拉公司、采埃孚股份公司、Li-Tec电池公司、英飞凌科技股份公司、ELMOS半导体公司、巴斯夫集团、西门子公司、蒂森克虏伯股份公司
OLED创新联盟（OLED 2015）	自2006年以来，德国政府和企业界为支持有机发光二极管（OLED）技术的发展，已经投入了超过8亿欧元用于OLED技术的开发

① eNOVA Strategy Board for Electric Mobility. http：//www. strategiekreiselektromobilitaet. de/english［2012-01-07］

创新联盟	描述
有机光伏创新联盟①	有机光伏联盟的研究工作是以应用为导向的，同时该联盟还面向与应用有关的长期性基础研究。联邦教研部希望借该联盟加快有机光伏技术的成熟过程
锂离子电池创新联盟（LIB 2015）②	该创新联盟成立于2007年，巴斯夫集团、博世公司、赢创集团、LiTec电池公司以及大众集团将在未来若干年内投入3.6亿欧元用于锂电池开发。德国联邦教研部则将在该领域投入6000万欧元
分子成像创新联盟③	该创新联盟面向的是用于临床和药物开发的新型诊断与成像技术。该联盟是联邦教研部"医学行动计划"的一部分。联盟的成员及联邦政府已向联盟投入了9亿欧元用于分子成像技术开发，在未来十年中，企业将在投入7.5亿欧元，联邦教研部的投资计划为1.5亿欧元
碳纳米管创新联盟④	该创新联盟的整体目标是在德国建立一个碳纳米管技术的关键性市场，使德国成为碳纳米管技术方面的世界领先国家。该联盟包含了来自学术界和企业界约90家专业合作伙伴，设立了27个研究项目。该创新联盟已经投入了9000万欧元用于研发工作，其中50%来自联邦教研部，50%来自企业。在未来十年，德国企业计划投入2亿欧元以建立德国的高效碳纳米管产业链
智能产品标签技术联盟⑤	该创新联盟成立于2008年，其成员包括宝马公司、德国人工智能研究中心（DFKI）、德国邮政、Globus公司、SAP公司等。在未来若干年中，联盟企业将投入1.5亿欧元用于"智能标签"技术的开发
虚拟技术创新联盟⑥	虚拟技术创新联盟致力于以人为本的虚拟技术在工业实例中的应用。该联盟设有4个研究项目，投入资金总额为6550万欧元

4. 中小企业创新核心项目

中小企业创新核心项目（ZIM）是德国政府为了解决中小企业经济实力弱、难以承担高额研发成本的问题，采取的一系列旨在提高中小企业的创新竞争力的措施之一。该项目是德国面向中小企业最主要、覆盖范围最广的科研补贴

① Innovation Alliance "Organic Photovoltaics". http：//www. fona. de/en/10007［2011-09-27］

② Molekulare Bildgebung-Bilderfür ein gesundes Leben. http：//www. bmbf. de/de/11267. php［2011-10-11］

③ Nano Initiative-Action Plan 2010. http：//www. bmbf. de/pubRD/nano _ initiative _ action _ plan _ 2010. pdf［2011-11-12］

④ Inno. CNT. Innovation Alliance Carbon Nanotubes：Innovation for industry and society. http：//www. cnt-initiative. de/en/［2012-01-07］

⑤ Nano Technology-A Future Technology with Visions. http：//www. bmbf. de/en/nanotechnologie. php［2011-08-31］

⑥ Innovationsallianz Virtuelle Techniken. Innovationsallianz. http：//www. ia-vt. de/index. php? id=7［2012-01-07］

措施。

ZIM 项目启动于 2008 年 7 月，有效期至 2013 年年底，由以往多个促进项目整合而成。ZIM 致力于为中小企业之间，以及企业与科研机构之间开展科研创新合作提供资助，科研内容不受技术领域限制。ZIM 项目根据促进对象分为三种模式。

(1) ZIM-KOOP，面向雇员数少于 250 人的中小企业间及企业与科研机构间的合作项目，参与合作项目的企业和科研机构均可获得资助；

(2) ZIM-SOLO，旨在促进较落后的德国东部地区中小企业研发活动，面向东部新联邦州雇员数少于 250 人的中小企业提供研发费用补贴，补贴比例最高为 45％，最高单笔补贴可达 35 万欧元。此外，如接受专业机构的创新辅导，企业还可申请额外的促进资金；

(3) ZIM-NEMO，鼓励多个企业就某一市场或研究领域进行合作，资助对象是至少有六家企业参与的研发企业集群网络，资助范围是网络的管理和组织成本，科研经费由参与企业自行承担。

ZIM 项目的推出受到了德国企业界和学术界的普遍欢迎，极大激发了企业的研发热情。2009 年 1 月，德国政府在第二套经济刺激方案中决定扩大 ZIM 项目覆盖面，其目的在于削弱金融危机对企业研发投入造成的冲击。至 2010 年年底，德国政府增加了 9 亿欧元投入，将 ZIM-KOOP 的适用企业范围由 250 人以下的中小企业扩大到 1000 人以下的企业，ZIM-SOLO 的适用范围由 250 人以下的东部中小企业扩大到全德 1000 人以下的企业，但根据所在地区和企业规模差异提供的补贴比例有所不同（中国驻德国大使馆经济商务参赞处，2011）。

除 ZIM 项目外，德国政府还不定期推出其他一些鼓励中小企业研发的措施，如中小企业创新项目（KMU-innovativ）、研发津贴和促进创新管理项目。

四、材料科技研发投入

德国国内研发经费总额和投入强度较高。截止 2008 年，德国研发经费总额为 818.5 亿美元，仅次于美国、日本和中国（图 2-13）。研发投入占 GDP 的比重为 2.68％，世界排名第 10。20 世纪 80 年代以来，经费投入稳步增长，基本保持在 2.5％左右。2008 年增幅虽突破 2.5％，但离"里斯本战略"中提出的到 2010 年达到 3％还有一定的距离。

德国研发投入的主体是企业，其次是政府，此外还有少部分来源于海外以

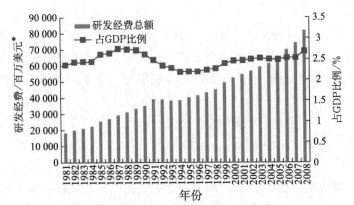

图 2-13　1981～2008 年德国研发经费总额及占 GDP 比例的变化态势

* 按购买力平价现值美元计

及非营利科研机构。2008 年企业投入的研发经费为 550.6 亿美元，占比为 67.3%，约为 1998 年的 2 倍；政府投入 232.5 亿美元，占比为 28.4%，约为 1998 年的 1.5 倍；来自国外的经费为 32.8 亿美元，占比约 4%。此外还有很小的比例来自私营非营利机构（图 2-14）。

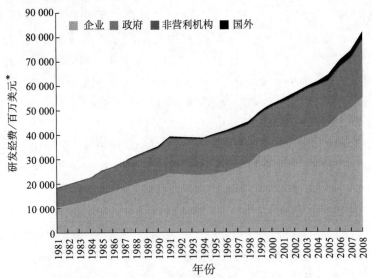

图 2-14　德国 1981～2008 年研发经费按来源部门的变化趋势①

* 按购买力平价现值美元计

---

① http：//stats. oecd. org/index. aspx

　　德国政府将材料研发视为企业产品创新发展的原动力，材料技术以及相关的化学技术、纳米技术、过程技术等对于产业和社会具有重要意义。根据德国联邦教研部发布的《联邦研究与创新报告》（2010 版和 2011 版）[1][2] 的统计，2007～2011 年，德国政府每年在材料研究、物理与化学技术方面的投入都在 4 亿欧元以上，约占德国在科学研发方面投入的 11％～12％，如图 2-15 所示。

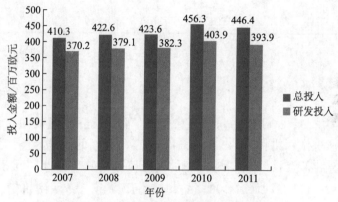

图 2-15　德国材料和物理化学研发投入

　　纳米技术与材料科技之间的联系非常紧密，德国政府也一直高度重视本国的纳米技术研发。德国纳米科研和产业化水平一直处于世界领先水平。有关纳米技术的研发投入也名列前茅。表 2-17 给出了 2006～2009 年德国的公共部门在纳米技术方面的投入情况[3]。

表 2-17　德国公共部门纳米技术投入　　（单位：百万欧元）

公共部门		2006 年	2007 年	2008 年	2009 年
联邦部门	联邦教研部	141	168	165	165
	其他部门	30	32	31.4	30.7
	联邦部门合计	161	200	196	195.7
州政府		39.3	47.1	59.3	59.1
科研机构	德国科学基金会	70	80	80	80
	莱布尼茨科学联合会	25	25.1	25.1	25.1
	亥姆霍兹联合会	36.1	37.3	38.8	40

---

　　① Federal Report on Research and Innovation 2010. http：//www. bmbf. de/pub/bufi _ 2010 _ en. pdf ［2010-06-30］

　　② The Initiative. http://www. kompetenznetze. de/the-initiative ［2011-11-15］

　　③ Nano. DE-Report 2009. http：//www. bmbf. de/pub/nanode _ report _ 2009 _ en. pdf ［2009-12-30］

续表

公共部门		2006 年	2007 年	2008 年	2009 年
科研机构	马普学会	15.6	15.9	16.2	17.3
	弗劳恩霍夫应用研究促进会	14.6	13.4	15.9	16
	科研机构合计	161.3	171.7	176	178.1
其他	大众基金	6	2	5	5
	Caesar 基金	4.1	3	3	3
	其他合计	10.1	5	8	8
德国合计		371.7	423.8	439.3	441.2

五、主要材料研发机构

德国从事材料科技研发力量包括大学、学院、国立科研机构、大型和中小企业以及科研合作网络构成的。以从事纳米科技研发的单位为例，德国目前拥有 157 家国立科研机构、441 家高校所属科研院所、265 家相关大型企业、771 家中小型企业、141 个科研合作网络，此外还有 76 家相关金融机构、10 家媒体和博物馆等。

在德国众多科研机构之中，企业是研发的主体，大型企业为保护自身在市场上的竞争地位，全部研究与开发经费原则上由企业自行承担，小企业为了降低科研成本，实现资源共享，成立联合研究机构。企业的科研活动以面向市场为主。德国从事材料研发的企业众多，并且科研实力强大，其中不乏大型的知名跨国企业，如巴斯夫、拜耳、博世、西门子、欧司朗、汉高、卡尔蔡司等。大型企业主要致力于研发未来具有广阔市场前景的新材料产品。而中小型企业则主要从事材料科技的应用技术、分析仪器、生产设备、金融咨询等。

高等院校的科研领域范围广泛，主要针对基础研究和应用研究，其研发经费次于企业。国立科研机构主要是指由联邦政府、州政府或二者共同资助的科研机构。这些机构在广泛的科学研究领域内开展工作，不同的科研机构具有不同的定位，在研究内容上各有侧重。由于国立科研机构的经费大部分来源于联邦与州政府，因此研究重点偏向于基础研究或应用导向型基础研究。以下重点介绍德国一些著名的科研机构，如德国马普学会（MPG）、弗劳恩霍夫应用研究促进会（FhG）、亥姆霍兹联合会（HFG）、莱布尼茨科学联合会（WGL）等（王志强，2010）。

1. 马普学会

马普学会（MPG）成立于 1948 年，是世界上历史最悠久的科研机构之一。截至 2011 年 1 月 1 日马普学会共有 5222 名研究人员，拥有 80 个研究所和研究设施，4 个海外研究所和 1 个海外研究设施。2011 年马普学会的总预算约为 18.11 亿欧元。

马普学会的研究领域非常广泛，包括了生物与医学领域、化学物理与技术领域、人文科学领域和社会科学领域。材料科学研究主要属于其化学物理与技术部的研究范畴。该部包括 32 个研究所，研究主题包括：材料科学多尺度建模，综合系统，量子多体关联控制，多模态计算和交互，纳米科学和纳米技术，生物材料科学，轻量物质，大型项目，地球系统碳循环，宇宙物理实验室、能源前沿问题，疾病计算模型，时间、空间、物质和力学等①。

马普学会从事材料科技或纳米科技相关的研究所包括固态金属研究所、微观物理研究所、聚合物研究所、胶体与界面研究所、生物化学研究所、煤炭研究所、钢铁研究所和弗里茨哈伯研究所等。

2. 弗劳恩霍夫应用研究促进会

弗劳恩霍夫应用研究促进会（FhG）成立于 1949 年，是德国也是欧洲最大的著名应用科学研究机构。它是德国科技发展的重要力量，积极参与欧盟的科技发展项目，接受德国政府及各州政府委托，特别是在对社会发展具有重大意义的环保、能源、健康等领域进行一系列战略性研究。作为一家公助、公益性、非营利的科研机构，FhG 为企业（特别是中、小企业）开发新技术、新产品、新工艺，协助企业解决自身创新发展中的组织、管理问题。FhG 有 80 多个研究单元（包括 60 个研究所）、约 13 000 名科研人员，每年为 3000 多客户完成约 10 000 项科研开发项目。2010 年，FhG 的年度预算为 16.57 亿欧元。

FhG 的研究工作涉及大量的技术领域，主要包括：自适应结构技术，建筑技术，能源技术，信息通信技术，医药工程、环境和健康研究，微电子技术，纳米技术，表面和光电子技术，生产技术，交通和运输技术，材料和组件技术，国防与安全技术，以及其他弗劳恩霍夫前沿主题等②。

在材料和纳米技术领域，FhG 参与研究的研究所包括材料与光学技术研究

---

① Research Perspectives 2010 ＋ of the Max Planck Society. http：//www. mpg. de/perspectives?filter _ order＝L ［2011-08-19］

② http：//www. fraunhofer. de/en/research-topics/adaptronics/ ［2011-08-18］

所、硅酸盐研究所、应用光学与精密机械研究所、界面技术与生物工程研究所、制造技术与应用材料研究所、应用固体物理研究所、化工技术研究所、硅技术研究所、生产技术研究所、生物医学工程研究所、太阳能系统研究所、环境安全和能源技术研究所、无损检测技术研究所、制造工程与自动化研究所、应用微电子与纳米技术研究所、纳米电子技术中心、电子纳米系统研究所、聚合材料合成研究所、生产技术和应用材料研究所、键合技术及表面技术研究所、陶瓷技术和系统研究所、微电子电路和系统研究所、木材研究所、材料和射线研究所、材料力学研究所、加工技术和包装研究所、涂层和表面技术研究所等。

3. 亥姆霍兹联合会

德国亥姆霍兹（国家研究中心）联合会（HFG）形成的历史可追溯至 1958 年，20 世纪 70 年代"大科学中心联合会"成立，经过 20 世纪七八十年代的发展，并在 90 年代初接纳重组了原东德地区的部分科研机构后，1995 年改为现名。亥姆霍兹联合会通过在能源、地球与环境、生命科学、关键技术、物质结构、航空航天和交通六个领域的战略性重点研究方向，从事顶级的科学研究。亥姆霍兹联合会包括 17 个德国国家级的研究中心，对复杂的社会、科学和技术问题进行研究。2009 年，亥姆霍兹联合会拥有 9718 名科学家和研究人员，总预算约为 28.51 亿欧元。

在亥姆霍兹联合会所属研究中心中，从事材料科技相关的研究中心包括于利希研究中心、重离子研究中心、柏林材料与能源中心、吉斯塔赫中心、卡尔斯鲁厄理工学院等。

4. 莱布尼茨科学联合会

德国莱布尼茨科学联合会（WGL）于 1995 年正式成立，其前身为经过评价后保留下来进入蓝名单的原东德研究所，后来又增加了一些西部的研究所，目前总共包括 87 个在法律上和经济上独立的科研机构和服务设施。莱布尼茨科学联合会定位于应用基础研究，同时积极提供国家性的重要服务，努力为重大的社会挑战提供科学的解决方案，其职责是促进各成员机构的科学与研究工作。2010 年莱布尼茨共有研究人员 7812 人，年度经费 13.8 亿欧元。莱布尼茨分为五大学部，其研究领域涵盖人文科学、区域研究、经济学、社会科学、自然科学、生命科学、工程科学和环境研究等。

莱布尼茨科学联合会中，从事材料学研究的研究所主要集中在数学、自然科学和工程学学部。主要包括柏林化学信息中心、固体和材料研究所、晶体生长研究所、新材料研究所、等离子体科学与技术研究所、表面改性研究所、聚合物研究所、分析科学研究所、催化研究所、非线性光学和快速光谱学研究所、Paul Drude 固态电子学研究所以及维尔斯特拉斯应用分析和随机学研究所等。

六、总体发展趋势

在新材料的研发上，从德国国家战略看，德国政府非常重视科技工程人才的培养，使人才培养能够与科技和经济发展保持一致。德国政府非常重视中小企业的创新能力建设，为保障中小企业能够抵御创新研究带来的风险，政府尽可能地提供充裕的经费，并从政策上鼓励开展合作，保障它们的研发顺利进行。德国政府鼓励高等院校、研究机构和企业之间的交流，推动研究成果完成从创新向产品的转换，使科研能力转化为实实在在的国家竞争力。

从政府计划措施层面看，德国政府高度重视对新材料研发的鼓励政策，它制订了鼓励新材料研发的规划，出台了相关的政策措施。德国联邦教研部为鼓励各种社会力量参与新材料研发，从 20 世纪 80 年代起，先后颁布实行了 MatFo、MaTech 和 WING 三个规划，用于支持企业和非产业研究机构进行长期的新材料开发与应用研究，为政府研究机构和私营企业研究机构搭建起了合作桥梁。随着纳米技术的兴起，德国政府迅速进行战略调整，用以增强德国在纳米技术这一新兴领域的国际优势，保证德国"世界出口冠军"的地位，先后制订了"纳米倡议-行动计划 2010"与"纳米技术行动计划 2015"，形成了一个跨部门的统一框架，扶持德国各大产业在纳米技术领域的创新发展。德国政府为了推动高等院校、研究机构和企业之间的合作，建立了形式各样的创新集群、竞争力网络，其目的就在于针对不同科技领域，集合政府、企业和学术界的力量共同推动技术进步，帮助和扶持新创业者和中小型企业发展。

从科研能力层面看，德国科研机构众多。在国立科研机构中，包括马普学会、莱布尼茨科学联合会、弗劳恩霍夫协会等国际知名学术团体。在企业中，有西门子、巴斯夫、拜耳、博世、英飞凌等行业巨头，研发资本雄厚。德国科研人员人才辈出，其科研人员常获诺贝尔奖等国际重要奖项或成为热门候选人。德国政府还非常重视科研人员的培养。

从资金保障层面讲，德国政府每年用于材料科技研究的经费在 4 亿欧元左右，投入在纳米科技上的经费也超过了 4 亿欧元，而这些研发经费仅仅只是联邦政府的投入。德国政府在科研经费投入上经常强调发挥政策的"杠杆作用"，主张"少花钱，办大事"，政府通过有限的资金来引导科研机构的研发，帮助科研机构和企业之间形成合作，借以吸引企业资金投入，进而形成完整的新材料产品体系。

第五节　英国材料战略和发展趋势分析

作为老牌工业国家，英国材料科学和技术处于世界领先地位。英国是一批世界级的制造公司的发源地，这些公司的成功取决于对先进材料的开发利用。英国材料技术的优先领域包括：新材料开发、重点应用领域材料、新工艺开发、发展材料模拟和可持续生产与消费的材料等。

一、材料战略分析

先进材料战略是英国材料创新与发展小组（Materials Innovation and Growth Team，IGT）于2006年3月出版的《英国材料战略》的主要部分之一。该战略涵盖了英国技术战略委员会的战略意图以及优先发展领域，近年来还特别考虑了英国新的科技创新政策白皮书《高端逐鹿》（The Race to the Top）和《技术政策战略决策》（Strategic Decision Making for Technology Policy）的建议。

为了实现2006年IGT报告中所提出的愿景："……英国继续成为最重要的先进技术国家之一，而且利用世界顶级的材料技术夯实可持续发展的基础……"，技术战略委员会制定了先进材料领域2008～2011年三年的关键技术领域。表2-18给出了各种基本材料类别依照技术战略委员会关键技术领域、关键应用领域和创新平台形成的主要发展方向（Technology Strategy Board，2011）。

表 2-18　先进材料在各领域的主要发展方向

领域	结构材料	功能材料	多功能材料	生物材料
高附加值制造	机床、先进材料加工	传感器、无损检测	表面工程	表面工程
生物科学、医学、卫生	移植（髋、膝盖、牙齿）	传感器、电极、电源	生物活性/生物相容性材料、敷料、组织支架、抗菌材料和表面	
电、光和电器系统	发电机部件	传感器、调节器、超导、显示器、磁性材料、光学材料、有机（塑料）电子、纳米结构、量子结构、量子计算	结构磁体、智能器件、柔性器件、普适计算、集成系统	DNA计算、仿生、生物界面

续表

领域	结构材料	功能材料	多功能材料	生物材料
能源生产与供应	产生、传输、储存能源的材料-汽锅、涡轮、管道、压力容器、复合风轮机叶片、高温材料	光伏、超导体、燃料及电池材料、纳米结构碳材料、膜、过滤器	仿生材料、传感器和结构卫生监测、催化剂、自修复和智能材料、能量采集、绝缘、封装	耐腐生物膜
环境可持续发展	生物材料和化合物	传感器	生物降解材料、可循环材料、智能包装	
创新产业	纺织品	传感器、调节器、电源、显示器、印刷	智能纺织品、能量采集、仿生材料	
交通（包括航空航天）	轻质材料、高温材料、耐腐材料、表面工程	传感器、调节器、电源、无损检测	智能系统、活性控制	
新兴技术	纳米结构材料	纳米材料、超材料	仿生材料、纳米材料、超材料	生物活性、生物相容性材料及涂层
智能交通系统	标牌	传感器、显示器	吸能材料、智能材料、轻质材料	
低碳交通工具	轻质材料	传感器、低摩擦涂层、电池及燃料电池材料	智能材料（减阻）、电池及燃料电池材料	生物材料
低影响建筑	组分远离制造产生的热质	涂层、热质、固态发光	绝缘、涂层、智能材料、再组合与再利用、防水材料	绿色屋顶
生命救助		传感器	智能纺织品、传感器	

表 2-19 给出的是对应于材料价值链中各个活动主体，英国的部分优势材料产业。取决于或者在很大程度上依赖于先进材料技术的关键市场部门有：能源生产与供应、航空航天、运输、卫生、包装、产业用纺织品、建筑、国防与安全。

表 2-19　按照价值链活动类型划分的英国部分优势材料产业

活动类型	优势产业
原材料-能量生产	石油及其衍生物
原材料-非能量生产	石块、黏土、沙
初加工	铁、塑料、涂层、纸浆和纸张、混凝土
加工	铁、铝、钛、玻璃、塑料、纸张和纸板、高分子基复合材料、石工、陶瓷、纤维
制造	基本：金属、塑料、橡胶、玻璃、纸板、混凝土和石工、陶瓷、纺织品；合成：组成部分、电子及电植入、大型结构的模块
循环	金属、玻璃和陶瓷-塑料改进

二、材料计划分析

英国政府为贯彻其材料领域的科技政策，促进材料科技发展，制定了各项研究发展计划，这类计划主要是政府制定的各类材料科技计划和政府各行业管理部门制定的科研计划。英国科技管理的一大特点就是科技管理权和经费分配权分属于七个研究理事会（RCUK）和高等教育基金理事会（HEFC），即"双重支持体系"（dual support system）。其中高等教育基金理事会的任务是支持大学科研机构的基础设施建设，其资助经费投入按大学研究水平排名分配，不需要有明确的研究任务和计划，而研究理事会则以研究项目或研究计划的形式支持大学和研究机构的研究，其经费投入必须要有明确的任务和计划。

1. 英国工程与自然科学研究理事会项目

英国有七个不同的专业研究理事会，其中，对口负责材料领域研发的是工程与自然科学研究理事会（Engineering and Physical Sciences Research Council，EPSRC）。各研究理事会按研究领域和方向确定各自的研究发展项目和计划，政府不干预研究理事会的日常工作。研究理事会的经费主要来自政府科技办公室负责编制的政府"科学预算"。2008～2009 年，工程与自然科学研究理事会的经费总额为 8.15 亿英镑。

工程与自然科学研究理事会当前资助的新材料领域的项目情况参见表 2-20（EPSRC，2011）。

表 2-20　工程与自然科学研究理事会资助的新材料领域项目一览表

与材料相关领域	当前项目数（截至 2011 年 4 月 1 日）	资金/百万英镑（相关领域占比/%）
生物材料与组织工程	128	50.3 (4.9)
催化	167	28.5 (3.7)
CMOS 器件技术	31	15.6 (2.5)
凝聚态：电子结构	141	33.5 (4.3)
凝聚态：磁与磁性材料	167	30.4 (3.9)
储能材料	17	8.7 (3.0)
燃料电池技术	51	21.6 (7.0)
功能陶瓷与无机材料	164	42.6 (5.4)
石墨烯与碳纳米技术	66	17.8 (2.3)
氢与替换能源载体	34	17.4 (5.7)
废弃物与污染管理	29	11.5 (1.2)
材料工程-陶瓷	74	12.5 (1.4)

续表

与材料相关领域	当前项目数（截至 2011 年 4 月 1 日）	资金/百万英镑（相关领域占比/%）
材料工程-复合材料	106	31.6 (3.3)
材料工程-金属和合金	121	48.7 (5.1)
能源用材料	176	40.6 (5.2)
超材料及其他光子材料	165	35.6 (4.6)
聚合物材料	175	35.8 (4.6)
超导	92	18.6 (2.4)

2. 软性电子发展战略

2009 年 12 月 7 日，为确保英国在软性电子行业领域的世界领先地位，英国商业、创新与技能部（BIS）发布了题为 "Plastic Electronics：A UK Strategy for Success" 的软性电子发展战略（BIS，2011）。该战略指出，在软性电子的供应链中，英国在大多数环节具有实力：①材料，如剑桥显示技术公司开发的光致发光聚合物、DuPont Teijin Films 的柔性塑胶基质等；②加工与制造设备，如 Plasma Quest 的薄膜沉积工具包、Timson 的在无支撑柔性塑胶薄膜上的高质量印刷；③器件设计与制造，如 Plastic Logic 的柔性显示器、Thorn Lighting 和剑桥显示技术公司的 OLED 发光面板；④产品设计与整合，如 Hewlett Packard Labs 的反射彩色显示器、Polymer Vision 的可卷曲式 eReader。

科学技术委员会（CST）在一份题为"技术政策的战略决策"的报告中将软性电子列为能够在五年内为英国产生现实回报的六大优先技术领域之一。英国国会下议院的创新、大学、科学与技能委员会在 2008～2009 年，将软性电子作为工程领域的特别案例，提出需调整结构加以扶持。

3. 超导材料研究

英国在超导研究、创新磁体设计与制造，特别是在低温超导（LTS）领域中的优势较为突出。相比之下，英国在高温超导（HTS）导体制造领域中的表现逊色，在 HTS 应用工程和制造领域的投资也很有限。针对英国的高温超导研究，2011 年，英国材料研究组织 Materials UK 发布了一份名为"超导材料及其应用——英国的挑战与机遇"的研究报告，报告建议英国政府提供更多的政策和投资支持，并提升到战略高度，以确保英国在超导技术、工程创新和科学研究领域中的领导地位（Melhem，2011）。

4. "英国复合材料战略" 计划

2009 年 11 月，英国政府宣布"英国复合材料战略"计划，投资 2200 万英镑，推进复合材料开发计划。内容包括：①设立国家复合材料中心，1600 万英镑（英国政府支付 1200 万英镑，南西地区开发局支付 400 万英镑）；②对新复合材料制造技术开发企业进行奖励，500 万英镑，商业、技术和技能部属下技术战略局主持评奖；③其他 100 万英镑。2011 年 7 月，位于布里斯托尔大学的英国国家复合材料中心投入运营。这个新成立的中心将使英国的复合材料制造业形成一个整体，从而不断开拓复合材料应用的新领域（National Composites Centre，2011）。

三、材料产业化政策

启动于 1975 年的教研公司计划（teaching company scheme，TCS）和 1996 年开始试运行的院校-企业合作伙伴计划（college-business partnerships，CBP）于 2003 年合并为知识转移合作伙伴计划（knowledge transfer partnership，KTP）。TP 在新材料领域，已完成 66 项资助计划，正在进行的有 44 项。

KTP 鼓励产业界与知识界的合作，利用高校、研究组织和继续教育学院等学术机构的知识、技术和技能提高产业界的竞争力以及生产力。与此同时，KTP 也帮助提高知识研究与教学的产业相关性。博士后研究人员、大学毕业生或者达到英国国家职业资格证书（National Vocational Qualification，NVQ）四级或同等水平的人，也可以加入该计划。一般一项计划有三方参与：公司、知识基地伙伴和 KTP 研究员。KTP 在全国设有 9 家地区发展机构和 3 家独立机构。自 2007 年 7 月起，KTP 的经费主要来自技术战略委员会以及其他 17 个组织，如艺术与人文科学研究理事会、生物技术与生物科学研究理事会、环境食品和农村事务部、卫生部等。合作项目涉及产品设计、制造、技术创新、业务流程（包括 IT 及社会科学）和商务发展等。一般每个 TCS 项目的周期为 12～36 个月，KTP 则更为灵活。每 100 万英镑政府投资用于 KTP，平均可使企业税前利润增加 425 万英镑，创造 112 个新的工作岗位，还可培训 214 名公司职员。知识界从 KTP 中也是获益匪浅，除了发表高水平的研究论文，还有利于提高在英国科研评估中的排名（Knowledge Transfer Partnership，2011）。

四、主要材料研究机构和基础设施

英国的科研机构主要包括政府各部门直属的研究机构、研究理事会下属的研究机构（指那些接受研究理事会资助或对理事会有义务的机构，英国有七个专门的研究理事会），以及为数有限的慈善机构等。英国的材料研究具有一定的基础，尤其是近年来材料科学领域热门的石墨烯方向，就是发端于英国。以下对部分材料领域的研究机构做简单的介绍。

1. 工程与自然科学研究理事会

英国工程与自然科学研究理事会负责材料领域的研发。为进一步加强对科学技术和工程研究的支持和协调，英国政府于 2002 年 5 月成立了英国研究理事会总会（Research Councils UK，RCUK）。2007 年 4 月，RCUK 共享服务中心（Shared Services Centre，SSC）成立，它将代表工程与自然科学研究理事会管理同行评议的行政过程，包括同行评议、项目处理及维系，工程与自然科学研究理事会则管理同行评议政策，对资助做出决定，选择领域专家等。

2. 英国国家复合材料中心

英国国家复合材料中心（NCC）由英国商业创新和技能部、西南地区发展署和欧洲地区发展基金（ERDF）部共同投资 25 万英镑成立，是高附加值制造（HVM）技术和创新中心计划的一部分。布里斯托尔大学拥有并托管，由大学、韦斯特兰公司、空中客车公司、罗尔斯罗伊斯公司、吉凯恩、Umeco 和维斯塔斯组成的督导委员会进行经营。2011 年 11 月 24 日正式对外开放。

3. 曼彻斯特大学

2010 年诺贝尔物理学奖授予英国曼彻斯特大学的 Andre Geim 和 Konstantin Novoselov，以表彰他们在石墨烯材料方面的卓越研究。从此，石墨烯迅速成为物理学和材料学的热门话题。2011 年 10 月 3 日，英国财政大臣 George Osborne 一行访问曼彻斯特大学，宣布将划拨 5000 万英镑用于资助石墨烯的深入研究及商业化，并计划建立石墨烯全球研究与技术中心[1]。

---

① Recent Research Highlights. http：//onnes. ph. man. ac. uk/nano/ ［2011-10-25］

4. 莱斯特大学

2011 年 7 月，斥资 100 万英镑的高科技材料技术集成中心在英国莱斯特大学落成启用。材料技术集成中心的目的就是提供能够用于解决复杂工程与科学问题的先进技术和专业知识。莱斯特大学的研究人员将与工业界合作，推动材料技术的创新。研究人员希望，新的中心能够对气候变化、交通甚至法医等众多领域产生影响。目前正在开发的是下一代材料，将有助于制造更有效的飞机和汽车引擎。新材料将有助于降低 CO_2 排放，改善交通对环境的影响，有利于社会实现气候变化影响最小化的目标[①]。

五、总体发展趋势

英国材料科学和技术处于世界领先地位。英国材料技术的优先领域包括：新材料开发、重点应用领域材料、新工艺开发、材料模拟以及可持续生产与消费材料。

英国七个不同专业的研究理事会中，对口负责材料领域研发的是工程与自然科学研究理事会。近年来，英国在软性电子材料、超导材料及复合材料等领域制定了一些发展规划，并加强了研究工作的开展。曼彻斯特大学2004 年发现的石墨烯成为当前世界各国在新材料领域竞相重点研究的热点方向之一。

在新材料开发方面，重点在于结构材料、功能材料、多功能材料、生物材料和纳米材料与纳米技术。在重点应用材料领域方面，英国将优先考虑能源材料、传感器与诊断材料、保健材料、高温耐久性材料和轻量化应用材料。在新工艺开发方面，将优先发展自动化操作与测试、低能低排放工艺、低浪费工艺、替代原料等。在材料模拟方面，优先领域为多尺度预测模拟、设计模拟、设计数据等，重点在于金属、陶瓷、半导体、高分子、层状体系和复合材料的模拟，结构与功能性能的模拟，平衡、亚稳和非平衡系统的模拟，电子激发态的模拟，极端条件下可能的温压模拟，制造工艺过程和重点产品运行寿命的模拟。在可持续生产与消费材料方面，将重点研发可循环材料、生物降解材料、经济再利用材料以及生命周期分析等。

---

① Materials Technology Integration Centre. http：//www. le. ac. uk/colleges/scieng/research/centres-of-research/matic? searchterm＝materials center［2011-10-25］

第六节 法国材料战略与发展趋势分析

法国是一个自主创新型国家，科技发展历史悠久。从 1901～2011 年，法国有 30 人次获得过自然科学领域诺贝尔奖（物理、化学、生理学或医学），是其在基础科学领域探索创新的骄傲。

2004 年，法国暴发了大规模科技人员抗议浪潮，后来法国政府决定加快研究制定新的《科研指导法》，这也是继 1983 年法国首次制定这一法律以来的第二次重新制定。作为法国政府规划未来科技发展的基础和法律依据，新的《科研指导法》首次提出建立战略思路清晰、机能运转高效的"国家创新系统"。对于国家创新系统的建设，该法提出了三点方向：一是保持科研总体平衡发展，使基础研究、基于社会发展需求终极目标的应用科学研究及基于经济发展需求目标的科学研究保持平衡；二是科研机构、高校及企业间彼此合作，中央和地方集成互动，形成紧密、充满活力的合作体系；三是基于全球和长远战略考虑，建立和加强科研界与产业界的彼此信任与合作。

在新《科研指导法》的指引下，法国高等教育与研究部 2009 年 7 月正式发布了"法国国家研究与创新战略 2009"，这是法国第一份在国家层面上对未来（2009～2012 年）科学展望的战略研究，该战略确定了三个优先研究领域：①健康、福祉、食品和生物技术相关领域；②环境、自然资源、气候生态、能源、交通运输相关领域；③信息通信、互联网、计算机软硬件、纳米技术相关领域①。

一、材料战略分析

材料科学是法国领先的民用核能、航空航天、交通运输和农业等领域的重要支撑，为此法国政府根据自身情况制定了材料战略，主要体现在以下几个方面。

1. 自由发展的松散式管理与国家全面统筹结合

法国材料优势领域中，纳米材料领域采取的是自由发展的松散式管理，而

---

① Stratégie nationale de recherche et d'innovation 2009. http：//media. enseignementsup-recherche. gouv. fr/file/SNRI/69/8/Rapport _ general _ de _ la _ SNRI _ - _ version _ finale _ 65698. pdf ［2012-05-06］

航空航天材料和核能材料领域采取的则是国家全面统筹管理。

2. 成立国家科学与技术高等理事会把握包括材料领域在内的科学技术发展方向

2006 年成立的国家科学与技术高等理事会（HCST）核心任务是做好国家科技管理的顶层设计，把握科学技术的发展方向。该理事会负责对政府拟采取的重大科技政策与科技战略进行评估，为政府科技决策提供支撑。2010 年年初，法国总理重新聘请了来自科学、技术、产业等领域的 20 名专家组成理事会新一届成员，将航空航天、纳米技术等纳入六大科技发展领域。

3. 引入竞争和独立评估机制，提高材料研发投入产出效率

2006 年成立了独立的评估机构——科研与高等教育评估署（AERES），负责对国立科研机构和高等院校以及由政府资助的所有科研计划和项目进行评估，并向社会公布评估结果。

4. 依托大型企业集团，实施重大工业创新计划

法国创新署希望依托大型企业集团，在绿色化工、无人驾驶地铁列车、混合动力汽车等六大领域实现重大突破，而这种突破必须是建立在新材料突破之上的。

5. 整合国内新材料研发力量，深化研究机构之间的合作

法国通过组建"纳米技术中心网络""先进主题研究网络"等手段推动国内新材料研发力量的横向合作。

（1）"纳米技术中心网络"。法国拥有一系列从事纳米技术研究的"卓越中心"，2003 年，这些主要的卓越中心组成"纳米技术中心网络"，构成法国开展纳米技术研发的基础平台，以应对未来纳米技术发展规模的挑战。"纳米技术中心网络"主要包括以下设施：法国原子能委员会的电子信息技术研究所（CEA-LET）、国家系统分析与系统结构实验室（LAAS）、光电及纳米结构实验室（LPN）、基础电子研究所（IEF）、电子微电子及纳米技术研究所（IEMN）等。

（2）"先进主题研究网络"。2006 年 4 月 18 日，法国高等教育与研究部提出的有关新增研究经费法案获得通过，使其研究经费从 2005 年至 2010 年累增 194 亿欧元。政府在法令公布 6 个月之内须提出国家科学发展条件、制定目标及因应措施的报告书。依此法设立直接隶属总统的高等科技委员会，该会应向总统及政府表达国家科技政策、技术转移及创新等方向相关问题，每年呈报一次。在此框架下，成立了包括萨克雷科技园区基础物理研究网络、格勒诺伯纳米科学网络、史特拉斯堡先进化学国际研究中心、土鲁斯航天科技网络在内的 13 个主题研究网络，如表 2-21 所示。

表 2-21 法国材料相关"先进主题研究网络"

先进主题研究网络名称	参与机构	主要研究范围
萨克雷科技园区基础物理研究网络	国家科学研究中心、原子能署、奥塞巴黎第十一大学、巴黎综合科技大学、光子研究所、电力工程大学、国立高等先进科技工程大学、国立航天研究局	化学、材料科学、信息科学
格勒诺伯纳米科学网络	原子能署、国家科学研究中心、国立格勒诺伯综合理工研究院、Jeseph Fourier 大学	分子电子学（涉及物理、化学、电子化学）和 3D 纳米结构
史特拉斯堡先进化学国际研究中心	国家科学研究中心、Louis Pasteur 大学、法国 Bruker 公司。该网络活动范围遍布史特拉斯堡大学三所校园：Esplanade、Illkirch-Graffenstaden 及 Cronengourg	从超分子化学到动态组成化学；从合成化学到分子与纳米化学之机械动力；纳米材料
土鲁斯航天科技网络	国家科学研究中心、法国太空总署、法国航天研究局、国立民航大学、法国高等航天学院、Paul Sabatier 大学、土鲁斯国家应用科学学院、土鲁斯综合理工学院、法国气象局等	飞机、发射器、卫星及其地面收发设备

6. 重视创新平台建设

法国建有比较完善的面向各行业的创新平台网络体系，并有一整套相对完整的管理体制和实施措施。创新平台主要是面向创新型中小企业，同时面向竞争力集群成员机构，为它们提供一个共享资源（设备、人员及相关服务）的开放平台。实施具有良好经济前景的研发项目，直至产业化和市场阶段。2010 年，创新平台计划再次实施项目意向征集，并于 2011 年年初完成遴选进入实施阶段。法国原子能委员会在波尔多市郊区建设的百万焦耳激光器模拟装置将于 2014 年投入运行，工程造价 60 亿欧元，其中一半用于激光器的制造。

7. 重视新材料科技成果的转移转化

法国科研署和创新署共同资助的"竞争力集群"计划在环保高效的锂电池、开发新型房屋隔热层、使用含有植物纤维的复合材料等新材料产业化方面发挥了重大的作用。

8. 重视新材料领域的国际合作，特别是与中国的合作

法国每年发表的科学论文，近半数是与至少一个外国合作者联合完成的。据最新统计数据，以第七框架计划资助项目数量而言，法国国家科研署、原子能委员会和 THALES 集团名列前十，无论在总体项目数量，还是获得资助资金方面，法国均名列前茅。合作形式包括建立联合实验室、举办专题研讨会、专家交流、博士联合培养、博士后研究等（中华人民共和国科学技术部，2011）。

在不断加强与这些传统伙伴合作的基础上，法国积极拓展与新兴国家（特别是中国）的深度合作。2008 年，法国国家科研署与中国国家自然科学基金委员会签署双边合作协议，将共同支持两国科学家在生命科学、自然科学与工程科学领域的合作与交流。2008 年，双方拟在材料与工程、信息与通信等科学领域公开征集项目，在同行评议的基础上共同资助两国科学家开展合作研究。2009～2011 年，国家自然科学基金委员会与法国国家科研署在材料与工程和信息与通信领域（含纳米科技）等领域分别有 55、76、58 项合作研究项目通过初审。

2010 年 4 月和 11 月，中法两国首脑实现年内互访，双方签署了"中华人民共和国与法兰西共和国关于加强全面战略伙伴关系的联合声明"，强调了在新材料等多个新兴领域方面加强科技合作。

二、材料计划分析

2007 年萨科齐政府上台后，重组了科技主管部门——高等教育与研究部。按照不同的角色定位，法国的科技体系由四部分构成，如图 2-16 所示。由图 2-16 可以看出法国公共材料科技计划主要由法国国家科研署（ANR）实施展开。

法国国家科研署成立于 2005 年，以大型科研项目为导向，其主要任务是加强对重点科研项目的高强度投入，支持与开展创新活动，促进公共与私立科技部门之间的合作伙伴关系，为公共科技研究成果技术转化和走向市场做努力。成立法国科研署是法国在科研体制中引入竞争机制的尝试，突破了科研经费主体按人头投入的传统模式，局部采取以项目引导的方式，以支持基础研究、应用研究等创新活动。

国家科研署的研究招标计划具有连续性，每年滚动实施，揭示了法国政府

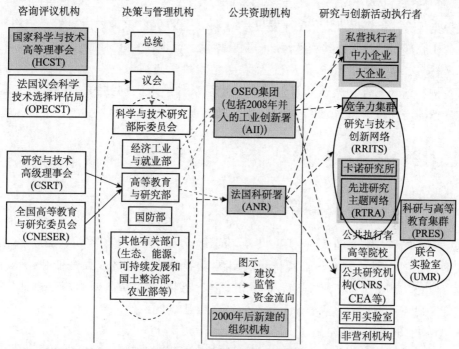

图 2-16　法国科技体系结构图

科技规划的大方向，旨在引导和强化科学的发展方向，以创造更多、更广的新知识来加强国家科学技术基础。从 2005 年开始，招标项目主要集中在四大优先领域：生命科学、能源与可持续发展、信息与通信科技、纳米科学和纳米技术。2009 年，ANR 在生物与健康、生态系统与可持续发展、可持续能源与环境、材料与信息、人文与社会科学等五大主题领域，以及面向年轻科研人员的无确定主题领域，共遴选项目 6036 项，资助 1334 项，在项目周期内共要投入经费 6.5 亿欧元（周期平均为 38 个月），提供 6578 个临时性研究岗位。其中，新材料研究计划资助情况如表 2-22 所示（ANR，2012）。

表 2-22　2009 年 ANR 新材料研究计划资助情况

领域	计划名称	资助项目数/个	资助金额/万欧元
信息和通信技术领域	2009 纳米技术复兴计划	9	1700
	纳米科学、纳米技术、纳米系统	45	3400
工程、加工和安全领域	可持续化学和工艺	20	1240
	功能材料和创新工艺	22	1940
可持续能源和环境	创新型能源存储	10	900
	智能建筑和光伏技术	14	1110
	氢和燃料电池	9	700

2005 年，ANR 启动了"国家纳米科学与纳米技术计划"（PNANO），通过竞争竞标方式组织项目，年度研发投入约 3500 万欧元。该计划面向学术机构和私营研究部门，鼓励公共和私营部门联合申请；面向所有技术领域，纳米产品、纳米材料、纳米生物等。ANR 在 2007 年纳米科学与纳米技术计划中确定了六大主题：纳米器件、微纳米系统、纳米生物学和纳米生物技术、建模与仿真、纳米仪器与计量学和纳米材料。

三、材料产业化政策

1. OSEO 集团支持的材料产业化计划

由法国科技体系结构图（图 2-16）可以看出，OSEO 集团（包括 2008 年并入的工业创新署）主要负责扶持材料科技发展和材料科技成果产业化。由于 OSEO 更加侧重于产业化方面，因此其研究计划并不主要针对材料基础研究，但相关研究计划都或多或少涉及材料领域（ANR，2012）。

1）工业创新计划

2006 年 4 月 25 日，AII 推出工业创新计划。该计划面向重要的战略性合作计划，目标是通过资源整合、联合 R&D，资助包括材料行业在内的行业 R&D 联盟，开发高附加值的创新产品，进而培育材料行业的"冠军企业"。工业战略创新计划项目的实施机构至少应该有两家企业和一家科研机构。国家创新署以补贴或应偿还预付款方式，给予最高 1000 万欧元的资助。计划选定的六大领域包括绿色化工（BIOHUB，利用生物技术从农产品中提取和生产化学制品，该计划预计执行七年，总投入为 9800 万欧元）、节能住宅（HOMES，目标是将住房能耗降低 20%，计划时间为五年，总投入为 8800 万欧元）、新型无人驾驶地铁列车（NEOVAL，基于弹性模块轮胎的自动运输系统，计划时间为五年，总投入为 6200 万欧元）、多媒体搜索引擎（QUAERO，是法德多媒体程序合作研发项目，目标是向 GOOGLE 发起挑战，计划五年投资 2.5 亿欧元）、移动电视（TVMSL，指卫星传播的无线移动电视系统，计划时间为四年，总投入 9800 万欧元）、混合动力汽车（VHD，该计划的基础是法国标志雪铁龙集团已经进行的柴油、电力混合动力汽车的研发项目，目标是设计研发能适合商业化生产的混合动力汽车）。法国工业创新署的作用也不仅仅局限在项目的立项和资金投入方面，在以后的具体运作中，工业创新署还将充分发挥自己已有的与法国各公立、私有科研机构以及中小企业的联系网络为每个计划的实施提供技术服务等方面的支持。

2）创新型中小企业融资平台

国家创新署专门设立网上创新型中小企业融资平台。法国共有 250 万家企业，其中 97.6％为中小企业。鉴于创新型中小企业在国家创新体系中的重要作用，国家创新署为创新型中小企业专门设立网上融资平台，目前已有近 6300 家投资人、4200 家公司、1662 个项目注册。这项业务为创新型中小企业，特别是初创时期的创新型企业的发展起到了关键作用。

2. ANR 与 AII 共同支持的材料产业化计划

1）"竞争力集群"计划

法国政府希望通过整合优势、突出重点、以点带面的方式促进法国企业的技术创新，提升法国工业具有国际领先水平的高新技术含量。国家科研署着重促进国家公共实验室和企业实验室之间的合作，推动前者将研究成果向后者进行技术转让；国家工业创新署致力于促进研发和创新工作，通过项目招标使大企业将自有资金用于发展大型工业计划；国家科技成果推广署则重点扶持中小企业和拥有创新技术的新企业。

2004 年 9 月，法国国土整治和发展部际委员会（CIADT，现改名为 CIACT）批准了在全国范围内建设"竞争力集群"的计划。第一期计划自 2005 年 7 月开始实施，为期 3 年（2005～2008 年）。第二期竞争力集群计划（2009～2011 年）也被称为"集群 2.0"，根据最近法国经济工业部竞争、工业和服务业总司（DGCIS）的报告[①]，"集群 2.0"的重点有创新材料和新的生产工艺、生物技术、交通运输、电子产品、纳米技术、可持续发展、人文要素、海洋产业、化学和医药、纺织工业、通信信息和影像技术、运算方法、能源和网络、财政金融、健康和制药、农业领域。2010 年，法国"竞争力集群"经调整后仍保持 71 家，涉及汽车、航空航天、计算机系统、纳米、生物、微电子、环保燃料等领域，如研发环保高效的锂电池、开发新型房屋隔热层、使用含有植物纤维的复合材料建造轻型节能汽车部件等。

新材料领域相关集群涉及纳米材料和航空航天材料。Sophia Antipolis 的安全通信解决方案（SCS）集群、巴黎大区的 Systematic 集群，以及最受瞩目的

---

① Liste des 35 projets de plates-formes d'innovation présélectionnées. http：//observatoirepc. org/ressources/actualites/35-projets-de-plates-formes-d-innovation-preselectionnes. html ［2012-06-29］

Grenoble 的 Minalogic 全球微纳米技术中心都是纳米科学和纳米技术领域中的佼佼者。位于法国南部的比利牛斯地区的航空航天集群于 2005 年 7 月 13 日正式创建，并推出了"产业创新动员计划"，鼓励产学研界协同合作，组织了研发和培训，使得一些中小企业掌握相关知识，参与到市场开发中来，现在中小企业成为了该计划成功的重要因素。

2）未来投资计划

在基于创新的"未来投资计划"框架下，法国将投入 77 亿欧元，实施"卓越校园"计划；投入 107 亿欧元用于"卓越设施""卓越实验室""大学-医院研究所""技术研究所""技术转移促进协会"等项目。其中 20 亿欧元用于建设 4～6 所"技术研究院"，促进科研成果商业化；10 亿欧元用于建设 10 家"绿色能源卓越主题研究所"；25 亿欧元用于低碳能源及未来汽车的招标计划；5 亿欧元用于阿丽亚娜 6 型火箭的研究与开发；2.5 亿欧元用于新的卫星计划，尤其是国际科技合作计划（中华人民共和国科学技术部，2011）。

3. 其他政府部门支持的材料产业化计划

其他政府部门在材料产业化领域也发挥了重要作用，如法国工业经济与就业部对 Crolles 2（一个由意法半导体、摩托罗拉和菲利浦组成的纳米产业技术研发联盟）研究的项目进行资助，经济工业与就业部每年投入 9800 万欧元资助 NANO2008 工业支持计划，原子能委员会对 Nanotec 300 的项目进行资助等。

四、材料研发投入分析

20 世纪 80 年代以来，法国的研发经费投入基本上保持稳步增加的趋势（图 2-17）。2008 年，法国国内研发经费总额为 462.62 亿美元，占 GDP 的比例为 2.11%。

法国研发经费投入经历了由政府主导型向企业主导型的转变。在 1991 年之后，企业的研发投入逐渐超过政府，并在 1997 年超过国内研发经费投入总额的 50%（图 2-18），成为法国最大的研发经费投入主体。2008 年企业投入经费 234.74 亿美元，占总经费的 50.74%，其次是政府和国外投入，分别占 38.91%（180.02 亿美元）和 8.05%（37.23 亿美元）。

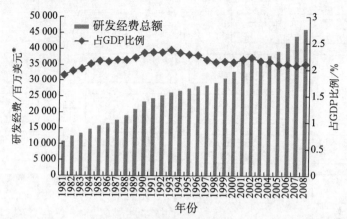

图 2-17　1981～2008 年法国研发经费总额及占 GDP 比例的变化态势①

* 按购买力平价现值美元计

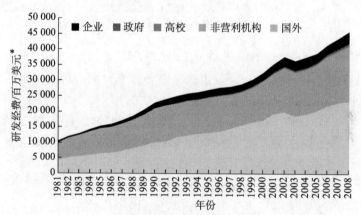

图 2-18　1981～2008 年法国研发经费按来源部门的变化态势①

* 按购买力平价现值美元计

五、主要材料研发机构

据《科学研究与技术发展规划与导向法》，法国的公共科研机构可分为科技型、工贸型和管理型三种。图 2-19 为法国主要科技型和工贸型公共科研机构。在材料研究领域，法国国家科研中心在法国扮演了主要角色。

---

① http: //stats. oecd. org/index. aspx

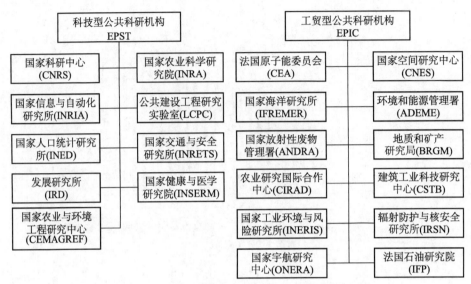

图 2-19　法国主要科技型和工贸型公共科研机构

法国国家科研中心（CNRS）成立于 1939 年，是国际知名的科研机构、欧洲最大的基础性研究组织之一，是由法国高等教育与研究部直接领导的科技型公共科研机构。CNRS 自成立以来在基础研究方面取得了丰硕的科研成果，在数学、物理、化学、医学等领域一直处于世界领先地位，共有 16 位研究人员获得过诺贝尔奖，其中包括 7 次物理学奖、3 次化学奖、5 次生理学或医学奖和 1 次经济学奖。还有 9 人获得过（数学）菲尔兹奖[1]。

CNRS 根据经济和工业发展对科研工作的需求，非常注重科技成果的转移转化。近十年来，建立并发展了与工业界的密切合作关系。在 2007 年，CNRS 与企业共签订了 1680 项工业合同，与主要的国际性工业集团签订了 41 项框架合作协议。CNRS 拥有 3103 项同族专利。此外，从 1999 年到 2008 年，CNRS 共创建了 394 家创新公司[2]。

截至 2011 年 3 月，CNRS 共有雇员 34 530 人，其中终身雇员约 25 630 人，包括研究人员 11 450 名，工程师、技术人员及行政支撑人员 14 180 名；另外还有约 8370 名非终身雇员，包括博士生、博士后、临时研究人员等[3]。CNRS 的科研人员可分为四大类：终身研究人员、终身工程师、临时研究人员和临时工

① Des chercheurs illustres. http：//www. cnrs. fr/fr/recherche/prix. htm ［2012-06-10］

② Key figures. http：//www. cnrs. fr/en/aboutCNRS/key-figureshtm ［2009-03-17］

③ Présentation. http：//www. cnrs. fr/fr/organisme/presentation. htm ［2009-11-11］

程师及博士后。其中，终身研究人员和终身工程师属于国家公务员，必须经过竞争性考核程序进行招录（张军和孙晓梅，2007）。经费方面，2010 年 CNRS 各个学科领域的研究经费总计达 26.19 亿欧元，按不同学科领域的分配情况见图 2-20。CNRS 材料科学领域研究见表 2-23。

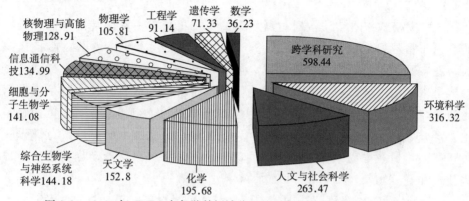

图 2-20　2010 年 CNRS 在各学科领域分配的研究经费（单位：百万欧元）①

表 2-23　CNRS 材料科学领域研究一览表 ②

学科领域	研究内容
化学	化学及其在生命系统中的应用（探索并开发用于药理学、生物技术、医学、美容学、农用工业和植物检疫工业的模型和工具）； 绿色化学和可持续发展（开发更高效、更具选择性和更安全的化学反应）； 功能性材料（开发和调控物质特性，发展纳米化学）
物理	基本物理规则，光学与激光学，凝聚态物理，纳米科学
核物理与粒子物理	粒子物理，核物理与强子物理，天体粒子物理与中微子，核电后端循环研究，加速器的研发
生物科学	结构生物学，生物信息学，药理学，神经系统科学，认知科学，免疫学，遗传学，细胞生物学，微生物学，生理学，植物生物学，系统生物学，生物多样性

六、总体发展趋势

　　法国在民用核能、航空航天、交通运输、农业等领域产出的高速铁路、阿丽亚娜火箭、空中客车飞机等重大成果是其技术创新领域居世界领先水平的体

---

①　Budget 2010. http：//www. dgdr. cnrs. fr/dsfim/chiffres/2010/pdf/Activites-conduites-par-les-UR. pdf［2012-06-11］

②　Les instituts du CNRS. http：//www. cnrs. fr/fr/organisme/instituts. html［2012-06-11］

现。在法国绚丽的科技成果背后，是法国对材料研究的重视和推动。

从研发投入来看，法国材料研究投入面临调整。经费方面，由于欧洲主权债务危机的影响，未来几年法国材料研发投入可能面临零增长甚至是负增长；研发人员方面，由于法国延迟退休的政策即将实施，法国材料研发人员将会有小幅度的增长。

从资助模式来看，法国对材料研究的资助将从单一资助转向各国联合资助。由于材料研究属于基础性研究，前期投入大、周期长、见效慢且风险大，在各国削减财政开支的背景下，欧盟框架下各国对材料研究进行联合资助将是未来的发展趋势。目前法国与欧盟其他国家的科技合作主要是以项目为纽带，未来欧盟内部将建立更加刚性的合作机制，组建联合研究机构将是主要形式之一。例如，成立于 2008 年的欧洲创新与技术研究院，总部设在布达佩斯，旨在推动欧盟产学研之间建立合作伙伴关系，推动创新活动，促进就业和经济增长。

从领域来看，一方面，法国将继续保持在纳米材料、核能材料以及航空航天材料方面的大投入，以保持其国际领先地位；另一方面，为了配合"欧洲2020 战略"走向资源节约型欧洲路线图的实施，法国将逐步加大在传统材料的新型加工技术（如 3D 打印技术）以及新型绿色节能材料方面的支持力度。

第七节　加拿大材料战略和发展趋势分析

加拿大政府对科技战略和计划加大重视力度，增加科技投入，促进了科技事业的持续发展。近年来，加拿大围绕增强竞争能力、优势领域重点发展和技术商业化等议题出台了一系列科技战略和计划。政府对科技的投入与科技人员数量略有增加，优势领域继续扩大影响，在传统优势领域以及新能源、环境保护、生物技术、航空航天、材料技术、交通运输等高新技术领域取得了一批重大科技成果。

一、材料战略分析

加拿大联邦政府十分重视推进本国整体科技创新能力的建设，采取了一系列政策和措施。继 1996 年加拿大联邦政府首次推出联邦科技发展战略之后，加拿大工业部于 2002 年提出了加拿大的创新战略，并继续加强研发投入。

1. "面向新世纪的科学技术"战略

1996 年，加拿大联邦政府推出了第一个联邦科技发展战略——"面向新世纪的科学技术"。该科学技术战略就联邦科技发展的战略思想、总体目标、优先领域、组织结构、管理机制、政府职能以及实施原则等战略问题作出了明确的阐述。主要内容包括：提出了统领整个联邦科技战略的战略思想，即建立和完善加拿大的"创新体系"；确定了联邦重点支持的重大科技计划；颁布了联邦各主要科技部门与机构的科技行动计划；明确了联邦政府的科技职能提出了改善组织结构与管理机制的具体措施；提出了指导科技工作的原则和思路。

建立和完善加拿大的"创新体系"是加拿大第一个联邦科技发展战略最显著的特点。其中突出强调建立和完善政府、私营公司、产业界、大学以及研究机构间的合作伙伴关系。它是加拿大第一个联邦科技战略的核心任务，也是统领整个战略的总体战略思想。战略还对加拿大联邦的科技组织结构与管理机制进行了调整，建立和完善了一个共同合作、相互协调的网络化运行体系。主要措施包括：成立科技咨询理事会；改进决策机制与程序；改进管理机制；改进政府间的合作与协调。该战略还明确提出了联邦重点支持的重大科技计划，联邦各主要科技部门与机构也制定了各自的科技行动计划（张千，1997）。

2. 加拿大创新战略

加拿大工业部于 2002 年提出了加拿大的创新战略。为实施国家创新战略，加拿大政府采取了一系列措施来加快国家创新体系建设，这些措施包括：加大科技投入，加强创新实体的创新能力建设；加强决策咨询，促进科学决策；加强政府部门间的协调，加强拨款机构间的合作，努力提高工作效率和经费使用效率；加强各创新实体之间的协调和合作，提高创新效率；大力支持交叉学科和新兴学科研究；支持小型大学、社区研究机构的创新活动，鼓励全民创新；重视社会科学和人文研究在国家创新体系建设中的作用；建设科技项目信息系统，建立国家科学、技术和医学信息网络。加拿大政府希望通过国家创新战略的实施，于 2010 年年前在综合研发成就方面处于世界前五名。加拿大创新基金的主要任务是加强高等院校、研究型医院以及其他非营利机构开展世界级研究和技术开发的能力。

二、材料计划分析

加拿大的科学研究由三大部分组成，分别是联邦政府、大学和企业。大学进行的主要是基础科学研究和部分应用技术研究，企业主要开展着眼于企业长期发展所需要的相关技术的研究，而联邦政府的科学研究是指由联邦政府所属的研究机构进行的科学研究，该类研究主要是应用技术研究。联邦政府最大的研究机构是总部设在首都渥太华的国家研究理事会（NRC）。加拿大许多研究经费来源于三个拨款理事会，分别为加拿大自然科学与工程研究理事会（NSERC）、加拿大人文与社会科学研究理事会（SSHRC）和加拿大卫生研究院（CIHR）。加拿大材料领域的研究重大研究计划和项目的批准机构主要有加拿大工业部、加拿大自然科学与工程研究理事会。由于加拿大联邦政府不设科技部，所以由工业部主管联邦政府层面的科学技术发展工作。由于加拿大没有统一的科技主管部门，所以没有全国性的科技计划，各主要科学研究机构和拨款机构都有其自己的科技计划。

1. 加拿大卓越研究中心网络计划

加拿大卓越研究中心网络（the networks of centers of excellence program，NCE）计划成立于 1989 年，加拿大政府在 1997 年将其确定为长期计划。该计划的目标是调动和促进加拿大研究机构、私营企业、公共部门和非营利组织之间的研究合作，将研究机构与企业的研究成果转化为经济和社会效益。该计划的各个项目通过全国范围的多学科交叉和多部门合作，将卓越研究与工业技术和战略投资连接起来。卓越研究中心由在共同的研究项目一起工作的卓越科研人员组成。NCE 计划是加拿大政府创新议程的一个重要组成部分[①]。

NCE 计划由加拿大卫生研究院、加拿大自然科学与工程研究理事会、加拿大社会科学与人文研究理事会和加拿大工业部联合管理。NCE 计划由筹划指导委员会负责管理并由 NCE 管理委员会协助管理。

NCE 计划从 1989 年建立至今，经历了三个发展阶段。该计划的经费主要来自政府拨款，随着其不断发展，政府不断增加对该计划的投入。在 NCE 计划的第一阶段（1989～1993 年），政府拨款 2.4 亿加元；第二阶段（1993～1997 年），政府拨款 2.45 亿加元，其中 4800 万加元拨款用于发展目标研究领域的新网络，如先进技术（材料和软件工程）、环境、健康，以及贸易、竞争力和可持续发展等；1997 年 2 月，加拿大政府宣布，将卓越研究中心网络计划设为永久性计划，每年拨款 4740 万加元，在 1999 年 2 月，加拿大联邦政府宣布一次性拨

① http：//www.nce-rce.gc.ca/NCESecretariatPrograms-ProgrammesSecretariatRCE/NCE-RCE/Index _ eng. asp［2011-12-20］

款 9000 万加元，用于增加卓越研究中心网络计划未来三年的年度预算，在 2002 年，每年 3000 万加元的额外拨款成为永久性的拨款。

NCE 计划已经有 21 个专业网络机构，包括 6000 多名科研人员和 71 所加拿大大学的高层次人才、756 个加拿大公司、329 个省和联邦政府部门、525 家机构，以及 430 个国际合作伙伴，使其成为一个真正的国家和国际计划。2006～2007 年，NCE 计划部署了四个战略领域：信息与通信技术（光子学、地球空间信息学、数学信息技术和复杂系统）、工程与制造（21 世纪的汽车、食品与材料、智能遥感）、环境与自然资源（北极、清洁水）、健康与生命科学（过敏、基因、关节炎、遗传病、中风、蛋白质、干细胞）。这四个战略领域共资助了 16 个卓越中心网络（刘小平，2008）。

2. 商业化与研究优化中心计划

商业化与研究优化中心（CECR）计划是加拿大科学和技术战略的基石，由总理 Harper 于 2007 年推出。该战略的目标是鼓励更多的私人部门投资进入研发领域，以确保技术成果的及时转化，建立加拿大强大的科研基地，发展、吸引和留住高技能人才，满足加拿大在全球知识型经济发展中的需要。CECR 竞争与计划受卓越研究中心网络秘书处管理，这是高校、产业、非营利性机构和政府之间伙伴关系成功的体现。

加拿大政府自 2007 年开始，在五年内向商业化与研究优化中心计划投资 2.85 亿美元。这种针对先进研究而创建中心的创新模式，将促进联邦科学与技术战略确定的四个优先领域内的技术、产品和服务的商业化。四个领域分别是环境、自然资源和能源、健康和生命科学、信息和通信技术[①]。

3. 企业网卓越中心计划

加拿大政府在 2007 年的财政预算案中宣布，将在四年内向企业网卓越中心计划（BL-NCE）投资 4600 万美元。BL-NCE 计划的目标，是大规模的资助企业主导的协作网络，以加强私营部门的创新，提高加拿大的经济、社会和环境效益，促进联邦政府科技战略中所述的创业优势。BL-NCE 计划同样受卓越研究中心网络秘书处管理。目前资助的网络包括药物发现的创新研究工具、增强林业产品的纳米

---

① Centres of Excellence for Commercialization and Research Program. http：//www.nce-rce.gc.ca/ NCESecretariatPrograms-ProgrammesSecretariatRCE/CECR-CECR/Index _ eng. asp［2011-12-20］

技术、新一代航空技术和油气生产的可持续发展技术[①]。

三、材料产业化政策分析

科技成果产业化在加拿大联邦政府的创新政策中占有重要地位，它也是加拿大联邦政府对创新活动进行支持的重点环节，在这方面，加拿大联邦政府设立了多个扶持项目，相继出台了一系列的政策计划。

1. 工业研究辅助计划

"工业研究辅助计划"（IRAP）是加拿大国家研究委员会设立的专门支持中小企业创新的计划，其使命是促进中小企业的创新，增加中小企业的创新能力，使这些企业的创新思想尽快变成营利的商品。它的任务是当中小企业在新产品的开发生产或服务中遇到技术挑战时，向它们提供帮助。

IRAP是加拿大历时最长的也是最成功的支持技术创新的产业发展计划。从1981年开始，在该计划下生成了多个子计划，如为企业针对特殊问题提供咨询，为企业提供技术解决特定问题，对企业小型研究发展项目提供协助和对企业大型研究发展项目提供协助。IRAP综合利用这些手段来实现对企业的服务，提高企业的科技水平和竞争能力。

IRAP对项目运行有着十分严格的管理制度，如图2-21（郝莹莹，2008）所示，针对项目的申请、评审、实施、评估甚至是成功项目的最终偿还有一整套的管理办法，为提高政府资金的使用效率提供了制度保证。

2. 技术伙伴计划

"技术伙伴计划"（TPC）是加拿大工业部的一个科技计划，该计划是筹集资金，对能够促进经济发展、创造新就业机会和财富并支持可持续发展的项目提供资助。这些资金主要用于私营部门的战略性研究开发和创新活动。与IRAP不同，TPC要求企业对投资有回报。该计划主要涉及环境技术、航空和国防技术、先进加工和制造技术、先进材料科学及应用、生物技术及应用、信息产业技术及应用。

根据"技术伙伴计划"的有关规定，凡是在加拿大建立的企业、组织和研究机构，拟在计划所支持的领域内进行研究、发展与创新，并能够显示他们完成这

---

① Business-Led Networks of Centres of Excellence Program Overview. http：//www.nce-rce.gc.ca/NCES-ecretariatPrograms-ProgrammesSecretariatRCE/BLNCE-RCEE/Index _ eng. asp［2011-12-20］

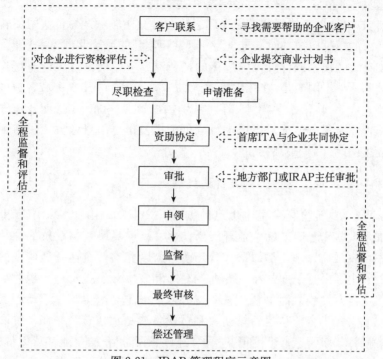

图 2-21　IRAP 管理程序示意图

个目标的能力的，均可以申请该计划的支持。他们可以是独立的申请，也可以以伙伴的形式、合作的形式以及团体的形式来申请。加拿大的国有公司、政府研究所、政府实验室和大学可以作为合作团体的组成部门参加，但是不能作为项目的牵头单位。该计划支持的资金可以用于人员、材料和其他直接与该项目有关的费用。此外还可以用来支付一些行政管理、非直接人员、材料和支持费用。专用设备的购入也是合理的支出范围。但是该计划不支持建筑和土地使用等费用。

"技术伙伴计划"有一套选择项目的措施，以保证所选取的项目符合加拿大政府的战略方向，保证加拿大在技术上和经济上的利益。"技术伙伴计划"主要支持那些最有活力的公司，使他们不断地更新技术并加速创新的过程。

3. 转化技术计划

加拿大全球竞争力的下滑，在加拿大政界、科技界和产业界引起巨大反响。加拿大联邦政府的科技政策也适时进行了调整，从强调可持续发展到强调可持续发展与增强国家竞争能力并重。为促进创新和新技术的采用，2006 年加拿大政府推出"转化技术计划"来取代实施多年的"技术伙伴计划"。这一新计划旨在使更多的企业能直接参与，强调具有经济竞争能力的技术创新，对纳税人也更加透明。

"转化技术计划"的目的是使先进的技术研发在加拿大的企业中能转化为产品。它追求的不是回报，而是与企业一起共担创新的风险和成本。"转化技术计划"与加拿大"技术伙伴计划"每年的经费额基本相同，每年约 3 亿加元，与加拿大技术伙伴不同的是，"转化技术计划"将向所有的技术领域开放，并特别照顾中小企业。"转化技术计划"还将特别重视管理、责任、透明及遵守项目合同。它将设立专家委员会对申请项目从创新性及市场前景两方面进行评估，并聘请独立机构对计划进行情况进行评估。

4. 科学研究及实验开发税收优惠计划

"科学研究及实验开发税收优惠计划"（SR&ED）由加拿大国家税务局管理，是加拿大联邦政府鼓励企业开展新技术、新产品研究与开发的一个全国性企业研发税收激励计划，是加拿大联邦政府鼓励和支持企业开展研发的最大单项计划。其主要内容是向加拿大企业的科研和技术开发投资进行税收减免。企业按规模确定研发投入时的税收减免比率，规模越小获得的优惠就越大。政府这一优惠政策是小企业从事科学研究和试验发展的重要资金来源。加拿大的研发税收激励计划申请条件范围很宽松，任何规模和行业的企业都可以提交申请。申请者可以申请对诸如工资、材料、机械、设备、部分管理费以及科学研究与实验开发合同支出给予科学研究与实验开发投资税收减免。

加拿大政府对企业投资研发的主要激励政策包括：①对符合条件的科学研究与实验开发成本（包括主要设备）给予 100％的减税；②对科学研究与实验开发支出给予 20％的抵税；③抵税额可以 100％冲抵当年应纳税额，或者可以抵消前 3 年或推后 10 年的税款；④对加拿大人开办的小型公司，每年 200 万加元以内的研发支出部分抵税额可以增加到 35％；⑤即使公司没有足够的应纳税额可以抵消，抵税额可以全部或部分现金返还。此外，各省对企业在本省区内进行研发的投入还给予附加的税收激励。例如，安大略省规定，企业在安大略省投资研发获得的联邦投资税减免收入免于征收收入税；对符合条件的安大略省研究机构，如大学、应用工艺技术学院和研究型医院签订合同研究的支出，给予 20％的安大略省商业研究机构税收抵税退款；同时对中小型公司还给予 10％的安大略省创新税收抵税退款。

四、材料科技投入分析

加拿大的科技布局由三大体系构成——联邦及省区体系、企业系统和大学。

"工业-政府研究机构-大学"三大体系的协作是加拿大科学技术发展的驱动力，三者的有机配合是加拿大科技创新过程的基础。紧密的科研协作通过战略性的研究计划来促进，并由基于科学的相关政府部门和机构组织实施。研究型大学主要从事自由探索为主的基础研究，同时为科学研究培养高素质人才；工业界则主要从事技术应用与产品开发；而国立研究机构以国家的战略需求为导向，主要从事创新链"中游"阶段的科学研究。

加拿大总体科技研发经费投入基本上保持稳步增加的态势，但近两年出现停滞，经费总量在七大工业国中仅高于意大利。2008年，加拿大国内研发经费总额为238.88亿美元，较上年减少0.4%。从研发经费占GDP比例来看，加拿大自2001年达到2.09%以后出现下滑，2008年仅为1.87%，低于OECD国家平均水平（2008年为2.33%），如图2-22所示。

加拿大研发经费来源主体是企业，2008年企业投入经费113.69亿美元（图2-23），占研发总经费的47.59%，其次是政府部门投入77.32亿美元，占32.37%；其他国内来源（包括高校和私人非营利机构）以及来自国外的研发经费分别占10.70%（25.57亿美元）和9.34%（22.31亿美元）。政府部门所属的科研机构直接受所属部门的管理，其科研经费一般来自政府拨款。一些专门性科学研究机构（如国家研究委员会）通常是根据法律成立、自主开展研究的独立性机构，具有独立的内部人员、经费、项目、评估管理体系。

图2-22 1981～2008年加拿大研发经费总额及占GDP比例的变化趋势[①]
＊按当前美元购买力平价计算

---

① http://stats.oecd.org/index.aspx

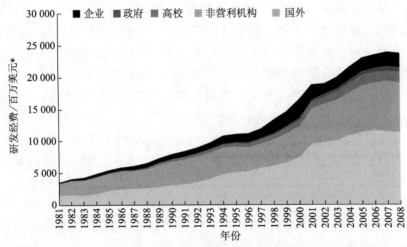

图 2-23　1981～2008 年加拿大研发经费按来源部门的变化态势①

*按购买力平价现值美元计

五、主要材料研发机构

加拿大的材料科学研究分别由政府、大学和企业界三个系统的有关研究机构进行。三者的主要研发活动和紧密协作构成一个研发过程的创新链，是加拿大知识经济的原动力。在三种系统中，政府系统的国家研究委员会机构数量和规模最大、人数最多，是加拿大科学研究的核心。加拿大政府研究机构包括国家研究委员会属下的 30 个研究所和研究中心及一些联邦政府部门所属的国立实验室等。主要从事材料研究的是国家研究委员会下设的工业材料研究所。加拿大大学中从事材料科学研究的主要有多伦多大学、麦克马斯特大学、麦克盖尔大学和蒙特利尔综合理工学院等。

1. 加拿大国家研究委员会

加拿大国家研究委员会（NRC）成立于 1916 年，位于安大略省的渥太华市，是加拿大最高学术研究与行政机构，通过工业部向国会负责，分支机构与研究单位遍布全国各省及大城市，员工总计约 4280 人。起初，加拿大国家研究委员会仅仅是一个协调和资助全国科学研究的机构，经过 70 年的发展，已成为

---

① http://stats.oecd.org/index.aspx

具有较强实力的自然科学领域的全国性研究中心。NRC 旗下共有 20 多个研究机构与国家计划，广泛跨越多种学科。NRC 的研究机构和国家计划分布于五大主要领域：生命科学、物理学、工程学、工艺学和产业支持、企业服务①。

NRC 下设的工业材料研究所（NRC-IMI）成立于 1978 年，主要进行材料、材料分析和形成以及材料流程控制等方面研究。研究所拥有约 190 名员工和每年大约 100 名临时员工。研究所还设立了两个站点，位于 Boucherville 的站点从事先进材料的设计、建模与诊断，位于 Saguenay 的铝技术中心。研究所每年与近 225 个伙伴合作，合作项目超过 250 个。自成立以来，在 NRC – IMI 开发的技术获得专利超过 110 项，创建 15 家新公司②。

NRC – IMI 的研究聚焦于航空航天、生物技术、交通运输、冶金、塑料加工、食品包装、能源、体育和休闲以及信息技术等行业的工业技术研究。针对这些目标行业，NRC – IMI 将研究重点放在虚拟制造和新的或改进的环保技术的发展上③。NRC – IMI 从事的研究项目有竞争性材料制造和下一代生物医学设备两大研究项目，以及粉末成型、纳米功能材料、聚合物纳米复合材料、软骨/骨支架设计、表面工程技术、智能成型技术、表面技术、高分子复合材料等多个与材料相关的研究计划的研究。

2. 卓越研究中心网络

卓越研究中心网络（NCE）促进学术界、产业界、政府和非营利性组织之间的多学科、多部门伙伴关系。它支持加拿大学术研究、产品和理念的商业化，并促进加拿大经济效益和社会效益的转化。卓越中心研究网络目前在全国设立有 21 个卓越中心，如图 2-24 所示，从事航天、医疗健康、干细胞、蛋白工程、电信、微电子、光学、水产和可持续林业等领域的科研活动，是加拿大联邦重要的科研机构之一④。

3. 多伦多大学

多伦多大学材料科学与工程系（MSE）是北美规模最大的学术单位之一。

---

① About NRC. http：//www. nrc-cnrc. gc. ca/eng/about/corporate-overview. html［2011-12-21］

② Industrial Materials Institute. http：//www. nrc-cnrc. gc. ca/eng/ibp/imi/about/instititute-overview. html［2011-12-9］

③ http://www. nrc-cnrc. gc. ca/eng/ibp/imi/about/rd-activities. html［2011-12-9］

④ About the Networks of Centres of Excellence. http：//www. nce-rce. gc. ca/Index ＿ eng. asp［2011-12-09］

图 2-24　加拿大卓越中心网络分布

作为先进材料研究和应用的领导者，MSE 是多伦多大学应用科学与工程学院的一个重要组成部分，而科学与工程学院在加拿大排名第一，世界排名第八。MSE 前身为冶金与材料科学系，2001 年正式改为材料科学与工程系，以反映在材料研究和教育的进步。材料科学与工程系约有 200 名本科生，80 名研究生和 30 名教职员工[①]。

多伦多大学材料科学与工程系在先进材料应用方面的前沿研究，对全球可持续发展和能源系统具有深远的影响。研究领域包括先进电子材料及系统、替代能源系统及设备、纳米材料和纳米技术以及可持续材料加工[②]。

六、总体发展趋势

加拿大"面向新世纪的科学技术"战略明确阐述了战略思想、总体目标、优先领域、组织结构、管理机制、政府职能以及实施原则等战略性问题。加拿大联邦政府有三个重要的科研资助计划，即 IRAP、TPC 和 SR&ED。IRAP 为加拿大的中小型科技企业的发展发挥了重要作用，TPC 主要是对各企业从事的具有战略性经济意义的项目进行投资，符合投资标准的科技领域是：航天和国防工业、环

---

① About the Department. http：//mse. utoronto. ca/about/dept. html.［2012-01-11］
② http：//mse. utoronto. ca/rs/research. html［2012-01-11］

保技术和适用技术（如先进制造和加工技术、先进材料、生物技术、部分信息技术等），而 SR&ED 计划被认为是目前最受科技企业欢迎的 R&D 税收优惠计划。

　　加拿大是西方七大工业国家和世界十大贸易国之一，制造业和高科技产业发达。历史上，加拿大的经济一直依赖传统的资源加工工业，但是随着纺织、汽车、钢铁、橡胶、重化工等传统工业竞争的加剧，发展中国家低成本、高质量的产品冲击着加拿大市场，给它的经济造成了巨大的压力。经济环境的变化迫使加拿大退出传统的工业市场，以高新技术去开拓新的世界市场。

　　为加速建立国家科技创新系统，改革科技管理体制，加大科技投入，以增加科技产出，加拿大政府已经开始重视创新，重视企业文化的改变，调整其科技政策。近几十年来，加拿大的高新技术产业发展十分迅速，在信息通信、航天国防、生物工程、汽车制造、先进材料、核能、水电、环保、交通、石化、地球物理勘探、医学、造纸等方面均拥有先进的技术和设备。

第八节　韩国材料战略和发展趋势分析

　　韩国科技战略与计划的制订以及优先领域的选择实行自上而下和自下而上相结合的方式，即由政府确定长远的国家发展目标，选择技术领域，并通过技术前瞻和关键技术选择等方式征求基层专家的意见，经过调整来制定科技战略计划，并确定优先领域。多年来，韩国政府较好的主导了科技发展方向，在每个阶段都推出了相应的科技战略（詹小洪，2006）。韩国十分重视材料领域科技政策的制定和施行，采取了一系列战略和计划促进材料科技和材料产业的发展。

一、材料战略分析

　　自 2001 年颁布《科技创新基本法》以来，韩国政府基于该法开始出台第一期科学技术基本计划（2002~2006 年），2003 年卢武铉政府上台后将该计划更名为"国民参与型政府的科学技术基本计划（2003~2007 年）"。2008 年李明博政府上台后，对卢武铉政府在 2007 年末出台的第二期科学技术基本计划（2008~2012 年）进行了修订，并于 2008 年 8 月正式发布了"面向先进一流国家的李明博政府的科学技术基本计划（2008~2012 年）"。该计划明确了李明博政府未来 5 年内的研发经费预算、重点发展领域和所要实现的目标，其核心内容可简称为"577 战略"，即到 2012 年将韩国的研发强度提高到 5%，通过集中培育七大技术研发领域和实施七大系统改革，使韩国到 2012 年跻身于世界七大科技强国之列。

为此，韩国政府将研究开发相关预算较上届政府的 40 兆韩元增加至 66.5 兆韩元，支持基础研究比率从 25％增加到 50％。集中培育主力基础产业技术、创新及基础服务等七大技术研发领域和 50 项重点技术以及 40 项候补技术。七大技术研发领域包括重要支柱产业技术、创新产业、知识基础服务、国家主导性技术、特定领域研发、解决全球性课题及融合基础技术。七大技术研发领域的重点培育技术中与材料相关的有 IT 纳米原材料技术、纳米基础机能性材料技术、纳米基础融合和复合材料技术，重点培育候补技术中材料相关的有生物材料和工程技术、纳米生物材料等，七大重点研发领域的重点培育技术和重点培育候补技术，如表 2-24 所示[①]。七大系统是指：①培育世界级科技人才；②振兴关键核心技术；③中小、冒险企业技术革新；④科学技术国际化；⑤地区技术革新；⑥科学技术低层结构；⑦科学技术文化。

表 2-24　七大重点研发领域的重点培育技术和重点培育候补技术

重点课题	重点培育技术	重点培育候补技术
重要支柱产业技术	环境友好型汽车技术； 下一代船舶技术、海洋和港湾结构技术； 智能型生产系统技术； 超精密加工及测定操控技术； 下一代网络基础技术； 便携网络及第四代移动通信技术； 存储半导体技术； 下一代半导体装备技术； 下一代显示器技术	智能型汽车技术； 下一代生产工程及装备技术； 下一代存储半导体技术
加强新产业创造的核心技术	癌症诊断和治疗技术； 新药开发技术； 临床试验技术； 医疗器械开发技术； 干细胞应用技术； 蛋白质和代谢体应用技术； 新药标的物和候补物质导出技术； 脑科学研究及脑疾病诊断和治疗技术； 下一代系统软件技术； 下一代超高性能计算机技术； 下一代 HCI 技术	生物材料和工程技术； 海洋生物资源保存和海洋生命工学利用技术； 细胞机能调节技术； 遗传基因应用技术； 生物体信息应用和分析技术； 遗传基因治疗技术； 汉方医药和治疗技术； 下一代计算处理技术； 信息保护技术
知识基础服务业	融合内容产业和知识服务技术； 尖端物流技术	通信和广播融合技术

---

① 「577 전략」으로과학기술강국을 실현합니다. http：//www. nstc. go. kr/_custom/nstc/_common/board/download. jsp? attach_no＝3621 ［2012-03-12］

重点课题	重点培育技术	重点培育候补技术
确保国家主导技术的核心竞争力	卫星体（本体和搭载体）开发技术； 下一代航空器开发技术； 核聚变能源技术； 下一代核反应堆技术； 下一代兵器开发技术	超高层建筑物建设技术； 下一代铁道系统技术； 建设基础技术； 超长大桥建设技术； 未来先进交通系统技术； 未来先进住宅和教育环境技术； 智能型国土地理信息构建技术； 卫星发射技术； 卫星信息灵活利用技术； 海洋探测和宇宙监测体系开发技术； 卫星导航系统技术； 提高海洋和航空运输效率和安全性的技术； 射线和 RI 利用技术； 核燃料循环技术； 核能利用和安全技术
加强特定领域研发	免疫及传染病应对技术； 人体安全性和危害性评价技术； 食品安全评价技术； 农水畜林产资源开发和管理技术； IT 纳米原材料技术； 能源高效利用技术	食品资源灵活利用和管理技术； 动植物病虫害预防和除治技术； 环境友好型纳米材料应用技术； 纳米生物材料
推进全球化相关研发	氢能生产和储存技术； 下一代电视和能源保存转换堆技术； 新能源和可再生能源技术（太阳能、风能和生物质能）； 能源资源开发技术； 海洋管理和利用技术； 海洋环境调查和保护管理技术	下一代超导及电力 IT 技术 资源灵活利用高效技术； 环境友好型加工技术； 资源循环和废弃物安全处理技术； 环境信息综合管理和灵活利用技术； 生活安全和防恐技术
推进全球化相关研发	地球大气环境改善技术； 环境（生态系统）保护和恢复技术； 水质管理和水资源保护技术； 气候变化预测和适应技术； 自然灾害应对技术和防灾技术	防火和未来消防装备开发技术
加强基础和融合技术研发	药品传递技术； 生物芯片和检测技术； 智能型机器人技术； 纳米基础机能性材料技术； 纳米基础融合和复合材料技术； 未来先进城市建设技术	纳米测定评价技术

为达成此目标，韩国已审议了 49 项国家研究开发计划，投资预算分为五级，其中 22 项将大幅增加投资预算，17 项研究维持前一年水平，10 个项目将缩减投资预算。另外，扩大投资的关键核心技术部门、民间技术优秀部门由民间主导，政府则以开发关键性核心技术为主，并透过政府与民间合理角色扮演，提高投资效率性[①]。

二、材料计划分析

韩国材料领域的重大研究计划和项目主要由韩国国家科学技术委员会、总统、国务总理、各部以及部级以下部门（如教育科学技术部、知识经济部等）批准。

1. 先导技术开发计划

1991 年 4 月，卢泰愚总统发表了科学技术政策宣言，提出到 2000 年要使韩国的科学技术达到西方七国（美国、英国、法国、德国、日本、加拿大、意大利）的水平。作为实现这一宏伟目标的措施之一，韩国科学技术政策最高审议机构——综合科学技术审议会，经充分审议和研究各有关部、处提出的科技发展报告后，于 1991 年 8 月提出了先导技术开发计划（又称 G7 计划），目的是把韩国的科技能力提高到世界一流国家的水平，并希望通过此计划的实施跻身于西方先进七国的行列（樊春良，2003）。

该计划分为产品技术开发事业和基础技术开发事业两部分：①G7 产品技术开发事业，包括半导体产业、通信产业、家电产业、汽车产业、计算机产业、精密化学产业；②G7 基础技术开发事业，包括新材料技术、机械技术、生物工程技术、环境技术、能源技术、原子能技术、人体工程技术。其中，新材料技术重点是开发以信息化社会和未来高度产业化社会发展为核心的信息、电子和能源材料技术。

为了确保 G7 课题研究开发资金的来源，韩国政府正逐年增加科学技术研究开发预算，对 G7 课题计划的总投资达 4.9 万亿韩元，其中政府部门投资 2.4 万亿韩元，民间部门投资 2.5 万亿韩元。G7 计划委员会分别由产业界、学院、研究所的专业人士组成，共有机械，电子通信，化工，材料，能源，原子能，生

---

① 과학기술기본계획. http：//www. nstc. go. kr/nstc/policy/science/basic. jsp？ mode＝view&board_no＝7&article_no＝3010 [2011-11-07]

物、环境，总管、综合等 6 个领域的 7 名委员，下设 14 个技术专业组。

2. 重点国家研究开发计划

重点国家研究开发计划是根据"科学技术创新五年计划"，由韩国政府于 1998 年开始实施的国家级研究开发计划，研究领域共分三类：一是国家认为重要的核心产业技术研究领域；二是对产业发展起主导作用的尖端技术开发领域；三是造福国民的公共福利技术开发领域。该计划自 1998 年至 2000 年政府共投入 3750.66 亿韩元，至 2002 年，该计划总投入 10 856 亿韩元，其中政府投入 7842 亿韩元，民间投入 3014 亿韩元。

该计划开发领域涉及信息通信技术、半导体技术、生物工程技术、机械技术等十余大类，是国家的主要开发计划之一。计划重点开发可提高国家竞争力的核心产业技术和提高生产质量水平的社会公益技术，其中包括了数字广播技术、自动化技术、钢铁材料、机器人技术等 32 个领域。值得一提的是，韩国政府特别重视生物工程技术的研究，并专门制订了"生命工学育成基本计划"，2000 年政府对该计划的总投资规模达 1792 亿韩元，主要开展人体遗传基因、尖端生物材料的研究（袁世升，2000a）。

3. 21 世纪前沿研究与发展计划

韩国政府于 1999 年开始实施"21 世纪前沿研究与发展计划"，目的是开发核心技术，保证韩国在前沿技术领域的领先地位。为此，韩国政府计划投入 35 亿美元，资助 20 项计划，重点集中在信息技术、生物工程、纳米技术和新材料。

该计划的特点是采用新的管理方式，每个项目都由一个项目经理负责，他们可以自由地支配资源。该计划每三年要对所有项目成果进行评估。"高性能纳米复合材料计划"是 20 项计划之一，由韩国商业工业和能源部组织实施，准备分三个阶段来推动韩国研究所、大学和工业界联合研发纳米材料。第一阶段（1999～2002 年）：开发纳米材料的合成和组装技术；第二阶段（2002～2005 年）：纳米材料核心技术应用；第三阶段（2005～2008 年）：纳米材料的商业化。第一阶段研究经费 72.53 亿韩元，由九个项目组成，其中一个是计划管理项目，另外八个是纳米材料的研发项目，41 个组织参与此项计划，包括主要组织者、合作组织者、工业部门等。完成的研究工作有两方面：①高性能纳米合成材料。开发人造橡胶纳米合成材料的基础技术，包括人造橡胶中的碳黑、氧化硅、金属粉和其他陶瓷纳米颗粒；开发纳米合成材料中使用的高性能金属粉，高性能陶瓷粉；开发用于半导体生产中的化学、机械平面处理的研磨浆和固定研磨垫；开发纳米结构生物传感器，自组装可变色（蓝色转换为红色）功能聚丁二酮脂和膜。②碳纳米管的合成与应用。开发批量生产低温下垂向排列碳纳米管、使用垂向排列碳纳米管制造的低压三极管型固定和可更换式磁盘存储器。

4. 长期科技发展长远规划——2025 年构想

2000 年 6 月，经韩国国家科学技术会议（NSTC）批准，韩国科技部公布了"长期科技发展长远规划——2025 年构想"（简称"2025 年构想"）。"2025 年构想"提出五大科技发展方向是成为信息社会的先锋、加强产业竞争力和增强国家财富、提高生活质量、确保国家安全与提高国家威望、创造知识与促进创新，围绕这五个科技发展方向，确定了 39 项科学与技术任务和 19 项科技创新政策建议。规划中提出的重点领域有信息技术、材料科学、生命科学、机械电子学、能源与环境科学。其远景目标为到 2005 年韩国科技地位世界排名达到第 12 位，超过其他所有亚洲国家，到 2015 年成为亚太地区的主要研究中心，2025 年科技竞争力排名达到世界第七位。

韩国在"2025 年构想"中列出了为未来建立产业竞争力开发必需的材料加工技术清单：下一代高密度存储材料、生态材料、生物材料、自组装的纳米材料技术、未来碳材料技术、高性能、高效结构材料、用于人工感觉系统的智能卫星传感器、利用分子工程的仿生化学加工方法、控制生物功能的材料。

2010 年韩国科技投入特别向在"国家研发事业中长期发展战略"中确定的、可能有助于在世界上抢占和建立新市场的新技术项目倾斜，科研投入重点转向具有良好发展前景的技术领域。按照韩国科学技术委员会制定的"2009 年纳米技术发展施行计划"，向纳米领域投入 2 亿美元，计划 2015 年之前成为全球纳米技术三强。此外，还计划 2018 年之前投入近 10 亿美元，研发具有全球竞争力的十大核心材料，将韩国核心材料技术水准提高至发达国家的九成。

三、材料产业化政策分析

韩国一直重视材料科技发展的扶持以及材料科技成果产业化的促进，为此科技部、知识经济部等相继出台了一系列的政策计划，韩国"生物工程育成基本计划""纳米科技推广计划""零部件材料核心技术研发计划""下一代增长动力产业技术发展计划""世界一流材料项目计划"等都在各个领域和层面上引导和促进材料科技的发展和产业化。

1. 韩国生物工程育成基本计划

1994 年，韩国开始实施"生物工程育成基本计划"，提出了到 21 世纪初，将韩国的生物科学技术提高到先进国家水平，用自己的技术占领世界生物技术市场的 5% 的远景目标。该计划历时 14 年（1994～2007 年），总计划投资 16.04 万亿韩元（其中政府 5.8 万亿韩元、民间 10.3 万亿韩元）。研究领域涉及生物材料技术、保健医疗技术、农林水产及食品技术、环境与安全管理及生物资源保护利用技术、替代能源技术、基础生物科学等六个领域。该计划由科技部主管，具体实施涉及教育部、农林部、产业资源部、保健福利部、环境部、海洋水产部等相关部门。专门领域的研究内容中涉及材料的有生物材料研究领域，研究内容有新性能生物材料技术和生物性能的产业化利用技术的开发，生物材料产业化基础源技术研究等。专门领域研究中的重点研究课题中涉及材料的有生命体材料的设计研究和尖端生物材料技术。

生物技术开发计划由科技部主管，其他七个部门协助，共同制订研究方向，产学研合作开展研究。根据生物工程育成法的规定，为加强政策调整和审议，成立由相关部门公务员和生物工程专家组成的生物工程综合政策审议会，科技部长官任委员长；并成立生物工程实务促进委员会，科技部研究开发政策室长任委员长；教育部负责基础研究；科技部负责基础应用开发研究，如尖端前沿研究和目的基础研究；保健福利部、产业资源部、农林部、环境部、海洋水产部等负责各自领域现实面临的实用技术研究。科技部作为制订计划的主管部门，根据生物工程育成法的规定，对各部门有关生物工程技术开发计划的实施行使综合调整职能（袁世升，2000b）。

2. 纳米科技推广计划

由韩国科学技术部发表的"纳米科技推广计划"草案 2003 年下半年正式生效。推广计划包括成立一个隶属于科学技术部之下的特别小组，由副部长领导，成员包括 25 个政府办公室以及非官方的专家。推广计划也委托科学技术部建立一套五年一期的长期计划，逐步发展纳米科技。同时制定联盟策略，将纳米科技结合生物科技、信息科技等高科技，以开拓这些创新科技的市场潜力。另外，科学技术部将另建立一个纳米科技咨询小组，其功能为政策制定与推广研究，此小组将囊括 30 名来自教育界、产业界、与研究机构的专家。每年，科学技术部会将推广研究的进度与发展状况，告知政府其他相关单位，以便各单位建立并实施相关计划；每三年发布纳米科技人力资源的供需情况；科学技术部的附属单位也将定期调查纳米科技相关仪器及设备状况。最后，结合教育及人力资源发展部、产业能源部建立一套新的量测标准，扩大专家培育的基础建设。

3. 零部件、材料核心技术研发计划

为解决国内零部件工业竞争力低、核心零部件需大量进口问题，科技部、产业资源部和信息通信部共同制订并实施了"零部件、材料核心技术研发计划"，计划从 2004 年以后的 10 年间投资 1 万亿韩元开发零部件产业原创技术。为此，政府从以下三个方面入手。

（1）强化基础研究。2004 年，政府基础研究投资 2836.25 亿韩元，占研发总额的 20.7%，重点支持大学开展基础研究。具体包括增加研发经费及设施，加大对科学研究中心（SRC）、工程学研究中心（ERC）和先导基础科学研究室（ABRL）研发活动的支持力度。2007 年把基础研究投入在研发中所占比例增至 25%，对大学的研发投入所占比例提高到 15%，到 2010 年使基础研究接近世界水平，培养出一批世界水平的科学家。

（2）扩大人才培养。建立按需培养的教育体制，国家加强对理工大学的支持，培养下一代增长动力产业发展所需的高级复合型人才 1 万名，扩大海外留学、进修，支持在海外获得学位。早期发现和培养科学英才，扩大一般学校的英才教育，扩充教育厅、大学英才教育院设施，并进行海外研修、合作研究、招聘国外人才等。

（3）发展和扩大国际科技合作。实施研究开发国际化计划，通过不断扩大国际科技合作，有效利用国际智力资源，提升研发水平和能力。重点推进双边及多边合作研究、建立合作研究中心，举办各种国际合作活动等。此外，政府还进一步扩展了对韩国机械和材料研究院-美国麻省理工学院（KIMM-MIT）技术合作中心、韩俄合作中心、韩中合作中心、韩英合作中心的支持，积极参与经济合作与发展组织（OECD）、亚太经合组织（APEC）、东盟（ASEAN）、联合国亚太地区经济社会委员会（ESCAP）等国际机构的科技活动。强调要加强区域合作，与中国、日本构筑合作网络，计划以韩中日为中心设立亚洲技术合作基金，建立三国共同资助的合作研究共同体；设东北亚科技合作计划，构筑东北亚科技信息交流网络（张强，2005）。

4. 下一代增长动力产业技术发展计划

"下一代增长动力产业技术发展计划"于 2003 年制订，2004 年正式实施，由各领域专家经综合评估和预测，选定了新能源、生物、电子、机械、航空、

环保等领域的 49 个超一流技术课题，科技部、产业资源部和信息通信部分担责任，分出先后发展顺序进行研发，目标是使开发能先期占领世界市场的一流产品，让其成为未来经济发展的主导产业。为此，在国家科学技术委员会设"下一代增长动力促进特别委员会"，由专家组成事务委员会经营。2004 年，该计划投资 4049 亿韩元开发了 48 个新一代战略产业的 141 个课题，其中包括智能机器人、未来型汽车、新一代半导体、新一代移动通信、新一代电池、生物新药等。到 2012 年要使下一代增长动力产业技术达到发达国家 90％的水平，开发出世界一流产品 200 种以上（张强，2005）。

5. "世界一流材料"项目计划

韩国知识经济部 2009 年 11 月 16 日发布了大力发展零部件及核心原材料产业的对策。根据该对策，韩国政府计划在 2018 年之前投资研发具有全球竞争力的十大核心工业原材料，将零部件及材料产业培育成主要的出口产业。到 2018 年，使韩国成为工业实力最强的世界四大制造商之一，工业产品零部件出口额从 2008 年的 1835 亿美元扩大到 5000 亿美元。在韩国总统李明博相继主持的两次经济政策会议上，确定了"世界一流材料"（world premier materials，WPM）项目计划。根据这一计划，韩国正在遴选全球市场上高需求、高增长的核心零部件和材料技术领域。韩国企划财政部于 2010 年正式推出了"世界一流材料"项目计划。韩国知识经济部评估 WPM 计划在 2018 年前，可在全球市场获得 10 亿美元以上的营业收入，期许达到 30％以上的全球市场占有率，未来将投入 1.2 兆韩元（约 10 亿美金）支持 10 大核心材料企业厂商。

如表 2-25（叶仰哲，2011）所示，十项核心材料中有柔性显示器基板材料、高能源二次电池电极材料、高纯度碳化硅材料与 LED 用蓝宝石结晶材料等四项与电子材料相关，即韩国看好未来柔性显示器兴起与 LED 在照明行业的发展。此外新兴的纳米复合材料，以及氨基酸、蛋白质、移植等生物医学材料也值得投入开发；而传统的金属（钢材与镁合金）与纤维材料加以改质或增加表面处理后也具有发展潜力。

表 2-25　十大核心材料计划项目

项目	主导厂商	计划至 2018 年投资/亿韩元	预估 2018 年全球市场规模/兆韩元
环保智能表面处理钢材	POSCO	221.5	244
运输交通用轻型镁合金材料	POSCO	1481.2	2.7
节能纳米复合材料	LG Chem	3867.3	10
多功能薄膜材料	Kolon FM	731.5	113

续表

项目	主导厂商	计划至 2018 年投资 /亿韩元	预估 2018 年全球市场规模 /兆韩元
柔性显示器基板材料	Cheil Industrial	366.3	8
高能源二次电池电极材料	SamsungSDI	1214.9	7
生物医用材料	Amino Logics	153	11
高纯度碳化硅材料	LG innotek	664.3	3.7
LED 用蓝宝石结晶材料	Sapphire Technology	1 374.3	2.4
低碳型纤维及树脂等	Hyosung	430.5	1.8

此外，韩国政府最终选定 20 项可以抢先攻占全球市场的核心零组件名单，将氟化氩（ArF）级光阻剂、电子纸（E-Paper）用涂层材料、高端环氧树脂模塑料用环氧树脂以及生物分解性长纤维等材料列入。

2011 年 11 月 1 日，知识经济部发表了以培养材料产业为核心的《材料·零件，展望未来 2030》。韩国政府认为，虽然零件的竞争力在某种程度上已经进入高速轨道，但材料领域依然脆弱。因此，对于材料和零件研发的预算，政府决定在 2020 年年前把材料领域预算的比例由去年的 43.5％提升至 60％（曹旻槿，2011）。

四、材料科技研发投入

韩国政府一直将科学技术视为经济发展的主要动力，不断加大科技投入，大力培养人才，积极引进国外资金和技术，使国家整体科技水平迅速提高，取得了令人瞩目的成就。在广泛吸收各国先进技术的基础上，把培养和增强自主创新能力作为国家的基本政策，是韩国科技进步成功的重要经验。

2008 年，韩国的研发经费达到 439.06 亿美元，占 GDP 的 3.36％（图 2-25），超过了英国的研发经费投入，接近法国的水平。20 世纪 80 年代以来，随着经济实力的增强和发展高科技的需要，韩国的研发经费投入也大幅增加，除了由于亚洲金融危机在 1998 年、1999 年稍有下降外，经费总额一直保持持续增长态势，研发经费投入强度不断加大，到 2008 年已高于大多数 OECD 发达国家。2008 年，李明博总统上台后，提出了到 2012 年韩国研发经费占 GDP 的比例达到 5％的雄心勃勃的目标。

韩国在研发经费投入方面经历了由政府主导型向企业主导型的转变。2008

年企业投入研发经费 320.00 亿美元，占 72.88%。近年来，政府经费投入额和
所占比例在不断提高，增长幅度超过企业投入，2008 年投入研发经费 111.56 亿
美元。高校和私人非营利机构 2008 年投入研发经费 6.16 亿美元，占 1.40%，
如图 2-26 所示。

图 2-25　1991～2008 年韩国研发经费总额及占 GDP 比例的变化趋势①
*按购买力平价现值美元计

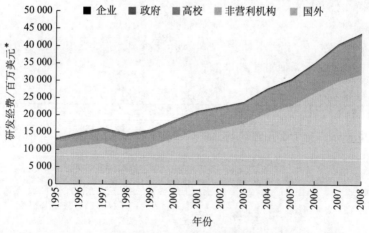

图 2-26　1995～2008 年加拿大研发经费按来源部门的变化态势①
*按购买力平价现值美元计

① http://stats.oecd.org/index.aspx

　　韩国政府非常重视科学技术在经济社会发展中的作用，对其支持力度不断加大。2009 年韩国政府研发预算达到 12.34 万亿韩元，比上年增长了 13.8%。其中，基础研究预算为 2.77 万亿韩元，占 22.48%；应用研究预算为 8.57 亿韩元，占 69.40%。作为韩国最主要的科技主管部门，教育科学技术部和知识经济部的研发经费最多，分别占政府研发投入总额的 31% 和 32%。

　　中央政府资助研究机构（GRI）是国家研发活动的重要力量和国立科研机构的主体。主要承担基础、先导、公益研究和战略储备技术开发。教育科学技术部（MEST）的基础科学技术研究会（KRCF）和知识经济部的产业科学技术研究会（ISTK）分别下辖 13 家 GRI。他们是韩国最主要的国立科研机构。GRI 具备财团法人资格，以企业经营方式和公共机构运营方式相结合的混合方式运营。

　　根据瑞士最新发布的《2013 年世界竞争力年鉴》排名，韩国国家竞争力位列第 22 位。而且韩国目前还是在全世界排名第六位的知识产权大国。韩国政府对材料科技的研究非常重视，其材料科技发展战略目标是继美国、日本和德国之后成为世界产业第四强国，同时，材料科技是确保 2025 年韩国国家竞争力的六项核心技术之一，也是为其他领域技术突破的铺路技术。

五、主要材料研发机构

　　韩国从事材料科学技术研究的大学和研究机构及其主要研究方向，见表 2-26，其中大学 9 所，研究机构 3 家。

表 2-26　韩国材料技术研究机构和大学

大学/机构名称	主要研发机构	研究方向
首尔国立大学	工程学院-先进材料研究所	半导体电子材料、有机材料、高分子材料、金属和陶瓷材料、新功能材料
韩国高等技术研究院	材料科学与工程系	电磁材料、纳米材料、复合材料、显示材料、高分子材料、计算机模拟分析
延世大学	材料科学与工程系	信息技术、纳米技术、生物技术、清洁技术、能源技术、空间技术和结构技术等尖端材料技术
汉阳大学	工程学院-材料科学与工程系、下一代发电设备用材料研究与人才培养中心	金属材料、合金、铁/钢、纳米粉体材料，电子化学、半导体材料及加工、纳米电子器件、光电子、能源材料、磁、陶瓷和生物材料 燃气轮机发电设备用材料

续表

大学/机构名称	主要研发机构	研究方向
浦项工科大学	材料科学与工程系、先进航空航天材料中心	电子信息技术材料、先进的结构材料、环境/能源材料（POSTECH，2012a） 轻合金、高强度合金、高温合金和复合材料；信息材料中心/信息产生、传输、存储和显示材料；超功能材料中心/超功能材料和分子纳米器件（POSTECH，2012b）
韩国科学技术研究院	纳米设备研究中心、纳米材料研究中心、纳米生物研究中心、材料科学和技术研究部	纳米材料、纳米生物研究及其应用等
仁荷大学	材料科学与工程系	复合材料、高分子材料与表征、结构材料、工程电子材料、耐热材料、陶瓷、有色冶金、人造纤维等（INHA University，2012）
釜山国立大学	工程学院-材料科学与工程系、有机材料科学与工程系、生物材料工程系	有机无机材料，合成树脂 3D 显示器（OLED、FED、电子纸），电池（二次电池和燃料电池）、生物医药和下一代器官（Pusan National University，2012）
高丽大学	工程学院-材料科学与工程系	微纳米、生物系统技术等
忠南国立大学	材料工程系	纳米材料、太阳能电池材料、永磁材料、合金材料等（Korea University，2012）
韩国机械与材料研究院（KIMM）	印刷电子部 纳米制造技术部	纳米机械系统、智能制造、环境系统、能源等应用材料研究（Korea institute of machinery & materials，2012）
全北国立大学	材料科学与工程学院、材料科学与冶金工程学院	生物材料、化学和电化学材料、计算材料、电子、磁性和光学材料、结构材料（Kyungpook national university，2012）

注：Materials Science and Engineerig. http：//www. yonsei. ac. kr/eng/academics/colleges/engineering/mse/index. asp［2012-1-10］

1. 韩国科学技术研究院

韩国科学技术研究院（Korea Institute of Science and Technology，KIST）始建于1966年，是韩国政府支持的、最大的综合性科研机构。1981年与理工类教育机构——韩国高等技术研究院（KAIST）合并，成立了韩国科学技术研究院，1989年教育与研究机构分离，KIST 重新设立。KIST 设有融合技术实验室（神经科学中心和计算科学中心）、纳米科学研究部、材料科学和技术研究部、智能系统研究部、能源与环境研究部、生命科学研究部、研究协调部、政策规划部、商用技术开发部、管理服务部等研究和管理部门。其主要承担国家大型、复合技术开发，其中包括基础及应用科学研究和原创技术开发，也接受企业委托研究。

135

KIST下属与材料领域相关的研究部门主要有纳米设备研究中心、纳米材料研究中心、纳米生物研究中心、材料科学和技术研究部，每个部门都分别有主要研究领域，如表2-27所示。

表2-27　KIST材料领域主要研究方向

科研部门/中心	材料领域主要研究方向
纳米设备研究中心	物理性能的纳米级半导体低维结构、电器/光学仪器纳米级半导体低维结构应用、量子级联激光器、硅基量子点的制作和应用、下一代光学电子设备研究、新一代非挥发性存储器，如相位变化随机存取存储器（PRAM）、电阻式随机存取存储器（ReRAM）研究，应用原子层沉积纳米材料和纳米处理等
纳米材料研究中心	零维–一维混合纳米结构发展、纳米粉体的综合和应用、电介质陶瓷材料发展
纳米生物研究中心	基于微机电系统（MEMS）技术的红外传感器技术、确保电信安全的量子密钥分配系统、基于纳米力学压电悬臂梁和光波导的纳米生物传感器、高温超导微芯片、使用纳米线和纳米间隙（Nanogaps）的纳米生物传感器、基于MEMS的传感器的焦内窥镜、太空舱和细胞机器人、纳米表面工程、生物材料的性能测试等
材料科学和技术研究部	功能材料、复合材料、薄膜材料和处理、能源材料、下一代发电站结构材料

2. 首尔国立大学

首尔国立大学是韩国最早的国立综合大学，成立于1946年。2008年，该校设有23个学院、65个研究所、50个国家资助的研究中心等。截至2010年4月，该校共有本科生16 325人、硕士生7712人、博士生2904、教授1207人。从事材料领域研究的主要是工程学院下设的先进材料研究所，主要从事半导体电子材料、有机材料、高分子材料、金属和陶瓷材料、新功能材料等方面的研究[①]。

3. 韩国高等技术研究院

韩国高等技术研究院（Korea Advanced Institute of Science and Technology，KAIST），始建于1971年，是韩国以研发为主的、最大的理工大学。其拥有国际一流的教育、研发设施，实施学士、硕士和博士连读制度，采用教学和科研相结合的人才培养制度，培养了一大批具有较高理论知识和实际应用能力的高级人才。该校从事材料领域研究的有材料科学与工程系，研究包括电磁材料、纳米材料、复合材料、显示材料、高分子材料、计算机模拟分析等相关研究方向。

---

① About SNU. http：//en. snu. ac. kr/about/ab0103. jsp［2011-11-30］

核心研究领域包括半导体和包装材料、半导体氧化物、半导体电子器件、太阳能电池、传感器、平板显示器、微机械、量子器件、超耐热合金、轻合金、非晶材料、复合材料、储氢金属、混合材料、燃料电池材料等材料结构和属性的研究，以及化学和物理沉积和涂层工艺材料、等离子体应用、晶体生长和相变、合金的相关制造工艺，以及在金属、陶瓷、聚合物和半导体中的各种现象研究，如界面运动、相平衡、弹性和可塑性、耐腐蚀性和电化学、蠕变和疲劳等①。

4. 三星综合技术院

韩国三星电子成立于 1969 年，是集电子、机械、化工、金融及贸易服务为一体的集团公司，是韩国的特大型企业之一，也是世界著名的跨国公司。三星综合技术院（SAIT）是三星电子的核心研究机构。从 1987 年建立至今，该院在以下 9 个领域进行了大量研发工作：计算与智能、通信与网络、嵌入式系统解决方案、显示器、半导体、微系统、能源与环境、生命与健康以及高级材料②。

六、总体发展趋势

韩国十分重视国家技术预见和中长期科技规划工作，在确立国家目标的基础上，确定优先发展的关键技术，进而确定科技政策。科学技术基本计划在韩国各项科技政策和规划中是最上位的规划，纳米材料技术、复合材料技术等多项材料相关技术被列为重点培育技术，足以表明韩国政府对材料技术的重视程度。

韩国政府在关键技术的选择和实施各种国家重大科技规划过程中，十分注重技术与产业的结合，注重吸收政府、企业、大学和科研机构等方面的专家、学者参与，形成了具有本国特色的科技发展战略和规划，对国民经济发展和产业结构调整起到了积极的推动作用。

韩国将力争成为世界新材料科技产业强国，韩国在"2025 年构想"中列出了为未来建立产业竞争力开发必需的材料加工技术清单，包括下一代高密度存储材料、生态材料、生物材料、自组装的纳米材料技术、未来碳材料技

---

① Academic Programs. http：//www. kaist. edu/edu. html［2011-11-30］

② 三星综合技术院 . http：//www. samsung. com/cn/aboutsamsung/samsunggroup/affiliatedcompanies/SAMSUNGGroup _ SAMSUNGAdvancedInstituteofTechnology. html［2011-12-09］

术、高性能结构材料、用于人工感觉系统的智能卫星传感器、利用分子工程的仿生化学加工方法、控制生物功能的材料。同时，韩国还制定了与新材料相关的一系列产业化激励政策，如"纳米科技推广计划""零部件、材料核心技术研发计划""下一代增长动力产业技术发展计划""世界一流材料"项目计划等。

第三章

若干战略性材料发展研究

第一节　稀土材料发展研究

　　稀土就是化学元素周期表中镧系元素——镧（La）、铈（Ce）、镨（Pr）、钕（Nd）、钷（Pm）、钐（Sm）、铕（Eu）、钆（Gd）、铽（Tb）、镝（Dy）、钬（Ho）、铒（Er）、铥（Tm）、镱（Yb）、镥（Lu），以及与镧系的 15 个元素密切相关的两个元素——钪（Sc）和钇（Y），共 17 种元素，称为稀土元素，简称稀土（RE 或 R）。

　　稀土一般是以氧化物状态分离出来的，又很稀少，因而得名为稀土。通常把镧、铈、镨、钕、钷、钐、铕称为轻稀土或铈组稀土；把钆、铽、镝、钬、铒、铥、镱、镥、钇称为重稀土或钇组稀土。也有的根据稀土元素物理化学性质的相似性和差异性，除钪之外（有的将钪划归稀散元素），划分成三组，即轻稀土组为镧、铈、镨、钕、钷；中稀土组为钐、铕、钆、铽、镝；重稀土组为钬、铒、铥、镱、镥、钇。

一、稀土的战略意义和关键科学问题

　　世界稀土资源分布极不均匀，根据美国地质调查局 2010 年公布的稀土统计数据，世界稀土储量约 1 亿吨，基础储量约 1.5 亿吨（以稀土氧化物（REO）计）。中国稀土资源丰富，储量占世界之首。稀土是非常重要的战略资源，它是很多高精尖产业必不可少的原料，中国有不少战略资源，如铁矿等贫乏，但稀土资源却非常丰富。在当前，资源是一个国家的宝贵财富，也是发展中国家维护自身权益，对抗大国强权的重要武器。稀土是一种同时具有电、磁、光以及生物等多种特性的新型功能材料，是信息技术、生物技术、能源技术等高技术领域和国防建设的重要基础材料，同时也对改造某些传统产业，如农业、化工、建材等起着重要的作用。稀土用途广泛，可以使用稀土的功能材料种类繁多。稀土产业正在形成一个规模宏大的高技术产业群，有着十分广阔的市场前景和极为重要的战略意义。

稀土是世界公认的发展高新技术、国防尖端技术、改造传统产业不可或缺的战略资源，是 21 世纪新材料的宝库，发达国家均将稀土新材料及其相关应用产业作为重点发展领域。美国、日本等发达国家除加紧稀土矿产勘探，强化稀土资源战略储备之外，还不断开展稀土回收，高效利用和替代技术的研究。我国稀土资源储量大、分布广，矿物种类齐全。经过 50 多年的发展，我国建立了较完整的稀土产业链和工业体系，发展成为世界稀土生产、出口和消费的第一大国，在世界上具有举足轻重的地位。随着我国稀土工业的快速发展，稀土矿产资源的消耗速度加快，稀土提取过程中资源利用率低和环境污染问题日益严重；稀土应用领域广，但应用不均衡问题一直困扰着稀土行业发展；稀土高纯化难度大，难以满足当今高新技术领域日新月异的发展要求。如何高效、绿色地提取稀土，提高稀土资源利用率和应用附加值，实现稀土的均衡应用等，是我国稀土科技和产业发展中亟待解决的问题。

二、稀土主要政策和计划分析

美国、日本、欧盟、韩国等都非常注重稀土以及稀有金属的来源、供应、储备、利用等，制定和发布了相关的政策和计划（表 3-1），并采取了一系列措施来保证本国的稀土原材料供应（冯瑞华等，2010）。

表 3-1 主要国家原材料政策目标、商业政策、研究政策和关注的原材料

国家或组织	目标	商业政策	研发政策	关注的原材料
美国	确保军事和民用领域的原材料供应	提供贷款担保；税收抵免；战略储备；汽车制造业先进技术；激励计划	美国能源部、地质调查局、国防部、国家科学基金会、国家海洋局、标准技术研究院和环保局等都支持相关研究计划和项目；支持基础研究和大规模技术实施的创新；支持从低风险革新型项目到高风险高回报型实验项目；特殊材料和替代材料研发	锂、钴、镓、锗、钕、镝、钐、镧、铈、镨、钇、铽、铟、碲

续表

国家或组织	目标	商业政策	研发政策	关注的原材料
日本	日本工业获得稳定的原材料供应	资助国际矿产勘查活动； 为高风险矿产项目提供贷款担保； 战略储备； 信息收集	经济产业省与文部科学省为替代材料研究提供经费支持； 通过 JOGMEC 资助探索、开采、提炼和安全研究	镍、锰、钴、钨、钼、钒
欧盟	在欧洲经济区减少潜在材料供应短缺的影响	开放的国际市场矿产贸易政策*； 信息收集*； 土地使用政策简化*； 提高回收利用效率*	提高材料应用效率； 寻找原材料替代品； 改善最终产品的收集和回收	锑、铍、钴、镓、锗、铟、镁、铌、稀土、钽、钨、萤石、石墨
韩国	确保韩国关键支柱产业的可靠原材料供应	金融支持韩国企业的海外矿产开发； 与资源丰富国家建立自由贸易协定和谅解备忘录； 战略储备	回收最终产品； 为可回收做好设计； 替代材料开发； 提高生产效率	砷、钛、钴、铟、钼、锰、钽、镓、钒、钨、锂、稀土
澳大利亚	维持采矿业投资	资源开采低税收； 矿产利润高税收； 矿产勘探退税； 土地许可申请快速周转	促进采矿业的可持续发展实践	钽、锗、钒、锂、稀土
加拿大	促进矿产和金属资源可持续利用，保护环境和卫生，确保吸引力的投资环境	加强循环回收业，并纳入产品设计环节； 环境性能和矿物管理问责制； 矿产管理和使用采用生命周期方法	提供综合地球科学信息基础设施； 提高开采进程中的技术创新； 发展增值的矿物和金属产品	铝、银、金、铁、镍、铜、铅、钼
中国	通过行业整顿、降低生产过剩和减少非法贸易，保持国内原材料稳定供应	提高稀土出口关税，稀土出口配额； 禁止外国公司开采稀土； 行业整顿； 统一定价机制*； 生产配额； 暂停新采矿许可证发放	稀土分离技术和新稀土功能材料开发； 稀土冶金，稀土光、电和磁性质研究，稀土基础化学科学研究	锑、锡、钨、铁、汞、铝、锌、钒、钼、稀土

﹡指提议的政策

1. 美国

美国为防止稀土供应的减少对本国相关产业发展产生影响，正采取行动重整稀土战略。美国能源部拟定战略，以增加美国产量、寻找替代材料并提高稀土使用效率。美国众议院提出了稀土法案并呼吁建立国家的稀土储备。美国国防部也将完成有关美国军方对稀土依赖度的研究，在向国会提交的国家战略安全储备重新配置报告中提出对多种稀土关键原材料来源的风险进行评估。美国还加紧稀土矿产的勘探工作，并重启加利福尼亚州稀土矿。美国能源部、国家科学基金会等政府机构还大力支持稀土替代材料和回收利用研究。

1）美国能源部积极开展稀土战略研究，确保稳定的稀土供应链

美国能源部官员 2010 年 3 月 17 日发表声明称，能源部将致力于部署稀土供应的战略计划。该战略计划还将得到国防部、国会以及其他联邦机构的协助。稀土战略计划预计将分三个层面：第一，要多样化稀土的供应链，既要推动美国本土的原材料开采、精炼和生产，又要积极寻求国际份额；第二，致力于替代产品的开发，鼓励美国的稀土消费企业研发使用较低战略性的资源；第三，提高稀土资源的利用效率以及回收再利用水平，以减少对进口的过度依赖。

美国能源部 2010 年 12 月 15 日首次发布了《关键材料战略》（*Critical Materials Strategy*）报告，重点关注风力发电机、电动汽车、太阳能电池和高效照明等清洁能源技术领域的关键材料供应（表 3-2）。确立的优先研究主题包括磁体、电池、光伏薄膜和荧光粉的稀土替代研究；环境友好的采矿和材料加工；回收利用。该报告还指出关键材料通常只占清洁能源技术总成本的一小部分。因此，这些材料价格的上涨可能不会对最终产品价格或技术需求产生重要的影响。特别是在中期和长期内，良好的政策和战略投资可以减少供应中断的风险（DOE，2010b）。

表 3-2　关键材料与清洁能源技术

关键材料		太阳能电池	风力涡轮	车辆		照明
		光伏薄膜	磁体	磁体	电池	荧光粉
稀土	镧				●	●
	铈				●	●
	镨	●	●	●		
	钕	●	●	●		
	钐	●	●			
	铕					●
	铽					●
	镝	●	●			
	钇					●
	铟	●				
	镓	●				
	碲	●				
	钴				●	
	锂				●	

2）美国众议院通过稀土法案，呼吁建立国家稀土储备

据美国《防务新闻》2010年3月18日报道，美国众议员麦克考夫曼提出了稀土法案，要求国防部和其他联邦部门振兴美国的稀土工业，并呼吁建立国家的稀土储备。该法案称，美国应当采取措施建立具有全球竞争力的国内战略性原材料工业，确保美国国内市场的自给自足，实现采矿、加工、冶炼和制造的多元化。鉴于稀土不是美国国家储备，该法案要求国防部长开始购买对国家安全至关重要的稀土矿产品，并将之纳入国家储备。新法案将要求在法律生效后，国防储备中心从中国直接购买供五年使用的稀土。

新法案还要求确认目前全球稀土的市场状况，外国对其战略价值评判，国防部和国内制造业的稀土供应链脆弱性等。2010年9月29日，美国国会众议院已经通过了H. R. 6160号法案，即《2010年稀土与关键材料振兴法案》（*Rare Earths and Critical Materials Revitalization Act of 2010*），授予在美国境内开发稀土资源的权限，以解决短期性的材料缺乏，确保对美国国家安全、经济与产业方面需求的长期供应。

3）国防部把稀土作为国防军事安全战略材料，注重来源风险评估

美国国防部每年都向国会提交《国家战略安全储备需求报告》（*Report to the Congresson National Defense Stockpile Requirements*）。2009年4月，国防部向国会提交了《国家战略安全储备重新配置报告》（*Reconfiguration of the National Defense Stockpile Report to Congress*）分析了美国战略安全领域的关键材料及其国内外供应情况，重点分析了确保美国国内不能生产的关键材料供应和满足国防需要所采取的措施。报告指出了未来可能采取的措施或行动，包括修订国家战略材料安全计划（strategic material security program，SMSP），发展集成方法加强战略材料管理；修改战略与关键材料储备法对战略材料安全计划的资助，确保必需的战略材料能应对目前和未来的需求和威胁。报告还提出对关键原材料来源的风险进行评估。根据美国国防分析研究所战略原材料风险评估报告，53种战略材料中有22种存在供应不足、接近不足或存在问题（基于国防部长办公室2008年调查数据），其中就包括钇稀土元素。引起生产延误的原材料有19种，其中包括铈、铕、钆、镧4种稀土元素。

国防部国防国家储备中心（Defense National Stockpile Center，DNSC）负责重要战略资源储备的管理。国防部把储备资源分为三类：标准材料（standard materials）、特殊材料（specialty materials）和非典型材料（nonmodel materials），其中标准材料有36种，特殊材料17种、非典型材料2种。在特殊材料中，包括钇稀土元素。

　　2008 年美国国家研究委员会发布的《21 世纪军用材料管理》（*Managing Materials for a Twenty-first Century Military*）报告[①]指出，国防部应加强国防相关的战略关键材料的储备，进行有效的供应链管理，还应充分了解特殊材料（包括钇稀土元素）的需求以及他们的供应信息，强调了建立国家国防材料管理系统新方法的重要性。在报告中列出的 36 种战略关键材料中，其中包括铈、镨、钆、镧、钕、钐、铳、钇 8 种稀土元素。

　　2008 年美国国家研究委员会发布的《矿物、关键矿物与美国经济》（*Minerals，Critical Minerals，and the U. S. Economy*）研究报告，利用矿物关键度矩阵方法（mineral criticality matrix）对铜、镓、铟、锂、锰、铌、铂族金属（铂、钯、铑、铱、锇、钌）、稀土元素、钽、钛、钒等 11 中矿物或矿物族进行关键评估，指出美国目前处于最关键的矿物有铟、锰、铌、铂系金属和稀土金属。

　　美国能源部 2010 年 12 月 15 日发布的《关键材料战略》报告中，在所分析的材料中，5 种稀土元素（镝、钕、铽、镨、钇）和铟被评定为最关键的材料（图 3-1 和图 3-2）。

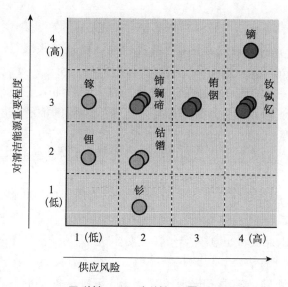

图 3-1　短期内（0～5 年）关键性矩阵

　　① Managing Materials for a Twenty-first Century Military. http：//www. nap. edu/catalog. php? record _ id＝12028 ［2008-05-20］

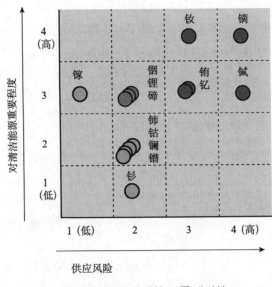

图 3-2 中期内（5～15 年）关键性矩阵

4）重启国内稀土矿，并加紧稀土矿产资源勘探工作

2010 年 2 月，美国磁铁工业界呼吁奥巴马政府迅速采取行动，恢复美国稀土开采和加工。建议建立国防需要的稀土短期储备，能源部要设立 20 亿美元的贷款担保计划以帮助西部的矿业公司建立新的采矿和加工设施。2009 年 10 月，美国钼矿业公司（Molycorp）称正准备重启荒废多年的加利福尼亚州芒廷帕斯稀土矿。该公司正在准备升级设备扩大生产，目标是在 2012 年之前稀土年产量达到 2 万吨，这个数量足以满足美国的需要，包括防务装备的需要。

美国还加紧稀土矿产资源勘探工作。2009 年 12 月 24 日，美国稀土有限公司（U. S. Rare Earths Inc.）公布了爱达荷州钻石溪进行的勘查开发计划的勘查结果，据测算总稀土含量高达 4.7%。2009 年 8 月 24 日，稀土元素资源公司（Rare Element Resources）扩大美国怀俄明州东北部贝诺杰（Bear Lodge）矿山的稀土金属资源量的钻探工程已开始进行。贝诺杰矿山的一个稀土金属矿圈定推断资源量 980 万吨，其中氧化带矿石量 456 万吨，过渡带和非氧化带矿石量 526 万吨，稀土氧化物平均品位 4.1%，折合稀土金属量 36.3 万吨。

美国地质调查局于 2010 年 11 月 16 日发布了全美稀土元素矿床调研报告（Keith et al，2010）。该报告对当前美国稀土元素的消耗和进口情况、当前美国国内资源情况，以及未来在美国国内进行稀土生产的可能性进行了总结，并重申了稀土元素的基本地理要素。报告还进一步详述了美国国内重要的稀土矿床，开发美国国内稀土资源的必要步骤，并对美国国内稀土开采情况进行了总结。

5）支持稀土替代材料研究项目和计划，开展稀土元素回收利用

美国能源部很重视稀土材料的研究，特别是在能源领域的应用研究。2010年，能源部基础科学办公室、能源效率和可再生能源办公室以及能源高级研究计划局共提供了约 1500 万美元用于研究磁体稀土材料和替代品研究。能源高级研究计划局还为下一代不需要稀土的电池技术提供了 3500 万美元的资助。车辆用稀土磁性材料是 DOE 2009 年《经济复兴与再投资法案》的重要项目，项目跨度为三年、总资助金额为 446 万美元。项目主要是开发新型高能量密度、低稀土含量的磁纳米技术，以期降低混合动力、插入式混合动力和电动汽车马达以及先进风力发电机的重量并提高效率。阿拉巴马大学获得 DOE 资助的管理科学学术联盟项目 48 万美元的基金，进行高压下重稀土金属结构和磁性研究。阿尔弗雷德大学 2003 年获得 DOE 能效和清洁能源项目 50 万美元的资助，主要研究稀土铝硅酸盐玻璃用于高强度气体放电灯和燃料电池的密封玻璃材料的适用性。DOE 的艾姆斯国家实验室、西北太平洋国家实验室、阿贡国家实验室、橡树岭国家实验室等都进行稀土元素在能源方面的基础和应用研究，如艾姆斯实验室在 2007～2011 财年实验室计划中，强调了在基础材料研究方面要成为稀土和金属间化合物的领先地位。

美国国家航空航天局（NASA）主要进行了稀土永久磁体在斯特林发动机的应用研究、稀土掺杂选择性激光器、稀土掺杂玻璃激光器以及稀土掺杂光纤激光器/放大器等方面的研究项目。

美国国家科学基金会（NSF）资助了许多稀土相关的研究项目，2005 年以来资助的稀土相关研究项目有 20 多项，资助经费达 600 多万美元。项目研究主要集中在稀土元素基础研究以及在能源、环境、医学等方面的应用。NSF 工业/大学联合研究中心 2010 年建立了资源回收和再循环中心（Center for Resource Recovery & Recycling，CR3），其主要研究项目之一为稀土金属的生产和回收。

2. 日本

2009 年 7 月，经济产业省（METI）发布了《确保稀有金属稳定供应战略》（*Strategy for Ensuring Stable Supplies of Rare Metals*），其战略核心内容，即通过各种方式保障日本的稀土供应，降低对中国资源的依赖程度，保护日本的核心利益。日本在稀有金属方面的主要政策和措施包括：战略储备，通过日本石油天然气金属矿产资源机构（JOGMEC）对重要战略资源进行收储；鼓励投资海外矿产，开发海底资源，确保日本的稀有金属资源供应；稀有金属回收、

高效利用以及替代材料方面的开发研究等（METI，2009a）。

1）强化稀有金属资源战略储备，保证官方储备和民间储备

日本始终把稀有金属的战略储备放在重要位置。早在 1983 年，日本就出台了稀有矿产战略储备制度，规定国家和部分有关企业必须储备一定数量的钒、锰、钴、镍、钼、钨、铬等稀有金属，通常情况下，日本的稀有金属储备必须足够全国两个月左右的需求。2005 年 12 月，日本经济产业省资源能源厅成立了资源战略委员会，检查考虑矿石产品特点、预期风险类型、稀有金属实施行动方式的中期措施。2006 年日本经济产业省把铟、稀土等也列为必须储备的战略物资（METI，2006）。

日本对稀有金属的储备主要分为官方储备和民间储备，官方储备主要由 JOGMEC 负责，这是一个面向日本海外矿业投资企业的服务机构，其前身是 20 世纪 60 年代日本通产省（经济产业省前身）先后成立的日本金属矿业事业团和日本石油公团。2002 年 7 月，日本国会将两个机构合并成立 JOGMEC。合并后的 JOGMEC 不再隶属于经济产业省，而是变成了一个独立运作的行政法人机构，具体职责包括国内外矿物勘探的援助和金融贷款、建筑监督、向发展中国家派遣专家和进行技术合作、国内回收利用相关技术开发等。日本稀有金属战略储备的机制，见图 3-3。民间则由特殊金属储备协会牵头，负责协调各种有关企业的稀有金属储备工作。该协会由新日本制铁、日本联合钢铁、神户制钢所、住友金属、日立金属、大同特殊钢等 30 家有关企业和团体组成。

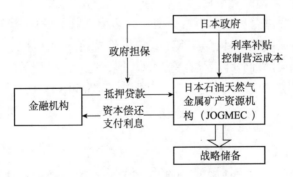

图 3-3　日本官方稀有金属战略储备机制

2）鼓励企业投资海外矿产资源，开发海底资源

（1）鼓励日本企业进行海外矿产资源投资。日本政府大力推动低碳经济和产业结构调整，对矿产资源有巨大的需求，为了保障日本矿产的供应，一直以来都鼓励日本企业进行海外矿产资源投资，包括协助日本企业进行海外矿产资

源的勘查，为企业提供融资担保。例如，JOGMEC 通常会向日本海外经济合作基金会、日本进出口银行等金融机构提供贷款担保，担保比例最高可达 80％，并和投资所在地相关方进行沟通，为日本企业创造良好的投资环境，以此获得勘探项目的股权。日本进行的海外矿产投资项目中包括越南老街省——安沛省的稀土勘探项目、澳大利亚邦德区域的稀土勘探项目、南非的稀土勘探项目以及博茨瓦纳稀土勘探项目等（Monodzukuri，2009）。随着中国最近一系列矿产投资的动作，日本也感受到了压力，正在下决心对 JOGMEC 角色进行改革，日本经济产业省正计划推动国会修改法律，来帮助日本私营企业获取更多的海外矿产资源，允许 JOGMEC 和私营企业一起合作投资海外矿产等。

（2）加快海底资源的开发利用。2009 年，日本颁布了《海洋能源及矿物资源开发计划》（草案），预示着日本可能通过对海底矿产资源的开发，来保证资源的供给。该草案显示，日本将从 2010 年度开始对其周边海域的石油、天然气等能源资源和稀土等矿物资源进行调查，主要调查其分布的情况和储量，并在十年内完成调查，进行正式的开采。该计划第一次详细表述了日本今后对于海底资源的具体开发步骤，包括海洋能源、矿物资源的调查，以及海底资源开发地区、时间及方式等基本内容。被列为开发对象的海底资源有四大项，包括白金和稀土类元素在内的钴含量丰富的锰氧化物、海底热液矿床、天然气水合物和石油天然气。

3）积极开展稀有金属回收、高效利用以及替代材料研究

日本对稀土金属的研究主要分为短期目标和中长期目标，短期研究目标为稀土金属的回收利用（3R 政策），中长期研究目标为稀土金属的高效利用和替代材料的研究。

（1）稀有金属的回收。为了解决日本面临的资源难题，日本设定了一系列法律，如《环境基本法》等，用以建立起健全的物质循环型社会。为建立基本的体制，政府实施了《废弃物处理法》以及《提高资源综合利用效率法》。此外，还实施了其他一些法律法规，对各种产品/材料的最终处理做出了规定。基于《环境基本法》，为了建立起健全的物质循环型社会，日本政府于 2001 年制定了《环境基本计划》，2008 年 3 月制定了该计划的修正案《第二期基本计划》。《环境基本计划》修正案的第二个着重点就是实现具有地域特征的物质循环区域。这一概念要求根据具体资源状况和经济环境承受能力，制定合适的废弃物处理区域。稀有金属材料需要较高的回收技术，就要考虑在全国范围内进行回收利用。日本目前正通过回收利用旧手机等电子产品来大力开采"都市稀有金属矿"。日本东京大学教授冈部彻率领的研究团队日前开发出一套从钕磁铁中有

效回收稀土的方法，回收率可以达到 80%～90%，由于磁铁中的铁不会析出，回收不会产生含有金属的废液，对环境的影响较小。

（2）稀土金属替代材料研究。根据经济产业省发布的《2010 科学与技术白皮书》（*White Paper on Science and Technology 2010*），经济产业省优先的研发项目包括开发稀有金属的替代材料的研究和开发稀有金属的高效回收系统，具体的研究工作主要由其下属新能源与产业技术综合开发机构（NEDO）开展。经济产业省 2008 年实施的为期 4 年（2008～2011 年）的"稀有金属替代材料开发"计划，当年投入预算 10 亿日元（表 3-3），目标是到 2011 年建立整套新型制造技术，将铟、镝、钨三种矿物的使用量降低到目标范围内，目前该计划又延伸至 2013 年。研究计划的具体目标有稀土金属磁体中镝的使用量降低 30%，将电极中铟的使用量降低 50%，硬质合金刀具中钨的使用量降低 30%。文部科学省"元素战略计划"的目的是在不使用稀有或者危险元素的前提下开发高性能材料，研究将在充足、可用、无害的元素中展开。环境省通过环境废物管理研究基金（Environment Waste Management Research Grant），优先资助从焚化的灰尘中回收稀有金属的研究。

表 3-3　经济产业省稀有金属替代材料研究项目

关键技术	被替代或降低使用量的稀土金属	说明
透明电极中铟降低使用量技术开发	铟	铟锡氧化物（ITO）通常包含 90% 的铟，目标是将铟含量降低 50% 以下，开发高度分散的纳米油墨和 ITO 纳米粒子合成技术
透明电极中铟替代材料技术开发	铟	氧化锌透明电极系统逐渐成为 ITO 透明电极的替代技术
稀土磁体中镝降低使用量技术开发	镝	镝是提高烧结 NdFeB 烧结磁体耐热温度不可或缺的添加剂，目标是镝使用量减少 30% 以上
硬质合金工具中钨降低使用量技术开发	钨	硬质合金工具（刀具）中钨的使用量减少 30% 以上
硬质合金工具中钨替代材料技术开发	钨	金属陶瓷刀具开发，硬金属陶瓷涂层技术等
尾气净化催化剂中铂降低使用量和替代材料研究	铂	铂抑制烧结技术、铁等过渡金属替代材料开发、催化反应等离子体处理技术、柴油尾气净化铂催化剂使用量减少技术等
精密抛光用铈降低使用量和替代材料技术开发	铈	降低磨料铈使用量超过 30%
荧光材料铽、铕降低使用量和替代材料技术开发	铽、铕	荧光材料中铽、铕等使用量降低 80% 以上。建立新的高速理论计算方法和材料化学合成工艺，建立新的荧光高速评价方法，开发新的玻璃材料，以减少荧光损失技术开发等

4) 日本大型企业多种渠道获取稀土资源

日本多家大型企业都依赖稀土资源，通过多种渠道获取。日本丰田公司与越南达成稀土矿的相关协议，确保了钕和镧材料在丰田汽车的电动发动机中的使用。日本丰田公司 2010 年 12 月 8 日宣布打算在印度东部新建一座稀土矿提炼工厂，新工厂选址印度奥里萨邦，定于 2011 年年初动工、同年底投产，主要提炼混合动力车发动机所用钕等 3 种稀土金属，预计稀土年产量为 3000 吨至 4000 吨。

日本最大的两家商社签署了一项重要的供应协议，旨在打破中国对稀土金属供应的控制。根据协议，住友公司和三菱公司将从美国加利福尼亚州的芒廷山口矿场联合进口 4000 吨铈、镧、钕及其他元素。此外，日本双日株式会社希望从澳大利亚和越南进口 1.5 万吨稀土。日本政府高层人士表示，日本的目标是到 2015 年使从中国进口的稀土量降至现在的五分之一以内。

日本一面指责中国在稀土出口上对其"差别对待"，一面以各种隐蔽手段继续从中国变相获取稀土资源。日本三井物产等综合商社利用从中国进口碎玻璃等"废弃物品"，从中提取获得镧、铈等稀土元素。

3. 欧盟

欧洲稀土资源储量很少，而稀有金属等原材料对于在欧洲制造的许多产品都尤为重要，需依赖从中国或印度等国进口，最近欧盟开始审查其战略资源供应方面的弱点。欧盟不仅积极就我国限制战略原材料出口向世界贸易组织（WTO）提起诉讼，还采取措施保证其原材料的供应。欧盟还与日本就稀土稳定供应达成协议，表明欧盟愿与日本就稀土新技术开发、稀土调配的国际交涉采取一致的步调。

1) 公布新贸易战略，以稀土为突破口强化对华合作

2010 年 11 月 9 日，欧盟公布了名为《贸易、增长与全球事务》的未来五年全球贸易战略蓝图讨论文件，其中分析了贸易如何推动欧盟经济增长并创造就业，并提出削减贸易壁垒、打开全球市场、让欧盟企业更加公平地参与竞争的战略。新战略多方面涉及中国，欧盟将会向中国提出更加苛刻的要求，如在开放公共采购、保护知识产权、稀缺资源供应、市场准入、反对贸易保护等方面。2010 年 12 月 21 日，第三次中欧经贸高层对话在北京结束，在稀土出口方面，欧盟得到了中国的承诺，将确保对欧盟的稀土供应。

2) 提出新的原材料发展战略，应对需求危机

2008 年 11 月，欧盟提出了新的原材料发展战略以应对欧洲对于原材料

需求的危机，新战略中提及的原材料中包括多种稀有金属。在新战略中，欧盟委员会建议欧盟应首先确定哪些原材料是至关重要的，并从以下三方面保障原材料供应：在国际层面上消除第三国对原材料贸易的限制性做法，确保欧盟进口；挖掘欧盟内部资源，促进原材料可持续供应；提高资源使用效率和回收利用。新战略还提出，欧盟应锁定第三国扭曲原材料贸易的行为，并利用一切可能手段，包括诉诸世界贸易组织争端解决机制，迫使对方加以纠正。

3）监测重要原材料供应，特别是稀土供应

欧盟委员会 2009 年建立专家组开始监测 49 种重要原材料的供应情况。该专家组已提出了原材料供应的三种风险：进口风险，指原材料进口自政治不稳定的地区或市场经济不起作用的国家；欧盟内生产风险，指面临获得土地等潜在问题；环境风险，从环境角度评估原材料的使用。目前，欧盟尤其担心稀土的供应，特别是预计用于磁体的钕将出现短缺。

2010 年 6 月，欧盟委员会专家组发布了一份名为"欧盟关键原材料"（*Critical Raw Materials for the EU*）的报告，在被分析的 41 种矿物和金属中，有 14 种被认为是"关键的"。这 14 种关键矿物原材料是锑、铍、钴、萤石、镓、锗、石墨、铟、镁、铌、铂系金属、稀土、钽、钨。这些原材料很大一部分产量是来自欧盟以外的国家，如中国（锑、萤石、镓、锗、石墨、铟、镁、稀土、钨）、俄罗斯（铂系金属）、刚果（金）（钴、钽）、巴西（铌、钽）等。因此，专家组提出以下建议：每五年更新一次欧盟关键原材料列表，并扩大危险程度评估范围；制定政策，获取更多的主要资源；提高原材料及含原材料产品的循环使用效率；鼓励替代特定原材料，特别是推动关键原材料的替代研究；提高关键原材料的整体材料效率。

4. 韩国

韩国也非常注重稀有金属资源，积极进行储备，不仅用于战略储备，还用于工业储备。韩国采取了扩大稀有金属储备名单，计划推动稀有金属材料发展综合对策，出台"强化海外资源开发力度方案"，与南非、越南、澳大利亚等合作开发稀有金属等矿物资源的一系列措施，保证本国的资源供应。

1）扩大稀有金属储备名单，不断提高稀有金属储备规模

对于稀有金属资源，韩国也是积极进行储备，不仅用于战略储备，还用于工业储备。2008 年 3 月，韩国将铟、钨、钼、锗等在内的 12 种稀有金属列为"国家极为稀缺的战略资源"，同时强调这只是国家加大战略资源储备力度的第

一步，另外 19 种战略资源也将是韩国一直关注的目标。2008 年 7 月，韩国知识经济部决定增加稀有金属储备，将采取官方和民间企业合作的方式，不断提高稀有金属储备规模，到 2012 年将稀有金属储备种类由 2008 年的 12 种，增加到 22 种，规模由 2008 年的满足国内 19 日使用量，增加到满足国内 60 日使用量。2010 年 10 月，韩国知识经济部宣布将投资 1500 万美元，在 2016 年年前储备 1200 吨稀土。

2）韩国政府计划推动稀有金属材料发展综合对策

2009 年 11 月 27 日，韩国政府发表《稀有金属材料产业发展综合对策》，截至 2018 年计划投入 3000 亿韩元，开发二级电池、液晶显示器（LCD）及 LED 等尖端产业所需锂、镁等金属原创技术。《稀有金属材料产业发展综合对策》主要内容包括：①选定锂、镁等十大稀有金属的 40 项主要原创技术；②截至 2018 年投入 3000 亿韩元进行技术开发；③将稀有金属自给率从目前的 12％提高至 80％；④积极培育稀有金属专门企业，将目前仅有的 25 家专门企业增加至 100 家；⑤依地区组成稀有金属产业联盟；⑥于 2010 年在仁川松岛设立稀有金属产业综合支持中心；⑦将稀有金属储备量扩增到 60 天；⑧批准回收企业进驻产业园区。

3）出台“强化海外资源开发力度方案”，与多国合作开发稀土资源

韩国知识经济部 2010 年初出台的“强化海外资源开发力度方案”，将非洲国家选定为重点进行资源能源合作对象，积极开展资源能源外交。2010 年 10 月 12 日，韩国知识经济部部长与哈萨克斯坦副总理就两国共同开发包括稀土类在内的稀有金属资源签订了政府间的谅解备忘录，两国决定在共同采掘资源上进行持续的协商。2010 年 12 月，韩国知识经济部副部长朴永俊出访日本，就联合开采、稀土替代材料以及循环技术等展开了讨论，韩日联合采取行动保证稀土等资源。2011 年 1 月 4 日，韩国政府公布的一份声明中称除了与日本合作在海外开发稀土资源以外，韩国今年将在越南、澳大利亚、吉尔吉斯斯坦和南非开发稀土资源。

5. 澳大利亚

随着国际稀土业进出口市场的调整，作为潜在的稀土生产国澳大利亚将获得稀土较快发展的机会，甚至可能在数年后成为世界上主要稀土供应国之一。有经济界人士预测，澳大利亚具有大量高价值性能的稀有金属矿藏，2014 年左右就会成为世界主要稀土供应地。未来五年内可进行稀土资源开发的矿床有韦尔德山（Mount Weld）、诺兰（Nolans）、达博（Dubbo Zirconia）、Cummins

Range 等稀土矿。

澳大利亚的莱纳斯公司（Lynas Corporation）拥有韦尔德山稀土矿权权益。2008 年进行露天采矿设计和优化，并于 2008 年 6 月开展了第一阶段采矿活动，共采出矿石 77 万吨。莱纳斯公司在马来西亚建有稀土分离冶炼厂，将韦尔德山的稀土矿运到马来西亚进行冶炼。莱纳斯公司是近期可能形成很大的稀土生产能力的公司。

澳大利亚阿拉弗拉资源有限公司（Arafura Resource Ltd.）拥有诺兰稀土矿床，2011 年计划开始项目建设，2012 年投产。2009 年 6 月 1 日，中国华东有色地质勘查局所属的江苏华东有色金属投资控股公司以 2294 万澳元成功收购阿拉弗拉资源有限公司 25％的股权。

澳大利亚达博项目未来五年内也有望得到开发。该项目示范实验工厂位于悉尼南部的卢卡斯高地，自 2008 年一直在实证达博项目的工艺流程图。随着生产率的提高，达博项目每年将生产 22 500 吨碱式硫酸锆、氢氧化锆、碳酸锆、氧化锆，2500 吨铌（氧化铌 1750 吨）；2475 吨钽精矿（轻稀土精矿，其中有 753 吨氧化钽）。卢卡斯高地的示范实验工厂已经开始生产第一批轻稀土和钇重稀土。

澳大利亚 Cummins Range 稀土项目也正在勘探之中。纳维加特资源公司正勘探该项目，授予其勘探许可区域约 48.5 平方公里。该项目总资源量 417 万吨，REO 品位 1.72％，P_2O_5 品位 11.0％，U_3O_8 品位 187ppm（1ppm＝$1×10^{-6}$），总稀土氧化物量为 7.17 万吨，其中轻稀土占 95.6％，中稀土占 4.1％，重稀土占 0.3％。

三、稀土专利计量分析

稀土数据来源于汤森路透公司信息平台——Web of Knowledge 提供的德温特专利数据库（Derwent innovations index，DII）。此次采用的分析工具为 Thomson data analyzer（TDA）数据分析软件，对稀土领域的国际专利申请与研发情况进行了分析。检索日期为 2010 年 3 月 3 日，检索时间为 2005～2010 年，共得到专利记录 43 161 条。本书主要从年度申请趋势、重要地区和机构专利申请态势、领先机构研发重点以及专利技术布局等方面进行分析。

1. 总体发展趋势分析

图 3-4 为稀土技术专利数量年度分布图。从图中可以看出，2005～2007 年，

该领域的专利数量呈现整体稳步上升趋势，均较上一年度增加 800 余件。由于从专利申请到专利公开存在时滞，即一般来说专利从提交申请到公开有 18 个月的时间延迟，因此，2008 年和 2009 年数据仅供参考。

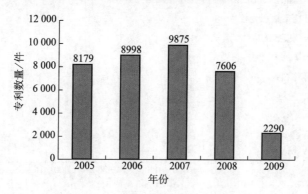

图 3-4　稀土专利数量年度分布

2. 主要地区和机构分析

专利申请量是衡量一个国家科技开发综合水平的重要参数，从专利申请人优先权所属国的数量分布上可以了解各国在该领域的技术实力。不同国家相对的研发布局与研发重点需要专利来源国的数据才能体现，但目前在大多数专利数据库中，没有对技术发明的来源国进行标注。不过专利申请人一般在其所在国首先申请专利，然后在一年内利用优先权申请国外专利。这为寻找技术的来源提供了一条线索，也为国家间研发布局的对比分析提供了一个可操作的途径。因此，本书的对比分析基于优先权国家进行。

图 3-5 为稀土技术专利受理数量的地区和机构（优先权国）分布，从中可以看出日本（JP）、中国（CN）、美国（US）、韩国（KR）和德国（DE）是稀土领域的技术强国。其中，日本在稀土技术研发上处于领导地位，近年来申请了15 916 件专利，占据了全球 37% 的份额。中国与美国专利数量相当，分别为9303 件和 9086 件，几乎为排在第四位的韩国（3178 件）的三倍，位居第五的德国申请数量为 1783 件。

图 3-6 是基于排名前 10 位的德温特手工代码（代码的详细解释见表 3-4），对重点地区和机构的专利技术布局进行的分析。从图中可以看出，各地区和机构关注的技术领域有所差异。

日本专利主要关注 L03-B02A5（稀土镍/钴/铁合金）和 J04-E04（催化剂），后者在俄罗斯专利中较为明显。

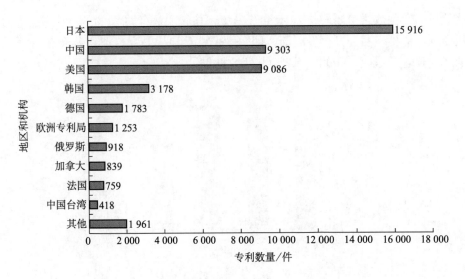

图 3-5　专利受理数量分布（基于优先权国家）

中国专利关注 J04-E04（催化剂），Sc、Y、La、Ce 等稀土金属及其氧化物以及催化剂载体也是中国专利关注的热点。

而 B05-A03B（其他过渡金属、镧系元素-金属及化合物）在美国占了较大比例，L04-E03A（LED）在韩国比较受重视（中国台湾地区尤为如此）。

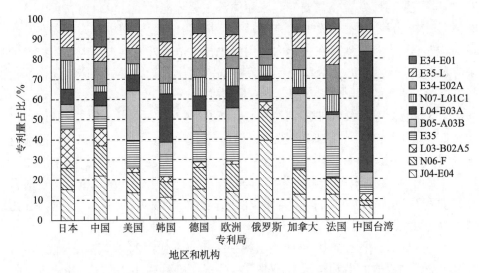

图 3-6　重点地区和机构专利申请的技术布局（基于德温特手工代码分类）

表 3-4 德温特手工代码技术方向说明

德温特手工代码	说明	上位类
E34-E01	Sc、Y、La	E34-E：Sc、Y、镧系元素、Ra 或 Th 化合物
E35-L	Zr、Hf 化合物	E35：其他金属化合物
E34-E02A	Ce	E34-E：Sc、Y、镧系元素、Ra 或 Th 化合物
N07-L01C1	发动机尾气排放处理	N07-L：其他催化剂应用-未分类
L04-E03A	LED	L04-E：半导体器件
B05-A03B	其他过渡金属、镧系元素-金属及化合物	B05-A：金属及化合物
E35	其他金属化合物	E35：其他金属化合物
L03-B02A5	稀土镍/钴/铁合金	L03-B：电阻器、磁体、电容器、开关［未分类］
N06-F	催化剂载体	N06：分子筛、沸石、特殊形式、一般
J04-E04	催化剂	J04-E：催化

3. 主要专利权人（申请人）分析

图 3-7 给出了排名前 10 位的专利权人。由图可知，日本三菱的专利申请量占据首位，随后依次是三星（韩国）、中国科学院、住友（日本）、日立（日本）、TDK（日本）、东芝（日本）、日本物质材料研究所（日本）、丰田（日本）、通用电气（美国）等。从产业领域来看，排名前 10 位的专利权人几乎全为大型电器电子或汽车企业集团；从国别来看，排名前 10 位的专利权人中，除了三星为韩国企业、通用电气为美国企业、中国科学院为中国科研机构外，其他均为日本企业，这也从另一个方面表明日本在稀土技术研发上占据了绝对的领导地位。

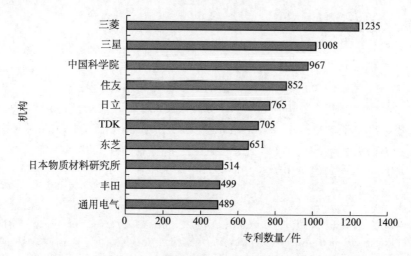

图 3-7 专利权人分析（前 10 位）

4. 稀土专利技术领域分析

国际专利分类体系对专利技术进行了基本分类，据此可以分析稀土领域专利的技术布局。表 3-5 给出了稀土领域专利申请的技术布局，可以看出专利申请主要集中于 H01L、B01J、C22C、C09K、C04B 五大 IPC 分类中，它们涵盖了稀土的半导体、催化、合金具体应用方面。

表 3-5　稀土领域专利申请的技术布局（IPC 分类，前 10 位）

排名	数量	IPC 号	说明
1	7124	H01L	半导体器件；其他类目未包含的电固体器件
2	4799	B01J	化学或物理方法，如催化作用、胶体化学；其有关设备
3	4532	C22C	合金
4	4265	C09K	不包含在其他类目中的各种应用材料；不包含在其他类目中的材料的各种应用
5	3136	C04B	石灰；氧化镁；矿渣；水泥；其组合物，如砂浆、混凝土或类似的建筑材料；人造石；陶瓷；耐火材料；天然石的处理
6	2729	C23C	对金属材料的镀覆；用金属材料对材料的镀覆；表面扩散法，化学转化或置换法的金属材料表面处理；真空蒸发法、溅射法、离子注入法或化学气相沉积法的一般镀覆
7	2397	H01M	用于直接转变化学能为电能的方法或装置，如电池组
8	2153	B01D	分离
9	2045	H01F	磁体；电感；变压器；磁性材料的选择
10	1992	H01J	放电管或放电灯

四、稀土论文计量分析

论文数据采用了汤森路透公司的科学引文索引（SCI-EXPANDED）数据库，以稀土及其 17 种元素名称为关键词对 2005 年以来发表的稀土相关 SCI 文献进行了检索[①]。数据采集时间为 2010 年 2 月 28 日，共检索到约 4.7 万篇文献（文献类型包括：Article、Proceedings Paper、Editorial Material、Review、Letter，以下统称为论文）[②]。本次分析采用的主要工具为 TDA 软件。

主要从近年来的稀土相关 SCI 论文对全球稀土研究态势进行了分析。同时，

[①] 检索式：TS=（"rare earth" or "rare earths" or Lanthanum or Cerium or Praseodymium or Neodymium or Promethium or Samarium or Europium or Gadolinium or Terbium or Dysprosium or Holmium or Erbium or Thulium or Ytterbium or Lutetium or Scandium or Yttrium）and PY＝2005-2010

[②] 2000～2004 年，对应数量约为 3.46 万（检索时间：2010 年 2 月 28 日）

结合文献和网络调研，对美国、日本和其他地区开展稀土相关研究的主要机构及其主要相关研究方向进行了分析。

1. 总体发展趋势分析

从图 3-8 可以看出，2000 年以来，SCI 论文数量逐年稳步上升，且 2005～2009 年的增速高于 2000～2004 年的增速，这表明有关稀土的研究正在受到越来越多的重视。

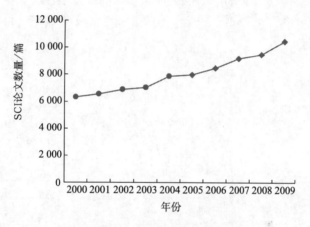

图 3-8　稀土 SCI 论文年度分布图

2. 主要国家分析

检索到的 4.7 万篇论文共涉及 150 个国家和地区，首先对论文数量在 100 篇以上的 45 个国家和地区进行了统计分析（本节以下排名仅限于这些国家和地区）。表 3-5 给出了论文数量和被引指标排名靠前的前 20 个国家和地区（选取发文量、总被引次数、H 指数[①]均排名前 30 的国家和地区，按总被引次数从高到低选取排名前 20 的国家和地区）的发文量及其被引情况。

从表 3-6 可以看出，中国的论文数量排名第 1，总被引次数、H 指数也分别排名第 2，但是篇均被引次数、论文被引率不理想，表明我国相关论文的总体质量还有待提升；美国的论文数量排名第 2，与中国有较大差距，但是其总被引次数、H 指数均排名第 1，篇均被引次数、论文被引率也均排名前 10，相比中国

---

① H 指数一般是指某个科学家发表的全部 N 篇论文中，有 H 篇论文至少被引用了 H 次，而其余论文的被引用次数均少于 H。具体到本书的 H 指数，对应的"N 篇论文"指的是某个国家地区/机构在统计时限内发表的稀土相关论文

优势明显，这表明美国正在引领稀土领域的研究；总被引次数、H 指数均排名前 10 的其他国家和地区包括德国、日本、法国、英国、意大利、加拿大、西班牙，他们在全球稀土研究中也占有重要位置。

表 3-6　重点国家和地区论文数量及其被引情况

国家和地区	论文数量	排名	总被引次数	排名	篇均被引次数	排名	论文被引率/%	排名	H 指数	排名
美国	7 751	2	53 257	1	6.9	6	74.00	8	69	1
中国	11 000	1	38 293	2	3.5	30	58.90	36	50	2
德国	4 234	4	24 840	3	5.9	11	71.10	15	50	3
日本	4 749	3	20 262	4	4.3	26	67.10	24	40	6
法国	3 435	5	17 569	5	5.1	19	71.40	13	41	4
英国	2 164	8	15 185	6	7	5	74.90	7	41	5
意大利	1 718	9	9 717	7	5.7	12	72.00	12	34	7
加拿大	1 198	13	7 432	8	6.2	10	73.30	9	33	8
西班牙	1 371	11	7 416	9	5.4	15	71.20	14	30	10
印度	2 511	7	6 963	10	2.8	37	58.30	38	24	16
俄罗斯	2 755	6	6 392	11	2.3	42	51.30	42	26	13
瑞士	794	16	5 678	2	7.2	4	73.00	11	29	11
荷兰	668	19	5 457	13	8.2	3	77.80	1	31	9
澳大利亚	896	15	4 968	14	5.5	14	73.20	10	28	12
韩国	1 410	10	4 408	15	3.1	34	60.60	30	21	19
波兰	1 274	12	3 844	16	3	35	59.50	32	18	26
巴西	1 020	14	3 336	17	3.3	31	64.20	25	21	20
比利时	476	21	3 238	18	6.8	7	76.90	2	25	14
瑞典	527	20	2 794	19	5.3	17	69.40	19	22	18
中国台湾	783	17	2 758	20	3.5	29	61.30	28	20	21

3. 重点机构分析

检索到的 4.7 万篇论文共涉及几千个机构（按通信地址），首先对论文数量不少于 50 篇的 162 个机构进行了统计分析（本节以下排名仅限于这些机构）。表 3-6 给出了发文量、总被引次数、H 指数均排名前 50 的前 20 个机构（按总被引次数从高到低排序）。

从表 3-7 可以看出，中国科学院①的论文数量、总被引次数、H 指数均排名

---

① 主要机构包括长春应化所、福建物构所、上海硅酸盐所、上海光机所、上海物理所、长春光机所、大连化物所等

第1，但篇均被引次数、论文被引率优势不明显；论文数量排名第2的是俄罗斯科学院[①]，总被引次数、H指数均分别排名第3和第4，但其篇均被引次数、论文被引率排名非常靠后；论文数量排名第3的美国能源部国家实验室[②]总被引次数排名第2，篇均被引次数、论文被引率优于中国科学院；总被引次数、H指数均排名前10的机构还包括：日本东京大学、德国慕尼黑大学（论文数量排名第46，有一篇关于铁基超导的论文被引次数高达450多次）、德国马普学会[③]、中国北京大学（论文数量排名第20）、中国同济大学；此外，中国浙江大学和中国科学技术大学的总被引次数分别排名第6和第9。

表3-7 重点机构论文数量及其被引情况

机构	论文数量	排名	总被引次数	排名	篇均被引次数	排名	论文被引率/%	排名	H指数	排名
中国科学院	1 801	1	8 947	1	5	69	69.00	80	34	1
美国能源部国家实验室	420	3	2 521	2	6	45	73.30	53	22	2
俄罗斯科学院	1 185	2	2 109	3	1.8	147	46.30	150	18	4
日本东京大学	257	7	1 646	4	6.4	37	68.90	81	21	3
德国慕尼黑大学	112	46	1 304	5	11.6	3	79.50	19	17	6
中国浙江大学	359	4	1 238	6	3.4	107	66.60	99	15	20
德国马普学会	226	12	1 222	7	5.4	57	70.40	74	17	7
中国北京大学	178	20	1 197	8	6.7	33	67.40	93	17	8
中国科学技术大学	181	19	1 175	9	6.5	36	68.00	88	13	34
中国同济大学	201	15	1 057	10	5.3	59	69.70	78	18	5
法国国家科研中心	184	18	1 044	11	5.7	51	75.00	39	16	12
西班牙科学研究委员会	160	25	1 006	12	6.3	39	72.50	60	17	9
葡萄牙阿威罗大学	138	31	961	14	7	29	79.00	21	16	14
日本产业技术综合研究所	226	13	953	15	4.2	89	73.50	51	15	21
日本东北大学	264	6	922	16	3.5	105	68.20	85	13	35
中国山东大学	194	16	912	17	4.7	79	67.00	97	16	15
印度理工学院	278	5	883	19	3.2	114	63.70	112	15	22
美国加利福尼亚州大学伯克利分校	123	38	864	20	7	27	74.00	48	16	17
中国吉林大学	227	10	852	21	3.8	98	63.90	111	13	36
美国西北大学	110	47	847	22	7.7	26	73.60	49	15	23

注：排名13、18的机构因其他指标未进入前50名，所以没有排入

① 主要包括：A. F. Ioffe Physical Technical Institute、Prokhorov General Physics Institute、G. A. Razuvaev Institute of Organometallic Chemistry、General Physics Institute、Institute of Solid State Physics、N. S. Kurnakov Institute of General and Inorganic Chemistry、Prokhorov General Physics Institute 等

② 洛斯阿拉莫斯国家实验室、橡树岭国家实验室、阿贡国家实验室、劳伦斯·利弗莫尔国家实验室、布克海文国家实验室、爱达荷国家实验室、西北太平洋国家实验室等

③ 主要机构包括：Max Planck Inst Festkorperforsch，Max Planck Inst Chem Phys Fester Stoffe，Max Planck Inst Chem Phys Solids，Max Planck Inst Met Res 等

五、稀土材料发展分析

1. 稀土资源的高效提取与循环利用

1）稀土矿物高效采选与资源综合利用

对于稀土、铌共生矿等典型的难选矿，目前采用的弱磁-强磁-浮选工艺只回收铁和稀土，稀土选矿回收率不到 50％，稀土利用率仅 10％。因此，应进行新型磁选机和梯度磁选机的开发，提高磁选效率，并对铌矿物和伴生重晶石和萤石的回收进行研究，开发新型浮选药剂，提高综合利用率。此外，尾矿是一个巨大的资源宝库，应进行保护性分类堆放，防止污染和掺杂，为今后开发应用做好准备；开发从尾矿中回收稀土和共伴生资源的选矿新工艺，可同时获得稀土精矿、萤石精矿、铁精矿和铌富集物等多种产品。

对于离子型稀土矿，早期的池浸工艺落后被严格禁止使用。原地浸矿技术因基本不破坏植被，没有水土流失，属于绿色环保的工艺技术，但要求矿体的地质资料齐备，风化壳体性质和组成数据准确，经过规范的采矿设计施工才能达到预期效果，开采技术和工程要求高，难度大，投资及成本较高，应用面有限。

对于原地浸矿技术尚需要开展的研究工作包括：强化水文地质研究，减少原地浸出的盲区；针对复杂地质结构，开发高效安全原地浸矿技术；开发新型浸取剂和浸取工艺，有效提高稀土浸出率。

针对稀土二次资源的再生利用，随着稀土消费量增加，稀土废料也迅速增加，有必要全面调查稀土二次资源回收情况，加快二次资源高效清洁再生利用技术研发，建立并完善现有的行业标准，以满足循环再利用要求，建议政府建立回收体系和机制，并给予优惠补贴等政策支持。

2）稀土绿色冶金和提纯技术

在各生产工序中产生的污染物，主要有含氟、硫废气，含氟、氨氮废水及放射性废渣。目前针对污染问题开发了一些清洁提取工艺及"三废"处理方法，但由于成本和效率问题，"三废"污染问题没有得到有效解决。因此，发展稀土绿色冶金工艺显得尤为重要和紧迫。在稀土的分离过程中，为了解决氨氮的污染问题，开发了钙皂化、非皂化萃取分离技术，可从源头消除氨氮废水污染问题，降低成本。

3）稀土元素的高效与平衡利用

在目前已发现和探明的稀土自然资源中，稀土元素分配极不均匀，因此，出现了稀土元素应用不平衡的问题。就目前稀土应用而言，由于钕、镨、铽、镝、铽等在光、电、磁等功能材料中具有重要的作用，因此，其成为极为"稀缺"的元素。相反，镧、铈、钇等元素因自然储量相对较大，出现"过剩"的现象。由于其中的中重稀土主要来源于南方离子吸附型稀土矿，若按目前铽、镝等元素的量来计算消耗量，若不加以资源控制性利用，则只能消费几十年。因此，要高效、平衡利用稀土资源。

催化材料中镧和铈元素的使用较多，催化材料可大量应用于石油化工、汽车尾气净化，同时扩展到工业有机废气的治理、室内空气净化、催化燃烧等领域。铕和镨作为发光中心在发光材料中具有极其重要的作用，但这两种元素在地壳中的含量低、资源宝贵，因此需要大力开展降低或替代发光材料中铕和镨使用量的研究，开发以铈作为发光中心或敏化剂，镧、钇、钆作为基质中的主体元素的新型发光材料，进一步扩大其在发光材料中的应用。稀土在镁、铝合金中的主要作用有净化熔体，改善合金的锻造性能和加工性能、细晶强化作用、固溶强化作用和弥散强化作用等，表明稀土在耐热镁合金领域是最具有使用价值和发展潜力的合金化元素，开展以铈、镧等高丰度稀土元素在镁、铝等金属合金材料中的应用，不仅可以保障稀土资源可持续供应，且可以缓解稀土元素应用不平衡的矛盾。

2. 稀土替代技术

为了摆脱稀土进口严重依赖中国的现状，各国都在实施稀土替代材料开发计划，同时准备在更多国家开发稀土，实现稀土的多渠道供应。日本开发稀土替代材料计划具体措施包括要在一年内开发出铈的替代材料并达到实用化。铈常被用于玻璃添加剂和汽车尾气净化催化剂。此外，在总计 17 种稀土元素中，日本此前仅针对 6 种稀土元素开发替代材料，今后将进一步为更多种类的稀土开发替代材料。

日本研究人员采用纳米技术成功开发出了一种新型人造合金，其特性非常类似于稀有金属钯，钯在元素周期表中位于铑和银之间，该项发明可以缓解日本对他国原材料的依赖性。还可以利用类似方法开发其他合金材料以替代稀土元素[①]。日本电产株式会社宣布将投资 150 亿日元建设一座研发中心，用于开发无需稀土原料的下一代电机（Nidec Corporation，2011）。日本东京大学 Migaku

---

① Japan creates 1st artificial rare metal. http：//www. yomiuri. co. jp/dy/features/science/T101230003933. html［2010-12-31］

Takahashi 的研究团队利用铁、氮两种元素合成得到磁性氮化铁粉末，但耐高温性和磁力的持久性有待进一步提高。该技术有望助力日本厂商无需钕、镝等稀土元素就能制备出可供混合动力汽车、家电等使用的电机，投入实际应用将在2025 年左右。

3. 稀土最新发展趋势

1）稀土磁性材料

稀土元素独特的物理化学性质，决定了它们具有极为广泛的用途。稀土元素具有独特的 4f 电子结构、大的原子磁矩、很强的自旋轨道耦合等特性，与其他元素形成稀土配合物时，配位数可在 3～12 变化，并且稀土化合物的晶体结构也是多样化的。在新材料领域，稀土元素丰富的磁学、电学、热学及光学特性得到了广泛应用。稀土磁效应材料是一组重要的稀土新材料，主要包括稀土永磁材料、稀土超磁致伸缩材料、稀土磁致冷材料、稀土巨磁电阻材料、稀土磁光存储材料、稀土超导材料等。

（1）稀土永磁材料。美国 Bunting 磁体公司开发出新的 NEOFF 系列抽屉式磁体应用装置，该磁体用于清除注射成型设备生产过程中存在的金属杂质颗粒。NEOFF 系列产品于 1964 年首次由 Bunting 磁体公司研发成功（李素珍，2006a）。美国东北大学的研究人员宣布发明了一种用来制造钐钴永久磁铁的低价、绿色环保且只有一个步骤的制造过程。这种磁粉可在有强磁场的环境下形成强磁铁，带来性能可以媲美大型引擎的小型发动机，为电动汽车提供动力。美国能源部 Ames 实验室研究人员新开发了一种用于永磁体的粉末冶金合金材料，该合金采用金属注射成型方法制造。新合金材料用包含了钕、钇、镝的混合稀土材料替代纯钕。在 200℃时具有极佳的磁感应强度，该材料的开发旨在使电动汽车、燃料电池汽车和插入式混合动力车的电动发动机更有效且更节约成本[1]。日本日立金属开发出可减少镝添加量的钕系烧结磁铁制造方法。新制法使用蒸发/扩散技术，以实现对磁铁内部镝浓度分布的控制，从而实现磁铁的高性能化。与该公司原来具有同样成分比例的钕系烧结磁铁相比，在保持同等残留磁束密度的同时，矫顽磁力可提高至 320 kA/m 以上。另外，使用该技术还可以在保持与原来同等的矫顽磁力的同时，把残留磁束密度提高至 40 mT[2]。

---

[1] 美国科学家开发出新型高性能永磁材料 . http：//www. cre. net/show. php? contentid = 303 〔2008-02-04〕

[2] 日立金属开发可减少 Dy 添加量的钕系烧结磁铁的新制法. http：//china. nikkeibp. com. cn/news/nano/24743-200806300118. html〔2008-06-30〕

日本信越化学工业使用 NdFeB 磁铁制造混合动力车及电动汽车马达，同时该公司目前正在向丰田的"猎犬混合动力车"提供 NdFeB 磁铁。另外，在电动汽车方面，该公司还向富士重工业供应此类磁铁①。日本 Genesis 公司日前宣布，成功开发出一种名为"SUMO 马达"的开关式磁阻马达，通过配合使用稀土磁铁增大了扭矩，现已配备于电动马达开发商日本 Axle 公司的电动摩托车"EV-X7"上②。

（2）磁致冷材料。美国能源部阿贡和艾米斯国家实验室对磁场变温材料的研究有可能会产生新的制冷工艺，从而使温室气体排放减少。该工艺利用磁场调节电子或核磁偶极子的有序度（或熵），使材料温度降低，并使材料成为制冷剂。新的致冷材料是一种钆-锗-硅合金。由于这种材料的化学结构与磁学特性之间非常耦合，因而表现出巨大的磁热效应③。

（3）超导材料。日本科学家发现一种新的高温超导物质，它是一种含铁化合物，在-241℃的环境中其电阻变为零。东京工业大学教授细野秀雄的研究小组合成的这种化合物名为 LaOFeAs，是一种由绝缘的氧化镧层和导电的砷铁层交错层叠而成的结晶化合物。纯粹的这种物质并没有超导性能，但如果把 LaOFeAs 中的一部分氧离子置换成氟离子，它就开始表现出超导性，通过调节氟离子的浓度，该化合物的超导临界温度最高可上升到-241℃④。日本原子能研究开发机构的藤森仲一副主任研究员领导的联合研究小组，发现了稀土类金属钇和铜化合物存在超导和磁性现象。研究小组对以铀、钯和铝形成的重电子系化合物的"重电子"进行了测定，观测到了电子在物质中自由运动的"激发态"和不能运动的"束缚态"之间的差异（于佳欣，2007a）。

2）稀土催化材料

稀土元素具有特殊的外层电子结构，其配位数的可变性决定了它们具有某种"后备化学键"或"剩余原子价"的作用，而这种能力正是催化剂所必须具备的。因此，稀土元素不仅本身具有催化活性，还可以作为添加剂或助催化剂提高其他催化剂的催化性能，这是稀土大量使用的领域之一。目前稀土催化剂的应用包括内燃机尾气机外净化、工业废气及人居环境净化、催化燃烧、燃料

① 信越化学展示将 Nd-Fe-B 磁铁用于混合动车及电动汽车的实例. http：//china. nikkeibp. com. cn/news/auto/27025-200704240126. html［2007-04-24］

② 日本 Genesis 开发新型 SR 马达采用稀土磁铁增大扭矩. http：//china. nikkeibp. com. cn/news/mech/10047-200604060108. html［2006-04-06］

③ 磁热材料有可能用于制冷技术. http：//www. cre. net/show. php? contentid=325.［2008-05-05］

④ 日本科学家发现 LaOFeAs 高温超导物质. http：//www. cre. net/show. php? contentid=370［2008-10-27］

电池、低值烷烃利用等。

美国洛斯阿拉莫斯国家实验室的科学家们发明了一种新型的氢燃料电池催化剂，这种具有高活性和稳定性的催化剂，不像通常那样使用铂材料，而是使用低成本的非贵重金属来陷入杂原子聚合物结构中制成的。使用钴聚吡咯碳合成物进行的测试，这种含有钴、共聚物和碳的合成物，是在以聚合物电解液燃料电池阴极的低成本、以非铂催化剂为目标的研究中研制出的（李素珍，2006b）。

美国阿贡国家实验室发明了一种用于 NO_x 尾气催化处理的沸石型陶瓷催化剂 Cu-ZSM-5。该技术首先在沸石载体上涂敷一层 Cu-ZSM-5，再用氧化铈加以修饰。从而使催化剂的催化效率达到 95%～100%，并延长了其使用寿命（于佳欣，2007c）。

日本理化学研究所、普利司通公司等发出了可在实际反应条件下合成顺式结构含量高达 99% 的聚丁二烯（超高顺式 BR）的钆金属茂络合物催化剂。使用该催化剂，不仅使聚合活性提高，且使用量仅为原来的 1/5000，能够使 100 万个丁二烯分子对络合物催化剂的一个钆原子发生反应，从而大幅减少催化剂的使用量。另外，即使在 70℃的高温下反应，也可合成顺式结构，含量高达 99% 以上的 BR[1]。

日本熊本大学副教授池上启太开发出了可大量吸附及释放氧的物质"稀土类氧化硫酸盐（$Ln_2O_2SO_4$）"，此物质可大幅减少用于汽车尾气净化的贵金属使用量[2]。

3）稀土纳米材料

纳米科技是在 20 世纪 80 年代末 90 年代初才逐步发展起来的交叉性新兴学科领域，由于它具有创造新的生产工艺、新的物质和新的产品的巨大潜能，因而它将在新世纪掀起一场新的产业革命。稀土纳米材料有着奇异的性能，主要有表面效应、小尺寸效应、界面效应、透明效应、隧道效应、宏观量子效应，这些效应使纳米体系的光、电、热、磁等物理性质与常规材料不同，出现许多新奇特征。

美国研究员开发出世界上体积最小的晶体管，该项目由匹兹堡大学 Jeremy Levy 所带领的团队实现。该晶体管由铝酸镧和钛酸锶陶瓷晶体板反面结合而成。

---

① 日本开发新型合成橡胶用稀土催化剂 . http：//www. cre. net/show. php? contentid = 14621 ［2009-02-05］

② 熊本大学开发出大容量的氧吸附物质 . http：//china. nikkeibp. com. cn/news/nano/18709-200807300117. html ［2008-07-30］

两种绝缘体材料，夹在一起却能导电，因此可在这两种材料上蚀刻出导线，这种新的原子大小的晶体管，可使下一代移动处理器拥有更加强大的处理能力（Mick，2009）。韩国与美国合作的研究小组完成了新一代掺镧纳米晶体管性能改进的研究，这种晶体管通过调节阈值电压，很容易降低能耗，是一种极有发展前景的新一代纳米晶体管（刘跃，2009）。

日本名古屋大学研究人员成功开发出一种原子级别的纳米电线，这种电线由化合物制成，直径大约只有毛发的万分之一。研究小组将完全去除了不纯物质的直径约 2nm 的碳纳米管与一种氯化铒的化合物一起放入真空的耐热容器中，并在 700℃ 的高温条件下连续加热七天。七天后，纳米管中的氯化铒完全融化，形成了一根由氯原子与铒原子构成的直径约为 1.8nm 的纳米线①。

4) 稀土发光和激光材料

稀土发光是由稀土 4f 电子在不同能级间跃出而产生的，因激发方式不同，发光可区分为光致发光、阴极射线发光、电致发光、放射性发光、X 射线发光、摩擦发光、化学发光和生物发光等。稀土发光具有吸收能力强、转换效率高、可发射从紫外线到红外光的光谱、在可见光区有很强的发射能力等优点。稀土发光材料已广泛应用在显示显像、新光源、X 射线增光屏等各个方面。

日本大阪大学研究生院工学研究系材料生产科学专业教授藤原康文试制出了利用 GaN 系半导体的红色 LED 元件。通过在发光层上利用添加稀土类元素铕的 GaN，实现了红色 LED 元件。研究小组采用金属有机化合物化学气相沉积（MOCVD）法添加铕，同时通过注入电流成功地获得了红色光。这是全球首次采用该方法获得红色激光②。

日本青山学院大学、高亮度光科学研究中心（JASRI）和理化学研究所共同研究发现：使肥皂分子中包含稀土类金属——镨及铕离子，并形成规则排列的肥皂膜，在膜中导入有机分子后会发出偏振光。液晶面板的背照灯需要通过偏光膜来提供偏振光，如果使用这一技术的话，将有望直接提供偏振光（于佳欣，2007b）。

日本电气化学工业使 β-SiAlON 绿色荧光材料达到了实用水平。可用于在蓝色 LED 上组合使用绿色和红色荧光材料的高显色型白色 LED。与普通硅酸盐类绿色荧光材料相比，具有温度上升时，发光强度下降较小的特点。该产品有望

---

① 日利用化合物制成超细纳米电线 . http：//www. cre. net/show. php？contentid＝350［2008-08-07］

② 大阪大学试制出利用 GaN 系半导体的红色 LED 元件. http：//www. cre. net/show. php？contentid＝84597［2009-07-07］

应用于液晶电视背照灯用白色 LED 等①。

激光是 20 世纪人类最伟大的发明之一，已广泛应用于工农业生产、医疗、航空航天和军事武器等高新技术领域。稀土是制造优质固体激光材料不可缺少的成分。几乎所有的稀土离子都能用作激光的发光离子。在目前已知的 300 多种激光晶体中，有 90％以上掺入了稀土作为激活离子。

美国 Photonics 公司最新推出了三种型号高重复频率绿光激光器应用于激光粒子成像仪 PIV。系统采用 Nd：YLF 为激光晶体，包括：DM10-527 半导体泵浦激光器，单脉冲能量 5mJ（双脉冲 10mJ）；DM30-527 半导体泵浦激光器，单脉冲能量 10mJ（双脉冲 20mJ）以及 GM30E-527 低价灯泵激光器，单脉冲能量 10mJ（双脉冲 20mJ）。重复频率从单脉冲到 10kHz 可调，双脉冲间隔从 1ms 到 500ms 内任意可选，而脉冲能量也可以利用特有的内置调节技术控制（李素珍，2006c）。

美国 StockerYale 公司为一种掺杂稀土光纤激光器技术提供子系统设计和制作样机服务。StockerYale 公司将为这种光纤激光器交付一系列原始设备制造商（OEM）子系统，其中包括用于种源放大的光纤预放大器、高功率光纤放大器、调 Q 光纤激光器子系统、增益可调光纤激光器子系统、ASE 光源以及光纤激光器其他子系统。光纤中掺杂的元素包括铒、镱、钕、铥以及其他稀土族元素②。

日本空间探测局（JAXA）和大阪大学联合开发出一种器件，可以比目前已知的转换效率高出四倍的效率将阳光转换成激光③。

日本古河机械金属公司与千叶大学工学合作，开发了高输出功率的全固体黄色激光器，其波长为 590nm，有望用于显示器、气体测量、生物医疗仪器等领域。该激光器使用了钾-钆钨酸盐单晶体（拉曼晶体）。用波长 810nm 的半导体激光泵浦这种结晶，获得波长 $1.18\mu m$ 的拉曼激光。然后使拉曼激光通过非线性光学晶体，转换为波长 590nm 的黄色激光（于佳欣，2007d）。

5）稀土玻璃陶瓷材料

玻璃陶瓷工业是稀土应用的一个重要的传统领域，在国外约占稀土总消费量的 33％。稀土在玻璃工业中被用作澄清剂、添加剂、脱色剂、着色剂和抛光

---

① 电气化学工业耐高温绿色荧光材料达到实用水平，可简化 LED 背照灯散热机构 . http：//china. nikkeibp. com. cn/news/nano/48456-20091021. html［2009-12-22］

② 美国 StockerYale 公司研制稀土光纤激光器 OEM 子系统 . http：//www. cre. net/show. php? contentid＝84129［2009-06-04］

③ 铬钕粉末可将阳光转换成激光 . http：//www. cre. net/show. php? contentid＝356［2008-08-29］

粉，起着其他元素不可替代的作用。利用一些稀土元素的高折射、低色散性能特点，可生产光学玻璃，用于制造高级照相机、摄像机、望远镜等高级光学仪器的镜头；利用一些稀土元素的防辐射特性，可生产防辐射玻璃。利用稀土元素生产的多种陶瓷颜料具有价廉、颜色纯正、艳丽和耐高温的特点，受到用户的青睐。

日本京都大学教授岛川祐一的研究小组开发出一种加热后在保持原状基础上可以收缩的独特陶瓷材料。该研究小组用高温高压合成含有镧、铜、铁成分的材料，从常温到120℃加热时发生了电子从铁原子向铜原子移动的罕见现象。结晶结构本身没有变化，但体积缩小了1%。当温度下降后，体积会恢复，并不再导电[①]。

法国的技术人员以稀土类元素和二价金属元素的混合氧化物为荃料，研制成功一种新型环保的绿色陶瓷颜料。这种陶瓷颜料完全无毒性，在陶瓷原料中分散性好，热和化学稳定性高，绿色显色度极佳，着色力和遮盖力极强，色彩特性优良[②]。

6）稀土储氢材料

稀土与过渡元素的合金在较低温度下也可吸放氢气，通常将这种合金称为储氢合金。在已开发的一系列储氢材料中，稀土系储氢材料性能最佳，应用也最为广泛。其应用领域已扩大到能源、化工、电子、宇航、军事及民用各个方面。

西班牙马德里孔普卢顿大学的研究人员设计了具有很高离子导电性的材料，这种材料可能将极大地促进氢能及燃料电池的发展。该研究小组利用绝缘材料钛酸锶和钇稳定的二氧化锆的合成材料作为燃料电池中的离子导电材料。这两种不同结晶结构材料的结合产生了离子流动的通道[③]。

英国Ceres动力公司的微型热电联产（CHP）技术能使燃料电池比燃料发动机技术具有更高的电效率、废物排放和低噪音，适合家庭使用。Ceres动力公司应用铈钆氧化物（CGO），取得了较大的突破，使燃料电池的运行温度降低到500℃（李素珍，2006d）。

日本制钢所与东北大学金属材料研究所共同开发的可储藏12.9 L氢气的小

---

① 日本京都大学开发出一种可收缩的独特陶瓷材料. http：//www.cre.net/list.php？catid＝54［2008-01-26］

② 法国研制出新型环保陶瓷颜料. http：//www.cre.net/show.php？contentid＝5829［2009-03-05］

③ 西班牙发现新的燃料电池离子导电材料. http：//www.cre.net/show.php？contentid＝368［2008-10-20］

型容器，质量 39g、外形尺寸 40mm×60mm×5.5mm、容积 8.5cm³。与填充原具有代表性的储氢材料 AB₅ 合金相比，使用储氢材料铝氢化合物（AlH₃）可多储藏 52％ 的氢气，并且质量减少 57％[①]。

美国能源转换公司（Energy Conversion Devices）试制出了放电容量达 3000 mAh、比过去高 20％ 的 5 号镍氢充电电池。该公司试制品的单位重量能量密度为 110 W·h/kg，单位体积的能量密度为 490 W·h/L。采用了能够比传统 AB₅ 型提供单位重量放电容量的 A₂B₇ 型等结晶结构[②]。

7）稀土冶金材料

稀土在冶金领域应用已有三十多年的历史，目前已形成了较为成熟的技术与工艺，稀土在钢铁、有色金属中的应用，是一个量大面广的领域，有广阔的前景，对国民经济建设具有重要的意义。

由美国卡内基研究院科学家、中国科学院外籍院士毛河光、浙江大学新结构材料国际研究中心蒋建中教授、美国斯坦福大学和瑞典乌普萨拉大学的科学家共同组成的国际研究小组发现，通过对原子施加高压，可以制造出此前不可能制造的合金，这种技术有望应用于开发新材料。对铈铝金属玻璃样本进行高压实验时，它开始表现出合金性质。高压造成铈原子摆脱了一些最外层电子，使这些电子"离域"。这种电子的离域不仅改变了铈原子的电负性，而且导致这些原子体积缩小了 15％。在 25 GPa 的压力下，铈原子和铝原子构成了一个单晶结构，形成合金。新合金可能保存了铈的某些磁属性，也可能具有新的电属性和机械属性[③]。

日本产业技术综合研究所与京都大学联合开发出具有与铝合金相同的常温成形性的新型镁合金压延材料。新开发的镁合金是在镁锌合金中添加微量稀土元素（铈等），通过热轧制成。新型镁合金形成一种与通用镁合金（AZ31 合金）截然不同的集合组织，埃里克森杯突值为 9.0，具有与铝合金相当的常温成形性[④]。

8）稀土医用、农用、日用材料

由于稀土元素及其化合物可与体内多种组织成分相互作用，具有某些特殊

---

① 日本制钢所展出可储藏 12.9L 氢气的 39g 小型容器. http：//china. nikkeibp. com. cn/news/mech/34367-200802290122. html［2008-02-29］

② 放电容量提高 2 成美研制成功新型 5 号镍氢充电电池. http：//china. nikkeibp. com. cn/news/elec/17093-200503300111. html［2005-03-30］

③ 科学家利用高压制成新合金. http：//www. cre. net/list. php? catid＝54［2009-03-16］

④ 产综研与京都大学开发出可在常温下进行冲压加工的镁合金. http：//china. nikkeibp. com. cn/news/mech/14379-200809190119. html［2008-09-19］

的生理功能和生物效应，故稀土在医学中的应用日益增多。在基础研究、扫描诊断、临床治疗、预防医学和医疗器械中具有广泛的应用和发展前景。近年来，稀土在生命科学领域的研究不断深入，研究工作从人体组织学和细胞生物学方面入手，逐步进入到稀土在预防和治疗某些疾病方面的病理生理作用方面，从而加快稀土在临床医学方面的应用进程。一些稀土化合物的消炎、镇痛作用和抑癌作用已得到证实。

美国核医学年会协会报道称，科学家发现了一种新的治疗前列腺癌的方法。该方法使用了稀土元素钐的放射性同位素 Sm-153。这种治疗前列腺癌的新方法是把化学疗法和放射疗法相结合，比传统疗法具有明显的疗效。它减轻了患者的骨痛症状，延长了患者的生命（李素珍，2006e）。

德国德累斯顿-罗森多夫研究中心与 ROTOP 制药公司联合研制能够携带放射性物质进入人体的白蛋白微粒子。科学家还选出了两种适合这种放疗的放射性同位素：钇 90 和镥 177。他们用放射性同位素钇 86 在动物身上进行放疗试验，取得了可喜的效果，接下来还将用钇 90 和镥 177 进行动物试验①。

日本研究人员开发出一种在中子射线照射下可发出 γ 射线并杀灭周围癌细胞的化合物。研究人员选用能高效放出 γ 射线的钆元素，令钆与一种亲水的物质在"超临界水"中发生反应，形成的一种介于液态和气态的中间状态的水，反应生成的化合物粒子直径约为 40nm，这样的尺寸使其无法进入正常细胞，却可以钻进癌细胞等异常细胞，确保接下去的治疗更加有的放矢。

六、稀土产业化和应用分析

1. 世界稀土产量分布

美国地质调查局数据显示，1965～1984 年美国的稀土产量一直处于世界主导地位，1984 年后，中国稀土产量开始增加，至 1991 年中国稀土产量大幅增加，而美国的产量却不断下降，中国成为世界第一稀土生产国，垄断全球大部分的稀土产量。美国稀土产量不断下降至停产，主要是受中国稀土产量和出口量增加的影响。美国完全可以从中国低价进口稀土材料，使得美国矿产公司退出了稀土开采业务。近年来，特别是美国、澳大利亚、加拿大等国家的稀土相

---

① 德国研究注射放射性微粒子精确杀死癌细胞．http：//www.cre.net/show.php? contentid＝83919［2009-05-21］

继宣布重启或开采，国外主要稀土矿现状见表 3-8。

表 3-8　国外主要稀土矿床现状

矿床/项目名称	国别	矿石储量/万吨	REO品位/%	金属量/万吨	稀土类型	现状
芒廷帕司	美国	5 000	8～9	430	轻稀土	停止开采多年，拟重新开采
贝诺杰	美国	980	4.1	36.3	轻稀土	预可行性研究
托尔湖	加拿大	6 521	2.05	133	轻重稀土	预可行性研究
霍益达斯湖	加拿大	152	2.15	3.5	轻稀土	2010～2011年开始工程设计和建设，2012年投产
韦尔德山	澳大利亚	770	11.9	92	轻稀土	开发搁置，计划于2011年重启
诺兰	澳大利亚	30 000	2.8	85	轻稀土	可行性研究
达博	澳大利亚	3 570	—	—	轻重稀土	示范实验厂开始生产
康宁	澳大利亚	417	1.72	7.17	轻重稀土	预可行性研究
科瓦内湾	丹麦	45 400	1.07	491	轻稀土	可行性研究

由图 3-9 可见，中国稀土产量一直处于上升阶段，从 1994 年的 3.06 万吨上升到 2009 年的 12 万吨，中国占世界稀土产量份额从 47.49％上升到 96.99％。美国稀土产量由 1994 年的 2.07 万吨逐渐下降到 1 万吨、0.5 万吨，到 2003 年以后就不再开采稀土。独联体国家由 1994 年的 0.6 万吨，1998 年后下降为 2000吨，2006 年后不再开采。印度稀土产量一直保持在 2700 吨左右。马来西亚的稀土产量多在 250～400 吨。目前世界稀土产量分布主要在中国、巴西、印度、马来西亚等国家，而中国占有绝大部分。

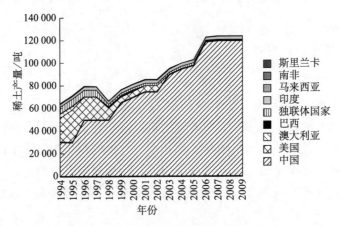

图 3-9　1994～2009 年世界稀土产量分布图

2. 市场需求分析

2000～2012 年世界稀土供应和需求分布情况，见图 3-10（Vulcan，2008）。目前世界稀土需求量主要由中国供应，未来几年内其他国家的稀土供应量有望增加。同时，中国的稀土消费需求也是最高的，远远超出了世界其他国家需求的总和。

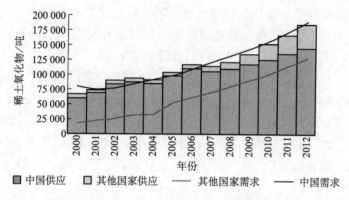

图 3-10　2000～2012 年世界稀土供应和需求分布

2009 年中国稀土冶炼分离产品出口到 49 个国家和地区，全年稀土冶炼分离产品出口总量为 3.61 万吨，比 2008 年增长 16.67%，出口金额为 3.10 亿美元，比 2008 年下降 34.92%。2009 年中国稀土冶炼分离产品的主要出口地区排在前 5 位的是日本、美国、香港、法国、意大利。2009 年我国进口稀土冶炼分离产品 3394 吨，总金额 3612 万美元，分别比 2008 年增加 128.55% 和 95.98%（国家发展和改革委员会产业协调司，2010）。

美国 2005～2008 年稀土金属及化合物的进口规模在 1.5 万～2 万吨，主要进口类型包括稀土氧化物与化合物、稀土金属与合金、铈化合物、混合稀土氧化物、氯化稀土、铈铁合金、钍矿（独居石或各种钍材料）等，主要从中国（91%）、法国（3%）、日本（3%）、俄罗斯（1%）等进口。虽然美国不再生产稀土，但美国加利福尼亚州芒廷帕斯稀土矿以前生产的稀土精矿被处理成镧精矿和镨钕产品，因此，美国能继续销售库存的稀土精矿、中间化合物以及单一稀土氧化物，并且继续保持稀土产品主要进口国、出口国和消费国地位。

日本稀土进口量近年来一直持续增长，每年稀土产品进口规模达 3 万～4 万吨左右，90% 以上从中国进口。2005 年日本稀土进口量为 3 万吨左右，而 2006 年和 2007 年都达到 4 万多吨，但 2008 年稀土进口量为 35 327 吨，同比减少 13%，主要是受世界金融危机的影响，日本液晶电视、电动车市场低迷，导致抛光材料、荧光材料、磁体需求的大幅回落。

七、结语与建议

1. 结语

(1) 从世界稀土资源分布来看，世界稀土资源分布极不均匀，根据美国地质调查局 2010 年公布的稀土统计数据，世界稀土储量约 1 亿吨，基础储量约 1.5 亿吨（以稀土氧化物计）。中国稀土资源丰富，储量占世界之首。美国、加拿大等国家一直在进行稀土矿的勘探工作，并不时发布勘探结果。目前世界稀土产量分布主要在中国、巴西、印度、马来西亚等国家，而中国占有绝大部分。美国、日本等是稀土进口大国，美国 2005～2008 年稀土金属及化合物的进口规模在 1.5 万～2 万吨，主要从中国、法国、日本、俄罗斯等国进口；日本稀土进口量近年来一直持续增长，每年稀土产品进口规模达 3 万～4 万吨左右，90％以上从中国进口。

(2) 从稀土政策的制定情况来看，中国对稀土工业进行调整并控制稀土出口量，美国、日本、欧洲等对此强烈反响和高度关注，纷纷制定和发布相关的政策和计划，并采取了一系列措施来保证本国的稀土原材料应用，应对中国的稀土政策。美国把稀土作为国防安全战略材料进行储备，国防部提出对多种稀土元素关键原材料来源的风险进行评估，美国还加紧稀土矿产的勘探工作，支持稀土相关基础研究和回收利用工作。日本在稀有金属方面的措施包括：战略储备；鼓励投资海外矿产，开发海底资源；稀有金属回收和替代材料开发研究等。欧盟不仅积极就我国限制战略原材料出口向 WTO 提起诉讼，欧盟各国 2010 年年初还准备建立稀土战略储备。韩国也积极进行战略及工业储备，近期韩国采取了扩大稀有金属储备名单、推动稀有金属材料发展综合对策、出台"强化海外资源开发力度方案"、与南非合作开发稀有金属等矿物资源等一系列措施，保证本国的资源供应。

(3) 从稀土论文角度来看，通过近年来稀土相关 SCI 论文对全球稀土研究态势进行了分析，结合文献和网络资源，调研了美国、日本和其他地区开展稀土相关研究的主要机构及其主要相关研究方向。整体来看，有关稀土的研究正在受到科研界越来越多的重视。从国家和地区层面来看，美国正在引领稀土领域的研究。中国在论文数量上已经位居全球第一，但是总体质量有待提升。德国、日本、法国、意大利、加拿大、西班牙也在全球稀土研究中占有重要位置。

从科研机构层面来看，中国科学院的论文数量、总被引次数、H 指数均排名第一。其他重点研究机构包括美国能源部国家实验室、俄罗斯科学院、日本东京大学、德国慕尼黑大学、德国马普学会、北京大学、同济大学、浙江大学和中国科学技术大学等。

（4）从稀土相关专利来看，在稀土技术专利申请方面，日本占据了领导地位，优先权专利申请数量占据了全球 1/3 以上的份额。中国、美国、韩国、德国的相关专利申请数量也较多，表明这些国家对相关技术的重视。从专利权人/申请人分布来看，排名前 10 位的几乎全为大型电器电子或汽车企业集团，这也从一个侧面反映出电器电子和汽车产业是稀土技术的重要应用领域；从国别来看，排名前 10 位的专利权人/申请人中，除了韩国企业三星集团、中国科学院、美国通用电气外，其他均为日本企业，这也从另一个方面表明日本在稀土技术研发上占据了领导地位。中国近年在该领域的专利申请正在不断上升，主要研究机构包括中国科学院（尤其是中科院长春应用化学研究所等）、浙江大学等。

2. 对策和建议

1）平衡各方利益，实现利益共享

我国稀土行业的治理整合仍以行政手段为主，难以平衡各参与主体的利益。在稀土资源的开发中，当地政府更希望资源为己所用，凭借稀土行业的发展推动整体经济的发展。因此，稀土企业在异地进行并购经营时，应以利益为纽带，通过支持基础设施建设、提供环保资金及技术、投资有助于经济可持续发展的产业等，合理补偿当地政府在稀土方面的损失。同时，面对稀土高额利润的诱惑，地方政府应以大局为重，支持国家稀土整合政策，采取有效措施杜绝盗采滥挖现象，防止稀土资源无序流失。

在有效管理资源，平衡地方经济发展与国家利益方面，行业协会能够发挥重要的作用。目前，包括多家央企、地方国企在内的力量都在积极介入南方中重稀土领域，这可能会导致对南方中重稀土的资源争夺，最终出现无序竞争。因此在中国稀土行业协会成立后，协会应在行业管理、生产指导、市场调研、中介服务、贸易摩擦预警等方面，为企业提供高效、全面的服务，成为联系企业与政府以及国内外市场的桥梁。

2）有序减少稀土出口

尽管目前我国稀土资源相对丰裕，能够满足全球对稀土的需求，但随着我国经济和高科技产业的持续发展，现有稀土储备将很难支撑未来国内需求的快速扩张。出于发展经济和国际经济合作的需要，我们既要顶住国外压力，继续对稀土出口实施限制，又要坚持适度原则，根据市场承受力对稀土出口数量逐步予以削减。操之过急的过度限制不仅会激起国外恢复稀土规模开采的冲动，而且会促使稀土使用国积极寻求和开发稀土替代品。一旦出现这种情况，我国稀土出口的国际竞争力势必加大，价格也将随之下滑，不利于增进我国的贸易利益。

3）符合 WTO 多边贸易规则

毋庸讳言，我国减少稀土出口配额的做法已引起美国、欧洲、日本等西方国家的强烈反应。它们以中国拥有世界绝大部分稀土储量为由，要求中国取消稀土出口限制，美国与欧盟甚至向世界贸易组织提出诉讼。对此，我们一方面要据理力争，以事实证明大量提取稀土对我国生态环境带来的严重破坏，进而阐明我国实施的旨在保护生态环境的稀土出口限制并不违反 WTO 规则；另一方面必须正视未来很长一段时间世界还将依赖我国稀土供应的现实，在确定自己的产业发展战略及出口配额时，顾及稀土使用国的合理诉求和切身利益。毕竟互利共赢才是 WTO 多边贸易规则的精髓，也是 WTO 各成员政府制定经贸政策时应遵循的准则。

4）加大对稀土应用技术的研发和投入

由于自主创新不足，稀土工业应用开发滞后，高科技材料受西方专利技术严重制约，我国在稀土高科技领域与西方发达国家相比处于明显劣势。例如，作为稀土使用大国的日本将 90％以上的稀土用于高新技术领域，而我国稀土主要用于传统领域，应用于高新技术领域的稀土不足 50％，特别是在稀土新材料领域，我国几乎没有自主知识产权。

我国能否发挥稀土资源优势，利用好自己宝贵的稀土资源，关键在于发展先进的稀土加工技术。未经加工的初级产品不仅附加值低，相对于高昂的环境代价也得不偿失。稀土企业应抓住目前稀土市场环境好、利润大幅增长的有利契机，以研发高附加值的下游产品为方向，力争在稀土应用技术上取得广泛突破。

第二节　碳纤维科技发展研究

碳纤维在国际上被誉为"黑色黄金"，由于这种新材料在国防、航空航天、先进制造等领域的广泛用途，碳纤维成为这些年研究与开发进展速度最快的新材料科技领域之一。

碳纤维是由有机母体纤维采用高温分解法在 1000～3000℃高温的惰性气体

下制成的，含碳量高于90％，其中含碳量高于99％的属于石墨纤维。碳纤维呈黑色，坚硬，具有强度高、重量轻等特点。碳纤维力学性能优异，除此以外还具有多种优良性能，如低密度、耐高温、耐腐蚀、耐摩擦、抗疲劳、震动衰减性高、电及热导性高、热膨胀系数低、X射线穿透性高，非磁体但有电磁屏蔽性等，密度不到钢的1/4，抗拉强度是钢的7～9倍，又被誉为21世纪的"新材料之王"。碳纤维按力学性能可分为通用型（强度1000MPa、模量100GPa左右）和高性能型（强度大于2000MPa、模量大于300GPa）。

一、碳纤维战略意义和关键科学问题

碳纤维尤其是高性能碳纤维，对于国防、军事、航空航天等领域具有重要的战略作用，在材料更新换代和轻量化发展中发挥着越来越重要的作用。采用碳纤维技术制造的轻质材料既可以降低燃油消耗量，又能减少二氧化碳排放。例如，美国航天飞机火箭推进器的关键部件以及先进的MX导弹发射管等，都是用先进的碳纤维复合材料制成。2011年9月，正式首航的波音787客机，50％以上的机身材料采用的是碳纤维复合材料。我国发射的"神舟六号""神舟七号"等飞船，碳纤维曾立下了汗马功劳。碳纤维已广泛应用于飞机制造等军工领域、风力发电叶片等工业领域以及高尔夫球棒等体育休闲领域。

全球高性能碳纤维的生产高度集中在日本、欧美等少数企业手中，如日本的东丽、东邦、三菱丽阳等，美国的赫克赛尔（Hexcel）、卓尔泰克（Zoltek）、Cytec公司，德国的西格里公司等。这些公司的主要产品已较为成熟且完成系列化生产，研发重点转向不断提高产品质量和性能上。但美国、日本等发达国家将其列为战略物资实行管制，国际市场已对我国停止出售高性能碳纤维，重制约我国国防相关领域的发展。

我国研制碳纤维始于20世纪60年代后期，但只是初步建立起工业雏形，生产的碳纤维质量至今仍处于较低水平。关键问题是原丝质量未过关，金属及机械杂质含量高、质量稳定性差、变异系数大、毛丝多、分散性差、易黏结、表面处理不配套、可用性差等。因此，我国要突破关键技术瓶颈，加速高性能碳纤维的研制及生产，早日实现我国碳纤维技术和产业的大发展，实现"十二五"发展目标。

虽然国内外碳纤维技术已经取得了一些进展，但还有一些关键问题需要解决和重点发展，如高性能聚丙烯腈（PAN）原丝制备技术、低成本的原丝替代技术、高模量沥青基碳纤维制备技术、低成本碳纤维复合材料技术、关键氧化和碳化设备研发等。影响碳纤维国产化进程的原因主要有：①关键单元技术落后，如大容量间歇聚合工艺、快速纺丝工艺、均质氧化工艺、快速氧化碳化、单线产能，工程问题没有彻底解决，产品性能不稳，生产成本高；②关键设备产业化设计制造技术没有突破，如大容量聚合釜、脱单反应器、多工位蒸汽牵引机、宽口高温碳化炉和高温石墨化炉；③关键原料依赖进口，牌号单一，影响工艺技术和产品应用性能；④配套技术不完善，影响规模化生产（吕春祥等，2011）。

二、碳纤维主要政策和计划分析

美国、日本、欧盟等国家和地区的政府机构都非常注重碳纤维及其复合材料的研发，制定了相关战略和计划促进碳纤维的研发和商业化。低成本碳纤维原丝技术或聚丙烯腈原丝替代技术开发成为各国关注的重点。

1. 美国

美国能源部（DOE）、汽车复合材料联盟（ACC）、美国国家科学基金会等致力于碳纤维材料及其复合材料的低成本研发和商业化。美国政府的行动目标主要是航空航天和国防领域的应用。美国国防部的低成本复合材料计划，美国DOE开展的"轻量化材料项目"和"电动汽车项目"等与碳纤维密切相关。

DOE 轻量化材料项目由橡树岭国家实验室（ORNL）具体负责项目的实施和研发。其中低成本碳纤维计划包括以下四个研究课题：①来自可再生资源的低成本碳纤维；②低成本碳纤维制备计划；③应用于汽车复合材料的低成本碳纤维；④碳纤维微波辅助制造技术。低成本碳纤维制备计划的目标是把高性能碳纤维价格降低到 3 美元/磅（1 磅＝0.45359237 千克），并在大丝束 PAN 原丝、丙烯酸系原材料、熔融可纺 PAN、丙烯腈的化学改性、辐照稳定化处理、预稳定化处理、超强牵伸、聚苯乙烯、聚烯类高分子材料、聚氯乙烯、微波碳化、等离子预氧化等方面研究取得进展（ORNL，2011）。

DOE 电动汽车项目（DOE，2011c）开始于 2009 年 10 月，轻量化材料是该项目的重要技术之一。太平洋西北国家实验室负责聚合物复合材料的开发，ORNL 负责聚合物复合材料和低成本碳纤维的开发。ORNL 碳纤维原丝成本降低开发任务包括：①开发木质素基碳纤维原丝，价格降至 5～7 美元/磅，强度至少大于 1724MPa，模量至少大于 172GPa；②PAN 基低成本碳纤维织物开发和商业化，与 FISIPE 公司合作使纤维原丝成本减低到传统碳纤维原丝的 50%，并使碳纤维制备成本降低 2 美元/磅；③低成本熔纺聚烯烃基碳纤维开发，聚乙烯（PEs）和聚丙烯（PP）纤维是工业化产品且价格低，成为 PAN 基原丝纤维的替代品；④低成本微波辅助等离子氧化工艺；⑤碳纤维表面处理和纺丝。

2009 年 12 月，DOE 拨款 3470 万美元在 ORNL 建立碳纤维技术中心，对降低碳纤维成本（至少 50％）和改进碳纤维大批量应用的可扩展性进行测试，促进低成本碳纤维在复合材料领域的商业化应用。此外，还在探索碳纤维复合材料在风力发电机叶片、塔架等工业技术中的应用（ORNL，2009）。

2011 年 8 月，DOE 宣布在未来 3～5 年投资 1.75 亿美元用于加快先进汽车技术的开发和部署。这些资金将支持整个汽车的创新，包括轻质材料，研发的目标是更好的燃料和润滑油、轻质材料、更持久和更便宜的电动汽车电池和组件、更高效的发动机技术等。DOE 的资金将支持 40 个项目，与碳纤维及其复合材料相关的项目有 3 个：美国卓尔泰克公司的新型低成本路线，即使用木质素/PAN 混合原丝生产碳纤维；美国汽车材料伙伴公司的碳纤维复合材料，促进轻量化复合材料在汽车一次结构的碰撞模型中的应用；美国 Plasan 碳纤维复合材料公司，通过建立和测试子组件结构模型来测试碳纤维复合材料的碰撞性能（DOE，2011d）。

2. 日本

自 1959 年日本大阪工业试验所发明了 PAN 基碳纤维，1971 年日本东丽公司工业规模生产 PAN 基碳纤维（1 吨/月）以来，日本在碳纤维制备和生产领域一直保持着世界领先的地位。2009 年 4 月 21 日，日本的碳纤维技术被日本第 80 次综合科学技术会议评价为"世界领先的 21 世纪创新材料"。日本政府、经济产业省（METI）、新能源产业技术综合开发机构（NEDO）、产业技术综合研究所（AIST）、碳纤维协会以及日本东丽、三菱丽阳、东邦等大型公司等在促进碳纤维发展和产业化方面发挥了重要作用。

NEDO 早在 2003 年就实施了"汽车轻量化碳纤维强化复合材料开发"（2003～2007 年）项目，总投资达到 9.7 亿日元。主要研发课题包括超高速树脂传递模塑成型（RTM）技术，主要包括超高速硬化成型树脂、立体成型造型技术、高速树脂含浸成型技术等；汽车用高性能碳纤维增强塑料（CFRP）联接技术的开发；车身安全设计技术的开发；基于生命周期评价（LCA）再生利用技术等。开发目标是与正在使用的汽车用软钢钢板相比，自重减半，安全性能提高 50％的 CFRP 车身结构；研发汽车成型时间在 10 分钟以内，低成本、可大量生产的制造技术（NEDO，2004）。

2005 年，METI 实施了低能耗碳纤维制造技术开发项目，实施期间为 2005～2008 年，预算总额为 5.4 亿日元，其中补助率达 2/3 以上。主要研发课题包括低能耗碳纤维制造技术研究开发和碳纤维回收利用技术示范研究和开发

（METI，2010）。主要研发机构包括东丽、东邦和三菱丽阳公司等。

日本从 2005 年开始颁布各技术领域国家技术战略，每年都进行技术更新。日本将纤维技术单独作为一个技术领域制定技术发展路线图，可见日本政府对碳纤维的重视程度。在该路线图中碳纤维及复合材料技领域的主要研究主题包括创新成型加工技术开发、基体树脂（热塑性树脂）开发、中间基材开发、非石油原料碳纤维技术开发、创新设计、制品评价、联接技术开发、低成本的节能制造工艺研发等。航空领域技术战略路线图强调了复合材料轻量化技术、高性能化技术、高强度化技术、耐热性技术以及复合材料成型技术的开发，包括预浸料成型技术、液体成型技术、热塑性成型技术、预制棒技术等。材料领域技术战略路线图强调了耐火、耐热高温纤维、强化纤维的开发。

2007 年，METI 发布了"碳纤维"战略，基于该战略开展了"可持续超复合材料技术开发"计划，计划研究开发期为 2008～2012 年，总经费达 40 亿日元，其中 2011 年研发经费为 4.9 亿日元（NEDO，2011e）。主要研发内容包括碳纤维增强热塑性塑料（CFRTP）的通用技术和实用化技术开发，目标是实现高强度碳纤维复合材料加工技术。研究开发课题包括：①易加工性 CFRTP 中间基材碳纤维/聚丙烯（CF/PP）、碳纤维/聚酰胺（CF/PA）开发，包括碳纤维表面处理和热塑性塑料改性；②易加工性 CFRTP 成型技术开发，包括冲压（press）成型技术和内压（bladder）成型技术；③易加工性 CFRTP 接合技术开发，包括 CFRTP 之间和金属与 CFRTP 之间的接合；④易加工性 CFRTP 回收和循环技术开发；⑤易加工性汽车模块化组件开发；⑥易加工性汽车一次构造部材开发等。该项目由 NEDO 统一管理，东京大学负责研究管理，东丽公司、三菱丽阳公司、东洋纺公司、高木精工公司负责研究和开发。丰田汽车公司、日产汽车公司和本田汽车公司作为顾问参加。此外，日本山形大学、东北大学、富山大学、静冈大学和京都技术研究所参加部分研究主题。

2008 年，METI 实施了碳纤维复合材料成型技术开发项目，实施期间为 2008～2013 年，实施机构为三菱航空机株式会社，重点开发真空辅助树脂传递模塑（VaRTM）技术和复合材料预浸关联技术（METI，2009b）。

2011 年 2 月，METI 发布了"创新碳纤维基础技术开发"项目，目的是提高碳纤维产量（提高 10 倍），且能源消耗和 CO_2 排出量减少 50%，研发期间为 2011～2015 年。主要研究课题包括新型碳纤维原丝化合物开发，探索碳化结构的形成机制，碳纤维评价方法开发和标准化（METI，2011a）。

2011 年 3 月，METI 资源能源厅和 NEDO 发布的"省能源技术战略 2011"中把碳纤维复合材料等轻量高强度部材、碳纤维复合材料制造技术作为重点研发技术方向（METI，2011c）。

2011 年 5 月 17 日，内阁通过"政策推进指南"重新配置新国家成长战略，在创新能源、环境战略和海外市场开拓战略中都强调了纤维，特别是高性能碳纤维的发展措施（METI，2011b）。

3. 欧盟及成员国

欧盟高性能复合材料技术研究项目（HIVOCOMP）得到欧盟 FPT 资助，旨在将先进材料应用于大型交通工具的轻型结构复合构件中，重点研发碳纤维复合材料的批量生产（Hivocomp，2011a）。满足大规模生产汽车的应用。该项目致力于开发两类复合材料体系，有望大批量生产具有成本效益的高性能碳纤维增强塑料，分别是先进聚氨酯（PU）热固性基体材料，热塑性聚丙烯（PP）基与聚酰胺 6（PA6）基自增强聚合物复合材料。项目将测试碳纤维复合材料体系的性能、生产成本和可回收能力，以确保达到成本、安全和环境指标。经过验证的部件将在 2013 年进行生产。

德国、英国、法国等在碳纤维及其复合材料领域具有一定的发展实力和潜力。德国将发展两个复合材料集群：位于 Hamburg 的 CFK-Valley Stade 中心旨在开发新兴碳纤维制造工艺，包括自动化工艺；Augsburg 中心旨在发展碳纤维复合材料技术。法国最大的集群位于 Nantes，进行复合材料研究和开发，并支持 Airbus 和 EADS，其他的集群位于 Aquitaine 和 Moselle。2009 年 11 月，英国政府推出"英国复合材料战略"（UK composites strategy）计划，投资 2200 万英镑，推进复合材料开发计划。内容包括：①设立国家复合材料中心，1600 万英镑（英国政府支付 1200 万英镑，西南地区开发局支付 400 万英镑）；②对新复合材料制造技术开发企业进行奖励，500 万英镑；③其他 100 万英镑（BIS，2009）。英国 2010 年发布的"低碳工业战略"强调了风能、太阳能等低碳来源，为高强度耐高温的碳纤维及其复合材料带来了潜在的发展机遇。2011 年 7 月，位于布里斯托尔大学的英国国家复合材料中心投入运营。英国的复合材料中心还包括西北复合材料中心、GKN 航空航天复合材料中心、威尔士复合材料中心、英国国家复合材料网络等。

4. 中国

在国家"十二五"科技规划方面，高性能碳纤维制备和应用技术是国家重点支持的战略性新兴产业和国家"十二五"科技规划的核心技术之一，事关国家战略和制造业的竞争力。2008 年，"高性能纤维复合材料"被国家发展改革委员会列为国家高技术产业化重大专项，碳纤维是重要的研究课题。2010 年部署的国家战略性新兴产业将重点提升碳纤维、芳纶、超高相对分子质量聚乙烯纤维等高性能纤维及其复合材料的发展水平。2011 年通过或将公布的国家《新材料产业"十二五"发展规划》《石化和化学工业"十二五"发展规划》《纺织工业"十二五"发展规划》等都把高性能碳纤维及其复合材料作为重点的发展方向，可见高性能碳纤维技术是国家"十二五"科技规划经济领域重大的科技项目。在中国科学院"创新 2020""十二五"规划等战略规划中，提出了碳纤维及其复合材料是重点的发展方向，包括高性能碳纤维制备技术、基体树脂制备技术、低成本复合技术等。

三、碳纤维专利计量分析

碳纤维专利分析数据来源于汤森路透公司信息平台 Web of Knowledge 提供的德温特专利数据库（Derwent innovations index，DII）。此次采用的分析工具为 Thomson data analyzer（TDA）数据分析软件以及 Aureka 分析平台。

此次分析以分类号和主题词的组合方式进行检索①。考虑碳纤维技术的发展，将检索年限确定在最近的三十年（1981～2011 年），共检索到专利共有 10 482 件（数据检索日期为 2011 年 11 月 15 日）。以下主要对碳纤维技术的总体发展趋势、国家和地区分布、主要专利权人、主要技术分布及主要研发人员等进行分析。

1. 总体发展趋势分析

1996 年以前，碳纤维专利技术申请数量基本都在 50 件以下，1997 年以后专利数量开始快速增长，2006 年的专利数量超过了 1000 件（图 3-11）②。碳纤维的专利申请量总体上处于稳步的增长阶段，说明该技术领域一直受到关注。

---

① 检索策略：TI＝（（"carbon fiber *" or "carbon filament *"）or（polyacrylonitrile or pitch）and "Precursor *" and fiber *）or（"graphite fiber *"））or（TS＝（（（"carbon fiber *" or "carbon filament *"）or（（polyacrylonitrile or pitch）and "Precursor *" and fiber *）or（"graphite fiber *"）））and IP＝（D01F-009/12 or D01F-009/127 or D01F-009/133 or D01F-009/14 or D01F-009/145 or D01F-009/15 or D01F-009/155 or D01F-009/16 or D01F-009/17 or D01F-009/18 or D01F-009/20 or D01F-009/21 or D01F-009/22 or D01F-009/24 or D01F-009/26 or D01F-009/28 or D01F-009/30 or D01F-009/32 or C08K-007/02 or C08J-005/04 or C04B-035/83 or D06M-014/36 or D06M-101/40 or D21H-013/50 or H01H-001/027 or H01R-039/24 or C08K-007/02 or C08J-005/04））

② 2010 和 2011 年申请量的回落是由于专利申请到专利公开有 18 个月的滞后期以及录入数据库的延迟所致，故 2010 和 2011 年的数据不完全，在此仅供参考（下同）

1998 年以来申请量的增加可能与各国的重视有关，1998～2009 年的专利年均增长率为 10.9％，表明碳纤维研究进入了快速发展期。

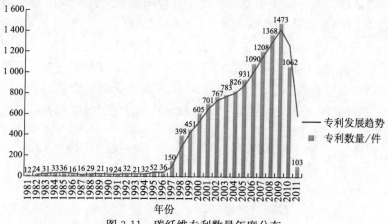

图 3-11　碳纤维专利数量年度分布

一种技术的生命周期通常由萌芽（产生）、成长（发展）、成熟、瓶颈（衰退）几个阶段构成。通过分析一种技术领域几十年中的专利申请趋势，可以分析该技术处于生命周期的何种阶段，可为研发、生产、投资等决策提供参考。根据碳纤维技术生命周期图，结合碳纤维专利数量年度分布，1996 年以前为碳纤维专利技术的萌芽阶段；1997～2007 年为碳纤维技术的快速成长期；自 2008年起，碳纤维专利技术开始进入相对成熟阶段（图 3-12）。由于碳纤维制备技术，特别是碳纤维原丝的制备技术属于技术机密，是不会申请专利的，可能对碳纤维专利技术的发展也有一定的影响。

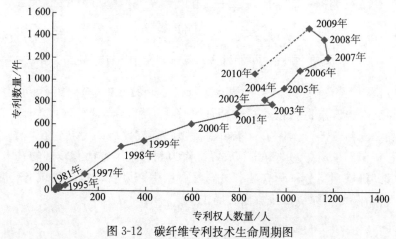

图 3-12　碳纤维专利技术生命周期图

2. 主要专利受理国家和地区分析

专利申请的同族专利国信息，反映了其他国家和地区对该国家和地区市场的重视程度。DII 数据库分析结果显示，1981～2011 年，世界上共有 40 多个国家和地区的专利局和国际性知识产权组织受理了碳纤维技术的相关专利，其中受理量排前 10 位的国家和机构如图 3-13 所示。日本的专利受理量远远超过其他国家，约占该领域专利总量的 46.1%；中国的专利受理量排在第二位，约占该领域专利总量的 24.2%。排在第 3～5 位的分别是美国、韩国和德国，申请量都在 10% 以下。中国台湾、英国、欧洲专利局、加拿大、法国等地区和机构的申请量都在 1% 左右。

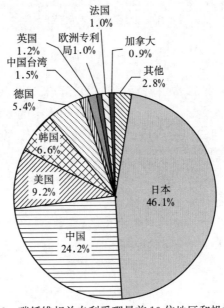

图 3-13　碳纤维相关专利受理量前 10 位地区和机构分布

图 3-14 给出了主要地区和机构在碳纤维专利技术的整体布局和能力优势。从图中可以看出日本在各技术领域都有比较合理的布局，且每个方向的专利申请量都在 200 件以上，体现了日本高度重视碳纤维领域的专利保护。中国在碳纤维生产设备、长丝分解碳纤维、碳纤维作为配料应用方面有较多的技术布局。美国在碳纤维增强高分子化合物、碳纤维专用生产设备等技术领域有较多的布局，但美国在 PAN 基碳纤维方面布局较少。

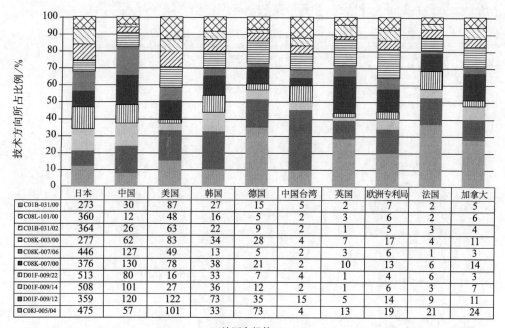

	日本	中国	美国	韩国	德国	中国台湾	英国	欧洲专利局	法国	加拿大
C01B-031/00	273	30	87	27	15	5	2	7	2	5
C08L-101/00	360	12	48	16	5	2	3	6	2	6
C01B-031/02	364	26	63	22	9	2	1	5	3	4
C08K-003/00	277	62	83	34	28	4	7	17	4	11
C08K-007/06	446	127	49	13	5	2	3	6	1	3
C08K-007/00	376	130	78	38	21	2	10	13	6	14
D01F-009/22	513	80	16	33	7	4	1	4	6	3
D01F-009/14	508	101	27	36	12	2	1	6	3	7
D01F-009/12	359	120	122	73	35	15	5	14	9	11
C08J-005/04	475	57	101	33	73	4	13	19	21	24

地区和机构

图 3-14　碳纤维专利受理量前 10 位的地区和机构技术分布

3. 专利申请机构分析

　　根据统计分析结果，碳纤维相关专利的申请人包括 5000 多个机构和个人。在专利申请量居前 10 位的申请人都是日本的企业。东丽公司、三菱公司、东邦公司占据了前三甲，形成碳纤维专利技术的第一集团，专利申请量在 400～700件，三者的专利之和占总专利数量的 16.8%（图 3-15）。位居第 3～6 位的是昭和公司、普利司通、日立公司，申请量在 100 件左右，形成碳纤维专利技术的第二集团。新日本石油公司、丰田公司、住友公司、富士公司等都处于第三集团，专利申请数量为几十件左右。在前 30 个专利申请机构中，日本的企业占据22 个，美国有三家公司入围，分别是杜邦、通用、霍尼韦尔公司；中国有三家机构入围，分别是中国科学院、哈尔滨工业大学、东华大学；其他两个分别是法国的空客公司、德国的西格里公司。以上说明日本在该领域具有强大的创新能力和技术竞争实力。

　　从前 10 位专利申请人专利申请量年度分布来看，日本东丽公司、三菱公司在碳纤维方面的专利申请较早，1991～2002 年专利申请量不断增加，2003 年以后专利申请数量有所波动；东邦公司在 1997 年以前的专利非常少，此后专利申请开始上升，2003 年以后，专利申请数量有所波动（图 3-16）。

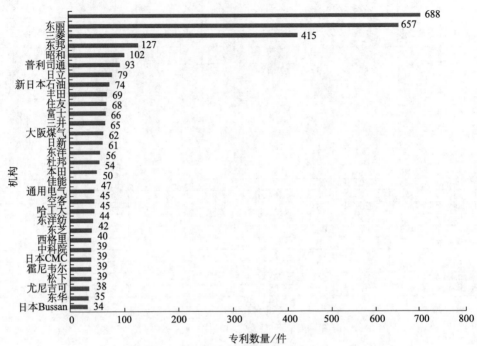

图 3-15　碳纤维专利前 30 位专利申请人

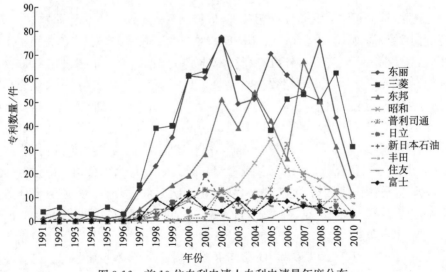

图 3-16　前 10 位专利申请人专利申请量年度分布

4. 热点技术领域分析

根据 Aureka 专利统计软件分析的结果（图 3-17），碳纤维原丝及其制备技术、氧化技术、碳化技术、表面处理技术、杂质去除、生产设备、碳纤维复合材料成型技术等一直是碳纤维专利技术的热点研究领域；碳纤维专利在研究领域的主要方向包括：纳米碳纤维、纤维增强复合材料、活性碳纤维、碳纤维织物、纳米碳催化、沥青基碳纤维、PAN 碳纤维、碳纤维原丝、导电碳纤维、复合材料热膨胀、树脂基复合材料、树脂成型技术等。

在应用领域的主要研究包括：碳纤维在橡胶制品（如轮胎）中的应用，活性碳纤维在水过滤中的应用，碳纤维复合材料在汽车飞机刹车系统中的应用，碳纤维在燃料电池、聚合物电极中的应用、碳纤维在锂离子电池及电极中的应用、碳纤维复合材料在高温器件和装备中的应用、碳纤维在衣物中的应用等。

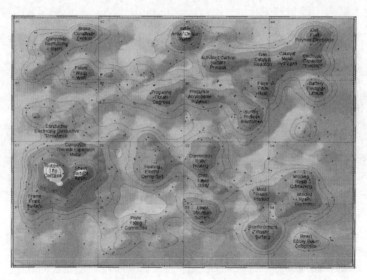

图 3-17　碳纤维专利技术总体主题示意图

四、碳纤维论文计量分析

论文分析采用了汤森路透公司的科学引文索引（SCIE）数据库，以 TS＝〔（"carbon fiber＊" or "carbon filament＊"）or（polyacrylonitrile or pitch）and "Precursor＊" and fiber＊）or（"graphite fiber＊"）〕为检索策略，检索 1981～

2011 年的数据，得到关于碳纤维的研究论文共 16 139 篇。利用 TDA 工具进行了数据分析。

1. 总体发展趋势分析

1981～2011 年，碳纤维相关研究论文数量的变化趋势如图 3-18 所示。图中可以看出，碳纤维相关研究论文的变化大致可分为三个阶段：20 世纪 80 年代（1981～1990 年）为第一阶段，相关论文发表数量相对较低，每年的发表数量在 200 篇以下，增长趋势也较缓。20 世纪 90 年代前中期（1991～1998 年）为第二阶段，这一阶段碳纤维相关论文每年的发表数量在 500 篇左右，碳纤维的研究开始引起学者的大量关注。1999～2011 年为第三阶段，在这一阶段碳纤维相关论文的数量开始逐年攀升，年均增长率约为 6%，至 2010 年，相关论文发表数量已达到 1032 篇（由于数据录入滞后，2011 年数据不在统计范围内）。

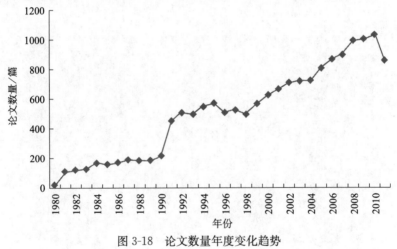

图 3-18　论文数量年度变化趋势

2. 研究主题分析

图 3-19 是 1981～2011 年碳纤维领域所有论文和高被引论文（被引频次≥50）的学科领域分布情况。该图给出了发表在跨学科材料科学、复合材料科学、物理化学、高分子科学、分析化学、跨学科化学、电化学、工程化学、应用物理和机械力学等十大重点学科领域的论文占所有论文的比例。可以看出，碳纤维领域有相当部分的论文和高被引论文属于跨学科材料科学，物理化学领域的论文也占有很大比例。表 3-9 是各时间段内碳纤维相关论文最受关注的主题词。

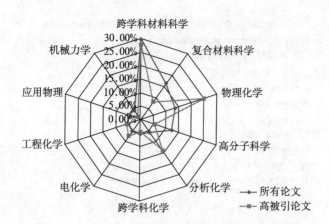

图 3-19　1981～2011 年碳纤维相关论文主要学科领域分布

表 3-9　各时间段内碳纤维相关论文最受关注主题词

时间段	论文数量	最受关注主题词
1999～2011 年	10 442	碳纤维、复合材料、机械性能、活性炭纤维、吸附、微结构、碳、碳纳米管、活性炭、纤维、碳素波纹管、混凝土、界面、氧化
1991～1998 年	4 078	碳纤维、复合材料、机械性能、伏安法、活性炭纤维、碳、环氧树脂、氧化、界面、纤维、吸附、微结构、黏结、表面处理
1981～1990 年	1 619	碳纤维、机械零件、最大剪应力、膜、碳纤维齿轮、新纹状体、氮、优化过程、等离子体处理、塑料齿轮、聚甲醛齿轮、钛酸钾晶须齿轮、压力系数、复合材料轴、玻璃环氧复合材料、玻璃纤维齿轮

3. 主要国家分析

图 3-20 是 1981～2011 年主要国家碳纤维相关论文数量。美国、中国、日本、韩国、德国、英国、法国、加拿大、印度和西班牙这 10 个国家在碳纤维领域发表的论文数量占全部论文数量的 79.2%。从论文分布来看，美国发文数量居第一位，共 4038 篇，占全领域论文总数的 26%，其次为中国和日本，分别为 2425 篇和 2075 篇，占全领域论文总数的 15.6% 和 13.4%。相对美国、中国、日本三国，其他国家论文发表数量较少，均在 1000 篇以下。

图 3-21 显示了 1981～2011 年主要国家碳纤维相关论文的总被引频次和篇均被引频次情况。从篇均被引频次分析，美国、英国和法国在碳纤维领域的论文具有较高的篇均被引频次，约为 17～18，其中，美国的论文数量和篇均被引频次均属于世界一流水平，反映出该国在碳纤维研究领域的绝对领导地位，英法两国虽然论文数量相对较少，但从篇均被引频次看，这两个国家的相关研究具有很高的影响力；日本、德国、加拿大和西班牙的篇均被引频次在 12～15，属于中游水平；中国、韩国和印度的篇均被引频次在 7～8，尤其中韩两国，虽然

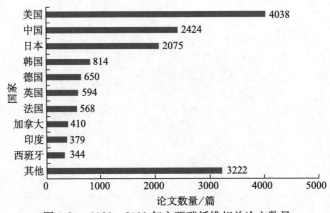

图 3-20 1981～2011 年主要碳纤维相关论文数量

发文数量较多，但篇均被引频次反映出的论文影响力相比其他主要国家仍有待提高。

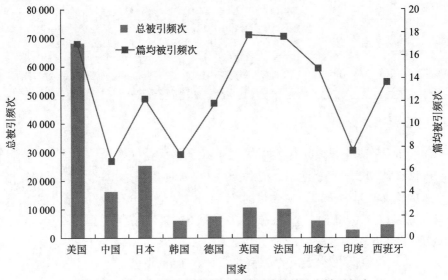

图 3-21 1981～2011 年主要国家碳纤维相关论文被引频次

4. 主要研究机构分析

图 3-22 显示了 1981～2011 年主要研究机构（论文数量在 100 篇以上）发表的碳纤维相关论文的数量和篇均被引频次。中国的研究机构在发文量方面名列前茅，中国科学院、哈尔滨工业大学、西北工业大学和清华大学分别排在第 1，

2，5 和 11 位；美国高论文发表量的机构较多，纽约州立大学水牛城分校、北卡罗来纳大学、华盛顿大学、麻省理工大学、NASA、宾夕法尼亚大学和克莱姆森大学的发文数量均在 100 篇以上；此外，日本的东京工业大学、东京大学、九州大学和信州大学也在碳纤维领域发表了较多论文。从论文的篇均被引频次分析研究机构论文的影响力，美国研究机构的论文影响力处于较高水平，尤其是北卡罗来纳大学，其篇均被引频次高达 47.1，麻省理工大学、宾夕法尼亚大学的篇均被引频次也在 20 以上；日本科研机构论文的篇均被引频次略低于美国，在 10～25；中国科研机构的论文篇均被引频次则较低，在 10 以下，其中中国科学院相对较高，为 8.1。分析表明，美国科研机构无论在论文数量和论文影响力方面均具有较大优势，日本次之，而中国科研机构虽然论文数量较高，但其影响力相比美日发达国家还存在一定差距。

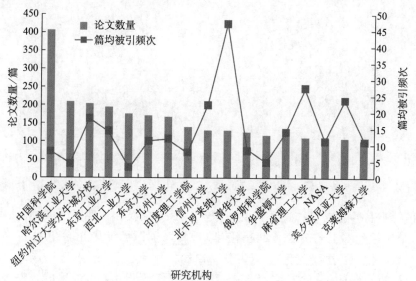

图 3-22　1981～2011 年主要研究机构碳纤维相关论文数量

五、碳纤维发展趋势分析

虽然碳纤维已经进入工业化发展阶段，但在研发和产业化方面仍然面临着诸多的挑战，还有一些关键的前沿问题需要解决，如高强、高模等高性能碳纤维及原丝制备技术、关键设备技术、低成本碳纤维复合材料技术、碳纤维复合材料的回收再利用技术等。

1. 碳纤维及原丝制备技术

尽管碳纤维生产流程相对较短，但生产壁垒很高，其中碳纤维原丝的生产壁垒是难中之难，具体表现在碳纤维原丝的聚合工艺、喷丝工艺、原丝与溶剂及引发剂的配比等。目前世界高性能碳纤维原丝和碳纤维制备技术主要掌握在日本的东丽、东邦和三菱等，这些企业技术严格保密，工艺难以外露，而其他碳纤维企业均是处于成长阶段，生产工艺在摸索中不断完善。碳纤维的成本问题仍是影响大规模应用的主要障碍。从传统制备工艺角度（图 3-23）和制备成本比例构成角度（图 3-24），碳纤维原丝（PAN 基）成本约占总成本的 51%。

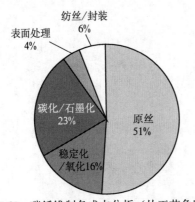
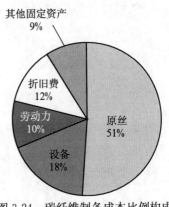

图 3-23　碳纤维制备成本分析（从工艺角度）　　图 3-24　碳纤维制备成本比例构成

碳纤维制备的成本的降低主要由原丝、运行规模、转换等因素影响。改进现有 PAN 原丝的工艺技术（如采用化学改性、辐照稳定化处理等）、提高产品速度（石墨化、快速稳定化）、开发新型原丝材料和制备工艺技术、碳纤维复合材料制品快速自动化工艺和技术等，都能达到降低原丝成本的目的。先进的稳定化工艺、等离子氧化、微波辅助等离子碳化、表面处理工艺等也有助于降低碳纤维的生产成本。美国在降低原丝制备成本方面采用木质素等可再生资源作为碳纤维原丝，碳纤维目标价格接近 5～7 美元/磅，强度至少大于 1724 MPa（250Ksi），模量至少大于 172 GPa（25msi）；采用织物基 PAN 材料可使原丝成本降低传统碳纤维原丝成本的 50%，可降低碳纤维的制备成本 2 美元/磅（DOE，2010c）。

碳纤维是主要通过 PAN 原丝等为原料，经氧化稳定化、碳化、石墨化和后处理所制得（图 3-25）。PAN 基碳纤维生产过程主要分为四个阶段（马刚峰等，2011；张跃等，2009）。

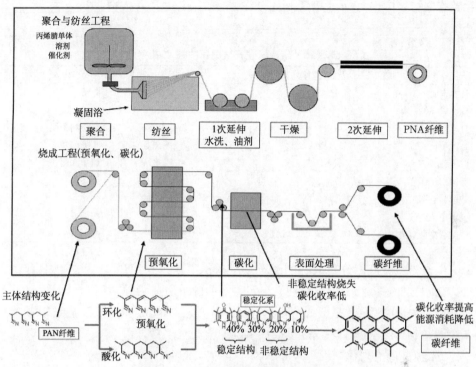

图 3-25　PAN 基碳纤维制备技术路线

1) 原丝制备

PAN 原丝质量是制造高性能碳纤维的前提，世界上几条著名的 PAN 基碳纤维生产线大多是从原丝开始，直到碳纤维以及中、下游产品的开发。在原丝制备工艺中主要有以下关键技术（沈曾民等，2010）：①PAN 原丝性能和高纯化；②共聚单体的选择；③聚合方法和溶剂选择；④纺丝新工艺等。聚合是制备原丝的第一步，工业上采用最广泛的是溶液聚合，聚合液不需要分离就可直接用来纺丝，称为一步法。溶液聚合常用的溶剂主要有 N，N-二甲基甲酰胺（DMF）、二甲基亚砜（DMSO）、硝酸（HNO_3）、硫氰化钠（NaSCN）水溶液和氯化锌（$ZnCl_2$）水溶液等。DMF 可以制备出高质量的碳纤维，但有毒；硝酸法安全性差、污染严重；NaSCN 法和 $ZnCl_2$ 法因钠离子和锌离子会对碳丝质量有很大影响，很难制备出高质量的碳纤维；以 DMSO 为溶剂的制造工艺具有技术成熟、产品质量稳定、原料及能源消耗低、三废排放量少、经济效益好等明显优势，被国内外公认为最先进的工艺，是目前世界上 PAN 原丝生产主要采用的加工路线。目前规模化生产单位主要有日本东丽、三菱、东邦，美国 Cytec、赫克赛尔和中国台湾的台塑集团。表 3-10 列出了国外生产企业碳纤维原丝技术路线，国内的研究单位和生产企业多采用 DMSO 为溶剂的一步法工艺路线。

表 3-10　高性能碳纤维原丝的技术路线

研制/生产单位	溶剂种类	工艺路线	纺丝方法
日本东丽	DMSO	一步法	湿纺
日本东邦	$ZnCl_2$	一步法	湿纺
日本三菱丽阳	DMF 或 DMAC	一步法	湿纺和干湿法纺丝
日本旭化成	HNO_3	一步法	干喷湿纺
美国 BASF	DMAC	二步法	熔纺和湿纺
美国 Cytec	DMSO	一步法	湿纺
美国赫克赛尔	NaSCN	一步法	湿纺
英国考特尔兹	NaSCN	二步法	湿纺
中国台湾台塑集团	DMF 或 DMAC	一步法	湿纺

纺丝是聚合液相分离成纤的过程，丝条从喷丝板喷出后要经过凝固浴、水洗、热水拉伸、上油、蒸汽牵伸、热定型等步骤最后成为 PAN 原丝。目前生产碳纤维用的 PAN 原丝是湿式溶液纺丝法，即湿法纺丝法和干喷湿纺法来制造，干喷湿纺和射频法新工艺正逐步取代传统的碳纤维制备方法。

2）预氧化工艺

预氧化是生产 PAN 基碳纤维的一个重要中间过程，起到承前启后、由原丝转化为碳纤维的桥梁作用。如果不进行预氧化，原丝的线型分析链在高温热解断链，转化为树脂碳而不是具有一定强度的纤维状碳，碳化收率极低。目前工业化生产操作是使 PAN 原丝通过 160～300℃温度梯度的空气氧化炉进行预氧化，加热方式多为电阻丝加热，近年来也有采用射频负压等离子法加热。Tan（Tan and Wan，2011）利用 γ 射线照射技术研究了 PAN 原丝纤维的结构变化，采用该技术后可能会有助于加快 PAN 原丝纤维的热稳定。

预氧化过程中的质量控制指标之一是氧的径向分布与均质预氧丝。PAN 原丝就已存在轻微皮芯结构，预氧化过程中使皮芯结构加剧。这种皮芯结构将"遗传"给碳纤维，导致碳纤维的力学性能由表及里逐步下降。因此如何消除或减轻皮芯结构是提高碳纤维力学性能的重要技术途径之一，也是当前研究的热点和难点课题之一。如何制取径向氧分布均匀的均质预氧丝至今没有明确定论，含有侧基的乙烯类共聚单体，采用细直径原丝有利于消除皮芯结构，引入硼可抑制预氧化反应，减弱皮芯结构（贺福，2010）。预氧化不仅控制着碳纤维的质量，也控制着碳纤维的产量。在保证质量的前提下，如何降低或缩短预氧化时间，仍是当前和今后研究的热门课题之一。

3）碳化和石墨化工艺

碳化和石墨化工艺是要保证预氧化纤维的环化结构进一步完整并逐步转化成乱层石墨结构，同时要控制好纤维的微孔尺寸及其分布、单丝内外层结构、分子取向度、结晶尺寸和结晶取向、表面氧含量、羧基含量、比表面积、表面硅、碳比、纤维含氮量等，并防止纤维产生表面缺陷和毛刺以及附着污染物等。此外，还要考虑节能、延长炉子寿命特别是石墨化炉的炉管寿命及环保等（罗益锋，2007）。

美国橡树岭国家实验室开发了微波等离子工艺（microwave-assisted plasma-processing）用于碳纤维的碳化和石墨化，并申请了一系列专利（主要通过 UT-Battelle 公司申请）。2002 和 2003 年授权的专利有 US6372192 B1 "通过等离子技术制造碳纤维"（UT-Battelle，2002）、US6514449 B1 "微波等离子体辅助技术改性复合纤维表面形状"（UT-Battelle，2003），2010 年授权的专利为 US7824495 B1 "通过微波辅助等离子工艺连续制造碳纤维的系统"（UT-Battelle，2010）。中国台湾工研院利用微波辅助石墨化工艺，石墨化温度达到 1000~3000℃，处理后的碳纤维拉伸强度达到 2.0~6.5GPa，模量为 200~650GPa（ITRI，2011）。

2. 碳纤维发展趋势

1）PAN 基碳纤维

PAN 基碳纤维由于生产工艺较简单，产品力学和高温性能优异，而且兼有良好的结构和功能特性，发展较快，已成为高性能碳纤维发展和应用最主要、占绝对优势的品种，是当前碳纤维的主流，其产量占碳纤维总量的 90% 左右。PAN 基碳纤维包括大丝束碳纤维和小丝束碳纤维。20 世纪 90 年代以前，世界上生产的都是小丝束碳纤维。1996 年，美国在大丝束碳纤维技术上取得了重大突破，生产出拉伸强度可以与小丝束碳纤维相媲美的大丝束碳纤维，逐渐取代了原来由小丝束碳纤维独占的军事国防、航空航天、体育休闲等应用领域，进而广泛地向其他领域渗透和发展。提高小丝束质量、大丝束碳纤维产量、价格日趋下降是 PAN 基碳纤维未来的发展方向。

碳纤维的理论拉伸强度为 180GPa，拉伸模量为 1020GPa，质量的提升仍有很大的空间。目前，碳纤维的拉伸强度最高为 T1000，拉伸强度为 7.02GPa，仅为理论值的 4% 左右。PAN 基石墨纤维 M70J，拉伸模量为 690GPa，为理论值的 68% 左右。东丽公司的高强度和高模量碳纤维产品代表了碳纤维的发展趋势，显示出质量在逐步提高，并独家拥有 T1000 高强领域以及 M60J 和 M65J 领域的生产技术，如图 3-26 所示。

　　PAN 基碳纤维的近期研究热点包括提高性能、表面缺陷控制在纳米级别、石墨晶化研究、石墨烯修饰碳纤维（Chang et al.，2011）、碳纳米管改善碳纤维性能（Hu et al.，2011）、纳米管/PAN 复合纤维等（Liu et al.，2011）。

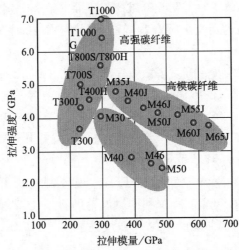

图 3-26　东丽公司 PAN 基高强和高模型碳纤维发展趋势[①]

　　2）石墨纤维

　　石墨纤维一般是指含碳量在 99% 以上的碳纤维，拉伸强度为 21GPa，是理论值的 11.7% 左右，其拉伸模量是 700GPa，是理论值的 69% 左右。碳纤维经 2200～3000℃ 高温石墨化处理就可得到石墨纤维。石墨晶须的直径细，表面光滑无暇，缺陷少，因而拉伸强度高。所以，石墨晶须是碳纤维的发展方向。石墨纤维还具有热膨胀系数小和热稳定性好、尺寸稳定等优异性能，因而用来制造刚而薄和尺寸稳定的复合材料构件，广泛用于宇宙飞行器及航空航天领域。

　　制造石墨纤维是高温技术和高温设备的集成。在如此高的石墨化温度下，如何抑制和调控石墨发热体与运行纤维的高温氧化和高温升华成为连续石墨化的技术关键。为了降低石墨化温度（降低 200～400℃）而得到同样石墨化效果，渗硼催化石墨已是研究的热点课题之一。石墨纤维的价格比碳纤维要高 6～10 倍，这与其生产难度有关。因此研究石墨化机理、完善石墨化技术和设备，仍是当前研究的重大课题（贺福，2010）。

---

　　①　Toray Homepage. http：//www. toray.com，http：//www. torayca.com ［2011-12-15］

3）沥青基碳纤维

沥青基碳纤维的研究始于 20 世纪 50 年代，1965 年日本群马大学的大谷衫郎研制沥青基碳纤维获得成功。1974 年，美国联合碳化物公司（UCC）开始了高性能中间相沥青基碳纤维 Thornel-35 的研制，并取得成功。目前 Thornel-P 系列高性能沥青基碳纤维仍是最好的产品。沥青基碳纤维是目前碳纤维领域中仅次于 PAN 基的第二大原料路线。沥青基碳纤维分为低性能沥青碳纤维与高模量沥青基碳纤维。

与 PAN 基碳纤维相比，沥青基碳纤维发展相对滞后。沥青基碳纤维的碳化收率比 PAN 基高，原料沥青价格也远比 PAN 便宜，在理论上这些差别将使沥青基碳纤维的成本比 PAN 基碳纤维低。然而要制得高性能碳纤维，原料沥青中的杂质等必须完全脱除，沥青转化为中间相沥青，这使得高性能沥青基碳纤维的成本大大增加。实际上高性能沥青基碳纤维的成本反而比 PAN 基碳纤维高。故目前仅限于只追求性能而不计成本的极少数部门，如宇航部门使用。

沥青基碳纤维的制备过程包括原料沥青的精制、沥青的调制、沥青碳纤维的制取、预氧化处理、碳化与石墨化处理、后处理等步骤。沥青基碳纤维的纺丝方法主要有挤压法、离心法、熔吹法、涡流法等（王鹏等，2010）。

沥青基碳纤维在 2010 年的全球产能约 3660 吨。日本的吴羽（Kureha）公司是最大的沥青基碳纤维生产企业，2010 年的预计产能为 1450 吨，其他生产企业还包括日本三菱化学、日本石墨纤维公司、日本大阪煤气化公司和美国 Cytec 公司等。

4）黏胶基碳纤维

美国 Wright-Patterson 空军基地从 1950 年就开始研制黏胶基碳纤维用作火箭喷管和再入器鼻锥的耐烧蚀材料。之后，美国联合碳化物公司和西特科（Hitco）公司等开始研制黏胶基碳纤维。1964 年，UCC 又推出了高性能黏胶基碳纤维，这是黏胶基碳纤维鼎盛时期的标志。黏胶基碳纤维的研究主要集中在 20 世纪 90 年代以前，90 年代以后关于黏胶基碳纤维的研究并不多见。

黏胶基碳纤维主要用于耐烧蚀材料和隔热材料，应用于军工（如导弹）和航天领域，是不可或缺的战略物资。目前，黏胶基碳纤维仍占据着其他碳纤维不可取代的地位，黏胶基碳纤维的产量不足世界碳纤维总产量的 1‰，它虽然不会有大的发展，但也不会被彻底淘汰出局。黏胶基碳纤维生产线每吨产品建设投资高达一千多万元。

生产黏胶基碳纤维的原料主要有木浆和棉浆。美国、俄罗斯和白俄罗斯采用木浆，我国则以棉浆为主。黏胶纤维素浆粕配制成纺丝液，通过湿法纺制成黏胶连续长丝。黏胶纤维经水洗、干燥和浸渍催化剂后，再经预氧化和碳化工序就可转化为碳纤维。浸渍催化剂和预氧化处理是制造黏胶基碳纤维的重要工序，是有机黏胶丝转化为无机碳纤维的关键所在（王鹏等，2010）。

3. 低成本碳纤维复合材料技术

碳纤维主要用于复合材料中的增强材料，可用来增强树脂、碳、金属及各种无机陶瓷，目前使用得最多的是树脂基复合材料。碳纤维增强树脂基复合材料是目前最先进的复合材料之一，它以轻质、高强、耐高温、抗腐蚀、热力学性能优良等特点广泛用作结构材料及耐高温抗烧蚀材料，是其他纤维增强复合材料所无法比拟的。我国在复合材料制备方面主要是设备比较落后，在复合材料制备和成型装备制造方面开展工作很有必要，而制备工艺成本占复合材料总成本的比例较大，需要重点解决部件连接、整体成型、连续化成型、高效率成型等低成本技术问题，以达到保证可靠性和降低成本的目标（中国科学院，2010）。

1）快速树脂转移模塑成型

树脂转移模塑成型技术是一种低成本复合材料制造方法，最初主要用于飞机次承力结构件，如舱门和检查口盖。目前中小型复合材料 RTM 零件的制造已经获得了较广泛的应用，而大型 RTM 件也取得成功应用。该方法的优点是环保、形成的层合板性能好且双面质量好，在航空中应用不仅能够减少本身劳动量，而且由于能够成型大型整体件，使装配工作量减少。

RTM 工艺的主要原理是在模腔中铺放按性能和结构要求设计的增强材料预成形体，采用注射设备将专用树脂体系注入闭合模腔，模具具有周边密封和紧固以及注射及排气系统，以保证树脂流动流畅并排出模腔中的全部气体和彻底浸润纤维，还具有加热系统，可加热固化成型复合材料构件。它是一种不采用预浸料，也不采用热压罐的成型方法。因此，具有效率高、投资低、绿色等优点，是未来新一代飞机机体有发展潜力的制造技术。

日本一直在发展 RTM 技术，重点研发了汽车复合材料制品成型时间在 10 分钟以内、成本低、可大量生产的制造技术。2011 年日本东邦公司将投资 20 亿日元在爱媛县松山工厂建立世界上第一个完全集成的大规模生产碳纤维增强热塑性塑料汽车零部件的试验工厂。使用的是加热即融化、冷却即凝固的"热可塑性树脂"，做法是对树脂中含有碳纤维的中间材料进行冲压成型。通过采用热可塑性树脂便可省去烧结工序，使碳纤维复合材料产品在 1 分钟之内完成综合生产。该技术是集各种原型和性能评估测试的快速生产技术[①]。

---

① Teijin to build carbon fiber/thermoplastic facility for autos. http://www.compositesworld.com/news/teijin-to-build-carbon-fiberthermoplastic-facility-for-autos［2011-11-30］

2）高循环一体成型技术

日本东京大学负责实施的"可持续超复合材料技术开发"计划（2008～2012年）重点开发高循环一体成型技术。该计划选用了聚丙烯（PP）、聚酰胺（PA）和碳纤维形成 CFRTP 中间基材，主要是为了提高成型速度、降低成本和提高可回收性。首先对碳纤维表面处理和聚丙烯改性，经过特殊处理后的碳纤维和改性后的聚丙烯（图 3-27），提高了二者的界面结合性能。聚丙烯与碳纤维的浸渍技术是要面临的一个挑战。该计划开发两种类型的高循环一体成型技术生产 CFRTP。面板和形状复杂的零件采用非连续碳纤维增强均质板（isotropic sheet）成型技术（图 3-28），一次结构部件，如车架采用连续碳纤维增强板成型技术（图 3-29），重点发展高循环冲压成型技术和高循环内压成型技术。

碳纤维
+未改性的聚丙烯

特殊处理的碳纤维
+未改性的聚丙烯

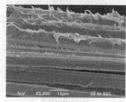

碳纤维
+改性的聚丙烯

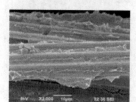

特殊处理的碳纤维
+改性的聚丙烯

图 3-27 碳纤维和聚丙烯改性前后比较图

东丽公司的"TEEWave AR1"电动汽车概念车采用高循环一体成型法制备 CFRP 汽车部件。将碳纤维织物剪成细小的部分，然后将其粘在一起制成经过冲压的"预成型坯"。将"预成型坯"装入模具内，把模具关闭后注入作为基体的热固性树脂（主要是环氧树脂），形成复合材料制品[1]。

---

① Toray Shows off CFRP-based Electric Concept. http：//techon. nikkeibp. co. jp/english/NEWS_EN/20110915/198265/［2011-09-15］

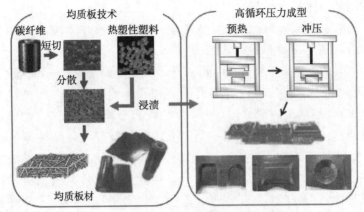

图 3-28 非连续碳纤维增强均质板技术

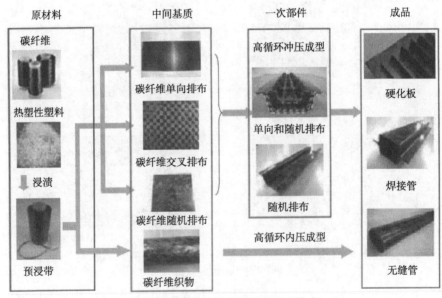

图 3-29 连续碳纤维增强板成型技术

3）碳纤维复合材料回收技术

日本静冈大学在 NEDO 的资助下（预算约 50 亿日元）开发了 CFRP 的回收利用技术（NEDO，2009），CFRP 首先通过超临界流体方法 50～350℃、5～10MPa 的压力下分解成碳纤维和树脂分解生成物，树脂可再硬化和再利用到 CFRP 中。该方法与传统的常压溶解法和热分解法相比，溶剂沸点低、不需要催化剂，除碳纤维外树脂还可再利用。东京大学开发了双钢带压机（double belt press)、混合冲压（hybrid stamping）、注塑成型（injection molding）技术对碳纤维复合材料进行回收（图3-30）。

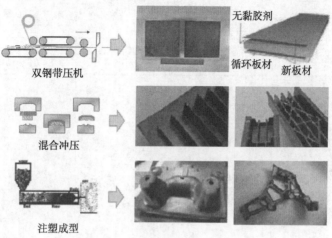

图 3-30　碳纤维复合材料回收技术

六、碳纤维产业化和应用分析

1. 市场需求分析

全球碳纤维的供需一直是碳纤维发展的热点。根据碳纤维的需求，其工业发展基本上可分为以下五个时期，1971～1983年的发展初期，以1971年日本东丽公司工业规模生产PAN基碳纤维（1吨/月）为标志，应用只局限于飞机二级结构、钓鱼竿等；1984～1993年的成长期，1984年日本东丽公司研制成功高强中模碳纤维T800，应用范围进一步扩大，应用到飞机二次结构、网球拍、高尔夫球杆等；1994～2003年的增长期，应用进一步扩大到产业领域，如压力容器、产业机械、船舶等；2004年以后进入碳纤维应用全面增长期，航空领域和自动车领域的应用迅速扩大，如飞机大型部件、风机叶片、汽车等；专家预测特别是2012年以后碳纤维的应用将进入一个飞速发展的时期，见图3-31（Toray，2008）。根据复合材料世界（Composites World）2011年12月举行的"碳纤维国际会议2011"，2011年全球碳纤维的需求量是4.58万吨（其中航空业需求7000吨、工业包括风能产业需求2.98万吨、消费品和体育用品需求9000吨）；到2020年全球碳纤维需求将达到15.37万吨（Sara，2011）。

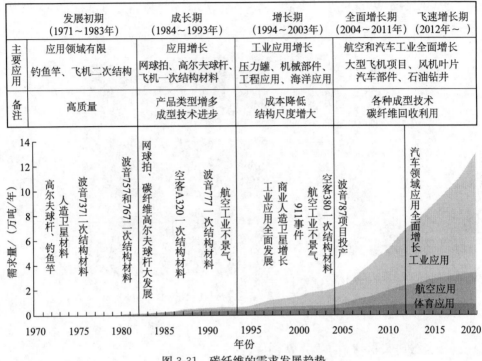

图 3-31　碳纤维的需求发展趋势

2. 产业化分析

全球主要 PAN 基和沥青基碳纤维生产企业的产能见表 3-11 和表 3-12。目前只有日本、美国、德国、法国、英国、中国、土耳其、印度等十多个国家和地区具备碳纤维工业化的生产能力，规模化生产企业不超过 12 家。2010 年全球 PAN 基碳纤维的生产能力达 7.88 万吨/年，沥青基碳纤维生产能力为 3360 吨/年。日本东丽、日本东邦、美国卓尔泰克、日本三菱是全球碳纤维产能排名前四位的生产商，这四家分别占全球碳纤维总产能的 22.7%、17.6%、16.2% 和 13.8%。

表 3-11　主要 PAN 基碳纤维生产企业产能　　　　　　　（单位：吨）

生产企业		产能及预测						
		2005 年	2006 年	2007 年	2008 年	2009 年	2010 年	2012 年
日本东丽集团	东丽公司	4 700	4 700	6 900	7 300	7 300	7 300	7 300
	东丽法国 Soficar 公司	2 600	2 600	3 400	5 200	5 200	5 200	5 200
	东丽美国 CFA 公司	1 800	3 600	3 600	5 400	5 400	5 400	5 400
	小计	9 100	10 900	13 900	179 00	17 900	17 900	17 900

生产企业		产能及预测						
		2005 年	2006 年	2007 年	2008 年	2009 年	2010 年	2012 年
日本东邦集团	东邦 TENAX 公司	3 700	3 700	3 700	6 400	6 400	6 400	6 400
	东邦德国 TTE 公司	1 900	3 400	3 400	3 400	5 100	5 100	5 100
	东邦美国 TTA 公司	—	2 000	2 000	2 000	2 000	2 400	2 400
	小计	5 600	9 100	9 100	11 800	13 500	13 900	13 900
日本三菱集团	三菱丽阳	3 200	3 200	5 400	5 400	5 400	8 100	8 100
	三菱美国 Grafil 公司	1 500	2 000	2 000	2 000	2 000	2 000	2 000
	三菱欧洲公司	—	500	500	750	750	750	750
	小计	4 700	5 700	7 900	8 150	8 150	10 850	10 850
美国赫克赛尔公司	美国分公司	3 250	3 250	4 200	4 200	4 200	4 200	5 700
	德国分公司	—	650	650	650	650	650	650
	小计	3 250	3 900	4 850	4 850	4 850	4 850	6 350
美国卓尔泰克公司	美国公司	1 500	2 500	2 500	2 500	4 750	4 750	4 750
	欧洲公司	2 000	6 000	6 000	6 000	6 000	6 000	6 000
	墨西哥公司	—	—	—	—	2 000	2 000	2 000
	小计	3 500	8 500	8 500	8 500	12 750	12 750	12 750
美国 Cytec 公司		1 900	2 150	2 400	2 400	2 400	2 400	3 400
德国西格里（SGL）公司		—	—	—	—	—	4 000	4 000
中国台湾台塑集团		2 150	2 150	3 950	6 150	6 150	6 150	7 450
中国制造商		—	—	—	4 300	4 300	4 300	12 200
印度 Kemrock 公司		—	—	—	—	—	200	200
土耳其 AKSA 公司		—	—	—	1 500	1 500	1 500	1 500
总计		30 200	42 400	50 600	65 550	71 500	78 800	90 500

资料来源：日本碳纤维协会（JCMA）第 23 次和 24 次复合材料研讨会

表 3-12　主要沥青基碳纤维生产企业产能　　（单位：吨）

生产企业	2012 年
日本三菱树脂	1000
日本石墨纤维	180
美国 Cytec 公司	230
日本吴羽公司	1450
日本大阪煤气化	600
中国鞍山塞诺达公司	200
总计	3660

资料来源：日本碳纤维协会（JCMA）第 24 次复合材料研讨会

3. 主要应用领域分析

碳纤维未来最活跃和最具发展潜力的领域包括航空航天、风力发电大型叶片、清洁能源车辆、近海油田勘探和生产、建筑领域、高尔夫球杆和球拍等，这些领域的发展推动了世界碳纤维复合材料的大发展。随着碳纤维生产规模的扩大和生产成本的下降，在增强木材、机械和电器零部件、新型电极材料乃至日常生活用品中的应用必将迅速扩大。高性能纤维对实现低碳经济、拉动消费需求，以及带动传统产业升级具有重要意义。

1) 航空航天领域

高比强、高比模的碳纤维复合材料已成为航空航天器最重要的结构材料之一，可大幅度减重 20%～30%，增大航程、降低油耗。利用材料的可设计性，可达到前掠翼、颤振、承力/隐身一体化，使结构整体优化，翼身融合、整体成型减少零件数，同时降低全寿命成本。导弹发射筒采用先进复合材料保守估计可减重 30%，对于提高地面生存能力至关重要。碳纤维复合材料在飞机上代替铝可减重 20%～30%。从军机、民机、直升机一直到无人机，以至 B787、A380 大型客机，基本是全复合材料飞机，尤其是机上的主结构，基本全由复合材料制成。

2) 能源领域

碳纤维/环氧复合材料是制造风机叶片的最佳材料，可提高叶片刚度、减轻叶片重量。直径为 120 米的风机叶片部分使用碳纤维，可有效减少总体自重达 38%，降低叶片成本 14%，并使整个风力发电装置成本降低 4.5%。碳纤维能够为海上风力发电提供更轻质、更抗拉力、更耐腐蚀的叶片和塔架材料。碳纤维复合材料替代传统钢制电缆芯，具有减重、降耗、易增容等特点，且价格竞争力逐渐显现，是电力输送新材料技术的发展趋势。全球碳纤维复合芯导线得到广泛应用。石油开采方面，可减轻重量、提高生产效率的碳纤维复合材料亦成为必需。

3) 交通领域

新一代低碳汽车将大量采用碳纤维及芳纶纤维复合材料。碳纤维复合材料车身同比钢铁减重 50%。有资料显示，汽车结构每减重 10%，燃油消耗可节省 7%，可大大减少寿命期内的使用成本。若车体减重 20%～30%，每车每年 CO_2 排放可减少 0.5 吨。碳纤维及芳纶纤维复合材料在高速列车车体和内装饰等部件也成为不可或缺的关键材料。碳纤维复合材料应用于船艇，比铝节减重 38%。海洋工程、潜艇上碳纤维的应用越来越多。

4) 建筑及工业领域

碳纤维复合材料已经大规模应用于桥梁及高层建筑的加固。基于其轻质高强（可实现更大跨度、节省建造成本和资源消耗），耐腐蚀，抗超载和抗疲劳的优异性能，可做到结构免维护，避免断路维修，施工架设方便，社会总成本降低。7.8 米长的平行钢丝索模量强度为 1800MPa，而 1.8 米长的平行 CFRP 索模量强度即可达到 3300MPa。表 3-13 展现了碳纤维在各领域的主要应用。

表 3-13 碳纤维主要应用领域

行业	应用领域	利用碳纤维的特性
航空航天	飞机一次结构材料：主翼、尾翼、机体；飞机二次结构材料：辅翼、方向舵、升降舵；（如波音 777：约 10 吨 CFRP；波音 787：约 35 吨 CFRP；空客 A320：约 2 吨 CFRP；空客 A380：约 35 吨 CFRP）；内装饰材料：舱底板、行李架、厕所、座椅；制动刹车盘、刹车片；隐身材料：结构隐身材料二次结构；卫星：抛物面天线、太阳能电池梁、壳体结构材料；航天飞机：机翼、头锥、刹车盘；导弹、火箭：喷管、发动机罩、防热材料、仪器舱、导弹发射筒等	轻量化、高模量、耐疲劳、耐热性、耐磨损
交通	汽车全车身、底盘、传动轴、片簧、发动机罩、车轮、底盘、保险杆、制动器；压缩天然气罐（CNG）、消声壁（隔音墙）；赛车底盘、制动器；线性发动机牵引机车、超导列车的支撑件、集装箱；高速列车车厢及制动器、转向架构件、自动传动轴等	高比强、高比模、减振吸能、耐疲劳、耐腐蚀、耐磨损
新能源	风力发动机叶片、分离油用超级离心机转筒、核反应堆壁材、储能飞轮、太阳能发电板、抛物面激光器、太阳能热水器、燃料电池的电极材料、铅电池的栅极、锂电池电极材料、海上油田勘探和开采器材以及平台、油气储罐及管道等	高比强、高比模、线膨胀系数小、耐腐蚀、导电减振
建筑和工业	高层建筑的幕墙、绝热板、圆顶建筑的横梁、薄材、自动门地板、防静电地板、采暖地板、增强混凝土；建筑物的结构补强、修补、维修、加固；增强木材复合材料、超长铁路桥、公路桥和人行桥的桥墩、隧道的加固及超强件、基础设施建设、建筑结构材料、碳纤维绳索等	高比强、高比模、耐腐蚀、导电、加工性好
医用器材	X 射线衍射仪的床板、头托、CT 板、假肢、假手、假眼、人造骨、人造关节、义齿、人造韧带、肌腱、医疗电极等	高比强、高比模、X 射线透过性好、生物相容性好
文体	钓竿、滑轮；网球拍、羽毛球拍；高尔夫球杆、棒头；冰球棒、冰球鞋、滑雪板；自行车、赛车；赛艇、游艇、划艇、水上划艇；弓箭；乒乓球拍等	轻量化、刚性、敏感性、吸能减震性
电子电气及仪器	电视天线、抛物面天线、非磁性导线、面状发热体、大型电波望远镜、光学仪器、摄像机、计算机和传真机等的电磁屏蔽材料、舰船通信室设施、扬声器喇叭、滑动班、磁头罩、车器构件、静电消除刷、柔性刷、电刷等	高比强、高比模、线膨胀系数小、电池屏蔽性好、减振
机械	纺织机械的框架、箭杆、梭、模具材料；大型造纸机、印刷机的滚筒、导辊；搬运机械的升降机箱、电梯构件、大吊车车壁；空压机轴、离心分离转子；密封填料、压力容器等	高比强、高比模、尺寸稳定、耐腐蚀、耐磨损、导热

七、结语与建议

1. 结语

（1）美国、日本、欧盟等国家和地区非常注重碳纤维原丝技术、PAN 原丝替代技术及碳纤维复合材料的研发，制定了相关战略和计划促进碳纤维的研发和商业化。美国正在研发来自可再生资源（木质素基）、聚乙烯基、聚丙烯基碳纤维、木质素/PAN 混合原丝等技术，将原丝成本降低至原来的 50%。日本非常注重低能耗碳纤维制造技术和碳纤维回收利用技术的研发，重点研发了汽车复合材料制品成型时间在 10 分钟以内、低成本、可大量生产的制造技术，东邦公司正在开发 1 分钟之内综合生产碳纤维复合材料制品的技术。

（2）国外在高性能碳纤维方面已实现了商业化生产，而我国还处于研制和试生产阶段。世界高性能碳纤维原丝和碳纤维制备技术主要掌握在日本的东丽、东邦和三菱，德国的西格里等企业，这些企业技术严格保密，工艺难以外露，而其他碳纤维企业均是处于成长阶段。PAN 原丝制备关键技术、预氧化工艺、碳化和石墨化工艺及其设备是碳纤维制备工艺的重要技术。

（3）从碳纤维专利角度来看，世界碳纤维专利申请量总体处于稳步的增长阶段，该技术进入了相对成熟阶段和快速发展期。日本的专利受理量远远超过其他国家，约占该领域专利总量的 47.8%；中国的专利受理量排在第二位，约占专利总量的 25.1%；排在第 3～5 位的是美国、韩国和德国。专利地图表明碳纤维原丝及其制备技术、氧化技术、碳化技术、表面处理技术、杂质去除、生产设备、碳纤维复合材料成型技术等一直是碳纤维专利技术的热点研究领域。

（4）从碳纤维论文角度来看，世界碳纤维研究相关论文数量可分为 1981～1990 年、1991～1998 年和 1999～2011 年三个阶段，第一阶段相关论文数量较少；第二阶段由于美国、日本、英国、法国、德国等国论文数量增长，较前一阶段有明显提升，但在此期间增长较为平稳；第三阶段论文数量受中国、韩国、印度等国论文数量大幅增加的拉动，相关论文数量呈上升趋势。第一阶段研究领域主要在碳纤维在机械零件方面的应用，第二阶段后，主要在碳纤维复合材料方面，并且研究领域开始向碳纤维的电性质以及对其微结构表征方向拓展。美国、中国、日本论文数量居世界前三位，前十位国家发表的相关论文占全部论文数量的 79.2%。但从论文被引频次分析其影响力，美国、英国、法国的论文影响力明显高于中国、韩国、印度。

（5）从碳纤维标准角度来看，国际及各国标准组织在 1991～2000 年、2002～2005 年以及 2007～2009 年三个阶段产生了三个标准制定高峰时期，表明这三个阶段随着碳纤维不同应用层面的开拓，碳纤维产业也迎来相应的高峰发展时期。日本碳纤维标准数量占较大优势，表明日本在碳纤维行业有着相对领先的市场地位；欧洲各国以及美国也保持碳纤维行业的相对优势；而我国碳纤维标准虽然保持着一定的数量，但由于我国碳纤维行业缺乏具有自主知识产权的核心产业化技术支撑，制约了我国高性能纤维及复合材料产业的发展。

（6）随着高强高模碳纤维应用到飞机二次结构、网球拍、高尔夫球杆等领域，并进一步扩大到压力容器、产业机械、船舶、汽车等工业领域，碳纤维应用进入全面增长期。碳纤维未来最活跃和最具发展潜力的领域包括航空航天、风力发电大型叶片、清洁能源车辆、近海油田勘探和生产、建筑领域、高尔夫球杆和球拍等。随着碳纤维生产规模的扩大和生产成本的下降，在增强木材、机械和电器零部件、新型电极材料乃至日常生活用品中的应用必将迅速扩大。

（7）我国高性能碳纤维基本处于空白，目前国内只有相当于或者次于 T300 级碳纤维的产品，T700 级碳纤维尚处于工程化研究阶段，T800 已经具备产业化的基础，MJ 系列碳纤维尚在攻关。国内企业生产原丝的关键技术和高成本问题一直不能有效突破，生产能力仅占世界高性能碳纤维总产量的 6％左右，仍主要依赖进口，质量和规模与国外相比差距都很大。据不完全统计，我国已经形成的碳纤维生产能力约 7000 吨，在建的产能超过万吨。国内掀起了投资碳纤维项目的热潮，一方面说明我国碳纤维产业将快速发展，有可能成为碳纤维生产大国；另一方面则隐含着巨大风险。因此，碳纤维产业化建设要注意有序发展，控制规模，避免风险。

2. 对策和建议

经过近几年的攻关，我国在一些碳纤维应用领域已经不再受制于人，但整体技术水平仍然相对落后。由于碳纤维技术被日本、美国等专利覆盖，我国企业缺乏核心自主知识产权的技术支撑，尚未全面掌握完整的碳纤维核心关键技术。因此要加快核心制备技术和装备的开发，降低生产成本，实现自主创新，在技术层面主要有以下建议。

（1）研发低成本原丝和替代原丝技术。高性能碳纤维用的原丝是降低碳纤维成本的重要因素。国外正试探采用 PAN 外的其他材料用作高性能碳纤维用的原丝，包括低密度聚乙烯、高密度聚乙烯和聚丙烯等其他聚烯类高分子材料以及木质素等；改进现有工艺 PAN 原丝的技术达到降低成本的目的，包括采用纺织用的 PAN、化学改性、辐照稳定化处理等。改进原丝生产中的聚合技术和工艺，选择更为高效的丙烯腈溶液聚合引发剂，以提高生产效率和设备利用率，在纺丝方面除探索和不断改进喷涂湿纺和高压蒸汽拉伸的设备和工艺，以改进和稳定原丝品质。

（2）研发新型预氧化技术。降低预氧化工序的时间，缩短生产周期，等离子预氧化是氧化技术的新思路。重视原丝综合化参数与预氧化和碳化工艺参数的进一步匹配，最大限度实现全套生产工艺的最佳化、高效化和节能化，降低生产成本。国内外不少厂家都在改进预氧化炉的内部结构，使热空气的流向和炉内温度的均匀性更为合理，且取得了较明显的成效。在保证质量的前提下，如何降低或缩短预氧化时间，仍是当前和今后研究的热门课题之一。

（3）研发新型碳化和石墨化技术。碳化和石墨化是制备高性能碳纤维的关键工序，对最终产品的性能有极大的影响。在碳化和石墨化方面的新思路是采用微波技术，碳化和石墨化是当前正在研究的方向而且已经取得了良好的结果。

（4）突破低成本复合材料技术，研发碳纤维汽车制品快速成型技术。我国在复合材料制备方面主要是设备比较落后，很有必要在复合材料制备和成型装备制造方面开展工作，而制备工艺成本占复合材料总成本的比例较大，重点要解决部件连接、整体成型、连续化成型、高效率成型等低成本技术问题，以达到保证可靠性和降低成本的目标。日本的快速成型技术研发已由10分钟发展到1分钟，我国也应加强这方面的研发力度。

全球高性能碳纤维的生产高度集中在日本、欧美等少数企业手中，这些公司的主要产品已经较为成熟且完成系列化生产，研发重点转向不断提高产品质量和性能上。发达国家将其列为战略物资实行管制，国际市场已对我国停止出售高性能碳纤维，严重制约了我国国防相关领域的发展。因此，在国家政策方面提出以下建议。

（1）国家和政府加强引导，制定碳纤维发展战略和目标。日本、美国对碳纤维形成巨大垄断，美国已构成完整的碳纤维产业数据库，开展了飞机制造用碳纤维的非强制性认证。日本专利集中，技术能耗数据秘而不宣，目前也在积极推动碳纤维日本国家标准和国际标准的制定。我国许多行业已将高性能纤维制品的应用技术标准建立在了日本、美国生产的高性能纤维产品技术基础之上。

我国碳纤维等高新技术纤维产业发展方向是高性能化、高稳定化、高效、低成本化，逐步建立PAN碳纤维关键技术公用平台，形成碳纤维技术标准规范，构筑国产碳纤维专利体系，形成中国碳纤维产业核心竞争力。例如，拓展医用装备等民用和海洋石油开发、智能电网建设等高端市场应用领域，开发低成本、性能稳定、可满足不同应用领域强度、模量需求的碳纤维；开发低成本制造技术，复合材料制品总成本中，制造成本占70%～80%，材料成本约占20%；产业政策引导、扶持，培育碳纤维核心企业，产业链协调发展；加强国际交流，加大产品研发和市场开发投入，推进人才引进和合资合作。突破T700产业化，T800、MJ55工程化，T1000制备原理和工艺技术；推进技术领用碳纤维的国产化，促进民用碳纤维的低成本化。

（2）规范碳纤维产业发展，提高碳纤维制品质量。我国又形成了一轮碳纤维项目投资热潮，生产企业众多，但产品低端、产量不稳定，竞争混乱，且每年8000～9000吨的需求量大部分要依靠进口。碳纤维产业的技术基础尚未奠定，产能自然难以转化为产量。目前国内技术水平高的碳纤维企业也有几家，但由于没有形成规模优势，同等质量产品的价格远高于国外，因此竞争力不强。据了解，日本东丽T700级碳纤维的成本与国内T300级的成本相当。因此我国还需规范产业发展，注重规模效益，提高碳纤维制品质量。

（3）注重碳纤维及其复合材料的安全性问题。国际上对复合材料安全性的问题非常关注，尤其是美国、欧盟等国家和地区，对于飞机和汽车用碳纤维复合材料的安全性尤为重视和谨慎，而我国正处于大飞机和轻量化汽车研发的关键阶段，先进复合材料的研发和应用经验较少，其安全性能的评估方法和标准不足，这方面的工作应当与研发和应用同步展开，充分考虑实际运行时可能出现的故障问题并给出切实可行的解决方案。

第四章

若干关键材料发展趋势分析

第一节　核能材料发展趋势分析

《国际原子能机构规约》明确定义"核材料为任何源材料或特种可裂变材料",其中"源材料"是指天然铀、贫化铀和钍,以及含上述任何物质的金属、合金和化合物;"特种可裂变材料"就是含有易裂变核素^{239}Pu、^{233}U、富集了^{235}U或^{233}U的铀,以及含以上一种或几种物质的任何材料。但该定义是狭义的核能材料,而本章所指的核能材料是广义的核材料,可以把核能材料归结为核材料或核工业所用材料的总和,包括有裂变反应堆及核电厂常规设备所用的材料、聚变堆材料、热核材料以及核燃料循环(含乏燃料后处理和废物处理及处置)中所涉及的材料等。

一、核能材料的战略意义和关键科学问题

人类发展的历史表明,材料不仅是人类赖以生存和创造文明的物质基础,而且是带动经济发展和社会进步的先导。对核能材料来说,它是核能建设的物质基础,又是核能发展的先导,两者相互依赖,又相互促进。同时,核能材料研究、开发和应用的深度和广度反映着一个国家科学技术和核能工业的水平。

核能材料是核能建设的物质基础。首先,因为任何一个核能装置都由许许多多核结构部件组装而成,而这些核部件正是由各种各样的核能材料制成的。所以,可以说没有核能材料,就没有核反应堆,也就没有核能。其次,在核能发展的开发阶段,核能材料也是发展核能的物质基础。

核能材料是核能发展的先导。在核反应堆早期开发阶段,普遍选用金属铀

或铀合金作为核燃料。这类金属型燃料因具有严重的辐照生长效应，燃耗很低，不宜用做动力堆核燃料。核能材料还将在第四代核能系统的发展中不断发挥作用。例如，聚变堆的第一壁材料由于在堆内受强中子辐照、高热通量、机械与热应力和腐蚀等因素的作用，应具有良好的性能和高度的可靠性，为此，核能材料专家对奥氏体不锈钢、铁素体和乌氏体不锈钢、钒合金及 SiC/SiC 复合材料开展了大量的前瞻性研究、筛选工作，其中对中子辐照肿胀效应的研究已经取得很好的结果（李文埈，2007）。

核能与核能材料的研究和发展至今才不过半个多世纪。早期在核能工业的建立和发展中应用了通用材料工业中的许多材料，它们对核工业的发展做出过重要的贡献。但是，核能利用和核能材料研发的进展，也必然会影响到通用材料工业。随着核能的不断开发，无论核能材料，还是通用材料都会相应的得到壮大和发展。

二、主要政策和计划分析

美国、日本、法国等是世界核能大国，核电技术也处于世界先进水平。它们对核电政策的调整，影响着世界核电材料技术的发展走向。

1. 美国

1）政策上积极推动核电发展

2001 年 5 月，美国时任总统布什颁布了《美国国家能源政策报告》，提出应该发展清洁的、资源无限的核能，把扩大核能作为国家能源政策的重要组成部分，并提出了促进核能复苏和发展的一些具体政策。随后，美国核工业界提出，在 2020 年前新增核电装机 5000 万千瓦的设想目标。2001 年 8 月初，美国众议院通过了"保障美国未来能源"的法案，支持在现有核电厂址上建设新的核电机组，增加国家在核能方面的研究费用，增加各大学的核科学及核工程的教育经费和研究费用。

美国核能研究所于 2002 年 8 月提出了《美国 2020 年核能发展计划》。该研究所预测到 2020 年美国电力需求将增加 60%，其中要求安全、可靠和适合环境可持续发展的核能到 2020 年增加 5000 万千瓦，以满足美国 3800 万户居民的用电需要。其战略目标是把核能作为国家与国际能源规划的一个组成部分和可持续发展环境政策的一项重要措施，到 2010 年核电占全国总发电量的 23%（董映璧，2007）。

2005 年 4 月，在《美国国家能源政策报告》的基础上，布什总统签发了国会通过的《2005 美国能源政策法案》。这次立法的目的是，在环境问题十分敏感的条件下，执行一项长期战略以应对能源挑战，坚定地推行国家能源政策。该法案明确鼓励建设先进核电站，建立全球核能伙伴关系，支持先进反应堆技术研发和第四代核电技术国际论坛（GIF）。由这些文件所组成的战略框架包含如下几个要点：①核能战略成为能源政策的主体，联邦政府为新建先进核电站提供担保金；②实施"核电 2010 项目"（Nuclear Power 2010）与未来 20 年核电扩容；③新一轮核电站发展指南及近期发展小组（NTDG）；④燃料循环管理与核能全球伙伴关系；⑤先进核技术储备与第四代核电技术（曹崴，2009）。

2）增加放射性废物最终处置的研究投入

作为《2005 能源政策法案》的补充，2006 年 2 月能源部宣布建立"全球核能伙伴计划"（GNEP），目标是"与其他国家合作，以获取更先进的核技术用于发展新的防止核扩散的再循环技术，以生产更多能源，减少废物，最大限度地降低人们对核扩散的忧虑"。该计划包括两个主要内容：一是新的后处理技术，将所有超铀元素（而非反应堆级钸）分离处理；二是先进燃烧（快）堆（ABR），用于消耗核燃料发电时产生的超铀元素。

GNEP 项目涉及美国、俄罗斯、法国、英国、日本和中国的参与。若能实现这样的合作，则既能防止核扩散，又能保证铀资源的循环利用，还能实现废物最小化的目标。在推进 GNEP 的同时，美国实际上也在紧锣密鼓的加紧先进后处理技术的研发工作，包括技术与经济的可行性研究工作。2005 年 5 月，DOE 向国会递交了关于启动先进核燃料循环开发报告，从目标、路线和技术等方面论证了以先进后处理技术为代表的核燃料循环体系。在工业界，AREVA 公司也在积极推进在美国开展后处理业务的技术和经济可行性研究工作。不论从法律层面上（如 1992 年通过的《放射性废物政策法》），还是实际的技术储备与开发，以及推进 GNEP，美国一直在积极推动先进的核燃料循环技术的发展。作为未来美国核能规划的完整部分，可靠的、安全的、可持续的核燃料保障体系与核能开发计划同时并进（马成辉，2007）。

3）追加核能研究经费，开发先进核电技术

为了核电的长远发展，必须开发先进核电技术，以进一步提高核电的经济性和安全性。为此，2001 年 3 月布什政府决定追加 2.75 亿美元作为核能研究开发经费，其中 5000 万美元专门用于第四代先进反应堆堆型的开发。所谓第四代先进反应堆堆型，是相对于经美国核管制委员会发放了批准书的若干标

213

准设计（如 AP-600，被称为第三代先进反应堆堆型）而言的。它将主要是依靠本身的物理性能来实现安全、系统更简单、建造时间更短、投资少、电价低、有利于防核扩散等。目前被看好的一种堆型是 PBMR（球床模块式高温气冷堆），这种反应堆利用氦气冷却，燃气透平发电，可实现高温高效率；利用弥散在石墨中的陶瓷型铀包覆颗粒作燃料元件，在极限事故下（同时失电、失去冷却等）燃料也不会损坏；系统简单、建造时间短、投资少，可大幅度降低电价。

4）日本核危机影响有限

从长期看，美国核能政策不会轻易改弦更张，核能仍将是美国能源战略的重点之一。2011 年 3 月日本核危机后，奥巴马表示美国的核能政策不会改变，核能仍是美国清洁能源的重要组成部分，美国的核电站也足够安全。

美国总统奥巴马提交国会审查的 2012 年度政府预算案中，提出扩大核电计划政府融资保证基金。在有关核能的预算中列入 360 亿美元贷款的额外授权，若加上现有的贷款担保授权，约 185 亿美元，这些金额将足以提供未来 6～8 个核电方案执行（兴建 9～13 部核能机组）。该预算还包括 9700 万美元的研究经费，用以研发小型模块化反应器，但对于核废料处理的预算却没有显著增加。该预算尽管遭受部分核能工业人士的质疑，但仍在美国国会决议中过关，现正进行预算执行办法草案研拟。

美国能源部所提出的 2012 年用于核能预算支出为 295 亿美元，比 2010 年增加 12％，比 2011 年也增加 4％。其主要方向为促进使用洁净能源，删减石化能源的比重。在研究发展方面，美国能源部先进研究计划署（ARPA-E）提出 5.5 亿美元的预算，再生能源与提升能源效率方面更比 2011 年预算大幅提升 42％。

2. 日本

日本是一个自然资源非常贫乏的国家，能源严重依赖国外，因此日本对核能发电的使用率非常高，日本政府也出台了非常多的有关核能的政策措施。

日本 1955 年制定的《原子能基本法》，于 1956 年 1 月 1 日生效，正式翻开了日本核能利用的新篇章。《原子能基本法》将日本国内核能管理机构、核能开发机构、核燃料和核设施处理等核能开发利用相关事务的操作规程上升到了不可侵犯的法律高度。其中对后续影响最深的有三点：第一，规定成立内阁府所属的原子能委员会，并以《原子能基本法》为依据，根据日本每年及长期核能规划，制定为达到预定目标的核能政策措施；第二，保证核能三原则，即民主的方法、独立的管理和透明度，作为核研究活动以及推进国际合作的基础；第三，《原子能基本法》严格限定和平利用核能，禁止制造和拥有核武器。该法第二条基本方针规定，核能的研究、开发和利用，限于和平目的，以确保安全为宗旨，在民主的运营下自主进行，其成果公开，促进国际合作。

　　日本自1956年至今，除个别年份以外，每年都由核能事务主管机构原子能委员会发布一份年度《原子能白皮书》，对当年的核能开发、利用、国际合作等相关政策和成果进行总结。该白皮书的公开发表旨在加深公众对核能利用的理解，接受公众的监督（JAEC，2012a）。2009年《原子能白皮书》指出，核能将为日本新政府目前倡导的所谓"绿色创新"和"生活创新"作出贡献。同时强调通过核电站的新建、升级及出口等方式，核能有望为完成新政府提出的目标做出重大贡献。白皮书指出，原子能工业的国际竞争越来越激烈，加强国际性交流与合作是非常重要的。白皮书最后强调，在享受原子能带来的便利与益处的同时，应不断追求技术创新（JAEC，2012b）。

　　1956年至2005年日本先后出台了多次《核能政策框架》，阐述了各阶段日本对核能政策的基本观点。以2005年最新一版为例，主要包含核能研究、开发和利用的基本原则；加强核能研究、开发、利用的基本活动；稳步推进核能利用；推进核能的研究和开发；推进国际合作；改进对核能研究、开发、利用相关活动的评估等六个方面的政策指导（JAEC，2012c）。

　　2006年，日本经济产业省资源能源厅制定了以推广核能利用、确保能源供给为目的的中长期"核能立国计划"大纲，主要内容包括：发展开发核能的技术，如能源再利用；从海外获取铀的供应；准备投资新建、扩建和改建核电站，并开展核能产业国际支援行动；从2006年度起电力公司为建设第二个核废料处理厂进行准备；到2025年完成快中子增殖反应堆示范堆的建设并开始运行，示范堆建设费用超过普通反应堆的部分由国家负担；积极参加美国倡导的"全球核能伙伴计划（GNEP）"等。根据该能源政策，回收废核燃料以及快速增殖反应堆的开发将帮助日本提高核电站的发电能力，目前的发电能力为30%，得到提高后的能力至少在40%以上（董映璧，2007）。

　　2010年11月30日，日本原子能委员会宣布，鉴于包括对有助于减少温室气体排放的核能需求不断增长在内的一系列最新变化，政府决定对2005年颁布的《核能政策框架》进行修订。为此，日本原子能委员会下设了一个新核能政策框架委员会，共设26位委员，预计于2011年颁布新版《核能政策框架》。2005年版本框架发布后的五年中的其他新变化还包括：核电出口的增长、现有核电站容量因子因地震的影响而下滑、快堆开发与核燃料后处理厂建设的停滞。新的框架预计将会保持日本现行的基本核燃料循环政策，即利用从乏燃料后处理中回收的钚。

2011 年 3 月，日本核泄漏引起核危机，导致日本的核能政策发生了一系列变化。3 月 31 日，日本首相菅直人表示要将原先制订的到 2030 年年底前新建的 14 座以上核电站的政府能源基本计划"推翻重审"。5 月，菅直人还宣布，中止日本政府以前制定的能源发展计划，对于国家的能源发展战略进行重新研究检讨。日本能源计划规定，到 2030 年，日本的原子能发电的比例要占整个国家电力的 50％。而目前，日本 50 多个核电站机组的发电总量只占国家电力的 30％。这是福岛第一核电站事故发生以来，菅直人首次表明将停止核电的发展，废除日本政府制订的以核电为主的能源发展计划。不过考虑到去核电化与眼下的电力短缺以及用火力发电取代核电造成的费用的大幅增加，日本政府各方对完全关闭核电站持慎重态度。总之，核能仍是日本能源政策四大支柱之一，日本政府今后还将继续使用核能。

3. 欧洲各国的核电发展政策

法国的核电工业起步于 20 世纪 70 年代，核电在法国电力及能源中占据重要位置，为法国经济发展及良好的生态环境作出了重要贡献。进入 21 世纪，法国政府充分肯定了核能在法国能源供应上的重要作用，并决定坚定不移地大力发展核能。由于大规模发展核电，法国的能源自主率已从 1973 年的 22.7％提高到今天的近 60％。但是，到 2011 年，法国一半核电站的平均年龄达到 30 年，这是一个核电站最初预定的使用寿命。为了保证核电站的安全运行，避免可能因老化带来的危险，同时也为了避免核电反对者因此借题发挥，重新将核电带来的危险与温室气体排放进行比较，法国政府决定在 2015 年到 2020 年以新一代的核电站代替目前的核电站。在技术的选择上，法国将使用欧洲压水式核反应堆。法国政府认为，压水式核反应堆是最现代和最安全的选择。它比其他反应堆的安全性高 10 倍，费用低 10％，核废料减少 15％～30％。

2006 年 1 月，法国总统希拉克在巴黎发表讲话表示，"后石油时代"问题是 21 世纪全球都将重点关注的焦点问题之一，虽然法国目前已经是世界上继美国之后的第二大核电大国，但面对新时代的挑战，将会继续努力保持在核电领域的领先地位。为此，法国将启动第四代核电站的设计和建造计划，并将在 2020 年实现第一个第四代核电研究堆投入运行。

英国核电建设引人注目。英国的核能政策正在松动。自 2005 年英国成为天然气的净进口国后，不得不重新考虑新的能源渠道。2009 年英国政府发表白皮书，确定英格兰和威尔士的 10 个地方为未来"新一代核电站的建设基地"，并希望加速建成，在 2018 年就能开工发电。根据白皮书，新确定的 10 处核电基地大都是在已有核电站或建过核电站的地方，对新的核电站建设要采取"快车道"做法，基础设施计划委员会在接到申请后一年内作出决定，避免过去久拖不决的现象。

芬兰是欧洲第一个重新接纳核电的国家。2003 年 12 月，离切尔诺贝利事故发生后不到 20 年的时间，欧洲反核运动仍然喧嚣尘上，但在经过审慎的思考之后，芬兰人决定邀请法国阿海珐集团为其建造一座第三代进化动力反应堆 EPR 技术的核电站，从而为世界今后核电的发展规划了一个美好的未来。国际原子能委员会甚至评价芬兰为欧洲第一个重新承认核电的国家。

德国 1/3 的电力是核电提供的。德国 1998 年联邦选举产生的联合政府的一项代表性政策就是逐步淘汰核能。有关这项逐步淘汰核能政策的任何计划或措施均未达成共识，但政府与工业界和电力公司之间的会议仍在继续。日本福岛核电站受强震和海啸影响发生核危机后，德国政府鉴于日本面临的核灾难威胁，决定对德国的核能政策重新进行审议，以期加快完成向可再生能源的过渡。2011 年 5 月，德国总理默克尔领导的执政联盟正式作出到 2022 年前分批关闭所有 17 座核电站的决定。同时，默克尔还提出了要大力发展可再生能源，将其在电力供应中所占比例从 2010 年的 17％提高到 2020 年的 35％。

4. 俄罗斯

俄罗斯正在运行的核电站有 20 座，核电在发电总量中的比重为 15.5％。根据俄罗斯核电发展长远规划，计划在 2015 年前新建 10 台核电机组，将投资 1.47 万亿卢布，到 2015 年核电比重将增加到 22％～30％，从 2016 年开始每年建立 3 个核反应堆，到 2020 年将其数量增加到每年 4 个，到 2030 年将核电发电的份额提高到至少 25％。

三、核能材料发展趋势分析

在各种可持续能源中，核能是在世界范围内应用得最为成熟的一种。目前全球正在运行的 443 座核反应堆为全世界提供了 16％的电力。如何利用环保、可持续的资源以满足全球与日俱增的能源需求呢？为解决这一问题，人们开始将核能作为一个极富吸引力的选择对其予以了重新审视。然而，新的核能技术必须超越 20 世纪 70 年代的传统技术，即所谓第二代核反应堆，它也是目前核电站的运行基础。21 世纪初兴建的核反应堆属于第三代技术，它具有更高的效率和安全性，但本质上它是对第二代核反应堆概念的一种改进。为了能够成功地在 21 世纪及将来提供世界所需的能源，人们正在开发第四代核反应堆技术，旨在提供更为高效、更经济、更安全、对天然铀利用更充分、产生更少固体废料的核电能。事实上，新一代核电厂对热力学效率、建筑与运行成本、安全系数、废弃物毒性以及世界铀资源的利用效率提出了更高要求。

然而，这一切都需要进行创新型的设计，使核电厂能够在更高温度、更强腐蚀性的冷却剂以及更大辐射量的环境下运作。所有这些都使得对反应堆堆芯材料的要求更为苛刻。许多人认为，世界上任何一种正在研究的新概念核反应堆的成功实现，都面临着同一个问题，即高性能材料的发展。

核反应堆系统的特点一般表现在冷却剂（水、气体、液态金属、熔盐）以及裂变反应发生的中子能量状态（快中子或热中子）。裂变反应中，中子作为副产物持续产生，具有 1~2 MeV 的高能量。在一些核反应堆中（热中子反应堆），中子能量被降至约 1 MeV 甚至更低，以提高特定铀同位素，如铀 235 的中子裂变反应几率。而在另一些反应堆中（快中子反应堆），维持中子的高能状态，可使铀 238 此类天然非裂变同位素转变为易裂变的同位素，从而实现核燃料的充分利用。现有的商业化核电厂主要是以水为冷却剂的热中子清水反应堆。而液态钠则是快中子反应堆的冷却剂。除了冷却剂和裂变过程外，核反应堆与煤电厂和天然气电厂类似，都是将热能传递给冷却剂用以驱动涡轮机发电。因此，反应堆堆芯以及安全壳所用到的特殊材料（以及用于安全存储核废料的材料系统）是核电技术面临的关键挑战。

美国能源部以及第四代核技术国际论坛已经发布了一份题为"第四代核能系统技术路线图"的报告，该报告确定了六种第四代核能系统的反应堆技术概念。这六种技术概念分别是超临界水冷反应堆（SCWR）、钠冷快堆（SFR）、铅冷快堆（LFR）、超高温气冷快堆（VHTR）、气冷快堆（GFR）以及熔盐反应堆（MSR）。表 4-1 总结了这六种类型反应堆的基本特点以及各主要部件可能采用的材料。表中还将现有的两种二代轻水反应堆——压水反应堆（PWR）和沸水反应堆（BWR）纳入了比较范围。

表 4-1 两种现有轻水反应堆与六种先进概念反应堆堆芯环境及各种关键部件的可能材料

系统	冷却剂	压力 /MPa	T_{in}/T_{out} /℃	中子能谱，最高剂量 /dpa	核燃料	结构材料 包层	结构材料 堆芯内	结构材料 堆芯外
压水反应堆 (PWR)	水（单相）	16	290/320	热，~80	UO_2（或MOX）	锆合金	不锈钢、Ni基合金	不锈钢、Ni基合金
沸水反应堆 (BWR)	水（双相）	7	280/288	热，~7	UO_2（或MOX）	锆合金	不锈钢、Ni基合金	不锈钢、Ni基合金
超临界水冷反应堆 (SC-WR)	超临界水	25	290/600	热，~30 快，~70	UO_2	F-M（12Cr、9Cr等）、Fe-35Ni-25Cr-0.3Ti、Incoloy 800、ODS、Inconel 690、625和718	与包层材料相同，加上低膨胀不锈钢	F-M、低合金钢
超高温气冷快堆 (VHTR)	氦	7	600/1000	热，<20	UO_2、UCO	SiC或ZrC覆层以及石墨	石墨、PyC、SiC，ZrC容器：F-M	Ni基耐热合金：Ni-25Cr-20Fe-12.5W-0.05C，Ni-23Cr-18W-0.2C，热屏障 F-M、低合金钢
气冷快堆 (GFR)	氦、超临界CO₂	7	450/850	快，80	MC	陶瓷	难熔金属与合金、陶瓷、ODS容器：F-M	Ni基耐热合金：Ni-25Cr-20Fe-12.5W-0.05C，Ni-23Cr-18W-0.2C，热屏障 F-M
钠冷快堆 (SFR)	钠	0.1	370/550	快，200	MOX、U-Pu-Zr、MC、或MN	F-M或F-M ODS	管道：F-M 栅板：316SS	铁素体、奥氏体
铅冷快堆 (LFR)	铅或铅-铋	0.1	600/800	快，150	MN	高硅F-M、ODS、陶瓷、或难熔金属	高硅F-M、ODS	高硅奥氏体、陶瓷、或难熔金属
熔盐反应堆 (MSR)	熔盐（如FLiNaK）	0.1	700/1000	热，200	盐	陶瓷、难熔金属、高Mo、Ni基合金（如INOR-8）、石墨、哈斯特镍合金N	高Mo、Ni基合金（如INOR-8）、石墨	石墨、奥氏体

注：F-M，铁素体-马氏体不锈钢（典型的如含Cr的质量分数为9%~12%的不锈钢）；ODS，氧化物弥散强化钢（典型的如铁素体-马氏体）；MC，混合碳化物 [（U，Pu）C]；MN，混合氮化物 [（U，Pu）N]；MOX，混合氧化物 [（U，Pu）O_2]

反应堆堆芯的设计需要将核燃料与循环的冷却剂保持隔离，以避免受到放射性裂变材料及裂变产物的污染。因此所有的反应堆堆芯设计都有一个甚至更多个隔离层用于遏制核燃料裂变，以便使裂变过程中产生的巨大热量能够传递给冷却剂。这些设计可分为三大类，如图 4-1 (a) ～图 4-1 (c) 所示。

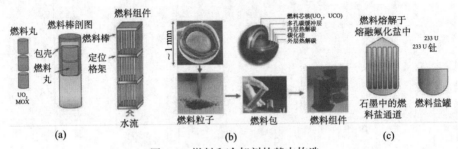

图 4-1　燃料和冷却剂的基本构造

在第一类中，核燃料以丸状或棒状形式装在被称为包层的环形套筒中（图 4-1 (a)）。核燃料可以是金属或陶瓷形态（氧化物、碳化物或氮化物），而包层通常是合金。轻水反应堆、超临界水反应堆、钠冷快堆、铅冷快堆以及不同气冷快堆都采用这种堆芯结构，只是在燃料、包层形式以及冷却剂方面有较大区别。

第二类反应堆堆芯的核燃料采用球状形式，外裹多层石墨或热解碳以及结构陶瓷，如 SiC 等用于盛放裂变产物以及传导热量（图 4-1 (b)）。球体为直径约 1mm 的小颗粒，包裹在球状或块状结构石墨中，通过氦进行冷却。超高温气冷反应堆采用的即为这类燃料形式。

第三种类型的反应堆采用了联合燃料－冷却剂结构。该结构中，核燃料与冷却剂同为一体（图 4-1 (c)）。某种该类反应堆就使铀均匀溶解于熔盐冷却剂中，在反应堆容器中循环流动。

在所有情况下，材料面临的挑战均来自于核燃料产生的高温、强烈的核辐射以及冷却剂的稳定性等问题。因此，核燃料、包层、结构材料、反应堆容器以及这些材料与冷却剂的相互作用构成了 21 世纪新概念高效核反应堆的最大挑战。

1. 结构材料的挑战

先进反应堆堆芯所用到的结构材料面临着前所未有的来自温度、辐射剂量和压力的要求。与当前的轻水反应堆相比，先进设计的共同特征是高温，还有一个特点就是裂变中子所引发的剧烈撞击位移损伤，以 dpa (displacements per atom) 为单位进行量化。1 dpa 的损伤程度对应为材料中全部原子的位移。通过由原子扩散引起（利用特别设计的抗辐射材料，具有大量纳米级点缺陷复合中心）的自愈合过程，绝大多数的位移损伤缺陷可以得到复合，进而使得累积的辐射损伤能够维持在较低的水平。

高温、大剂量的操作环境，对结构材料的强度、蠕变、蠕变疲劳以及低温下的断裂韧度提出了更高的要求。颗粒强化是增大材料在高温下强度的方法之一，但是辐射会改变物相的稳定性，许多用于强化的金属间的物相都会变得不稳定。为此，氧化物弥散强化合金成为近来人们关注的热点，如纳米级的二氧化钛、氧化钇。这些氧化物在辐射状态下更加稳定，与铁素体马氏体合金相比，高温下的强度更高。有文章指出，使用这些合金将面临制造、脆化以及可能与环境之间的有害化学作用等挑战。

此外，作为绝大多数反应堆设计的首要安全结构，压力容器同样需要更高强度的材料。

2. 极端操作温度下的结构材料

当中温设计转向接近 1000℃ 的高温设计时，结构材料所面临的挑战就显得非常巨大了。在气冷反应堆的极端操作温度下，石墨和陶瓷化合物是结构材料的首选。与复杂的高功率能源系统中，大量用到低塑性材料的工程设计一样，中子位移损伤引起的性能退化是一大挑战。石墨的六边形密堆积晶体结构要求采用特殊制造的"核子"级石墨，才能满足所期望的组分有效使用期限，这样石墨对中子位移损伤就呈现出各向异性的响应。对于那些需经受相对较大位移损伤或工程压力的组分，就要用到陶瓷化合物而非石墨。

随着计算程序的发展，未来核能体系中前景材料及燃料新的建模示例出现了。凭借微观层面的新结果、计算技术及科学的进步、原子物理冶金学的突破，以前根据经验的模型正在被更加物理的模型所取代。

有文章总结了有关气冷反应堆石墨及陶瓷化合物研发的一些进展。高温气冷反应堆系统的一大关键挑战就是研发合适的高热传导材料，这种材料用于反应堆外部的热交换器，与此同时，超耐热合金以及难熔金属也是人们所关注的对象。

3. 反应堆堆芯的材料退化

第四代核能系统的冷却剂同核裂变产物之间的相互作用，是目前轻水反应堆面临的巨大挑战之一。高温辐射将加速材料的腐蚀和氧化，使之退化。尤其是辐射辅助胁强腐蚀裂化问题在第四代核能系统中更加严重，几乎是第二代核能发电系统的十倍多。

此外，由于第四代核能系统的工作温度要比之前的核能发电系统高得多，因此需要使用不同的冷却剂，如在超临界状态下使用的水、液态金属（如纳、铅铋合金）、熔盐和高压氦气等。在高温条件下，腐蚀和氧化不可避免，冷却剂回路被破坏发生泄漏的时候，不同冷却剂之间将会发生化学反应（如钠与水的反应）。

4. 核燃料的挑战

核燃料的设计者必须全面综合地考虑各种核燃料，如核燃料本身以及其包层，并且确保包层在各种情况下发挥其作为第一层屏障的限制作用。未来的核能系统对核燃料提出了更多的要求，核燃料必须在极端运行条件下保持稳定。

许多核能系统的操作温度都非常高，如钠冷（U，Pu）O_2燃料快速反应堆，中心温度超过2000℃。在高温条件下，核燃料经受着非常高的辐射（主要由裂变产生的反冲离子导致）伤害。在裂变中，有10%～30%的原子裂变成了其他原子，而这将导致核燃料的物理特性（如导热性等）发生改变。由于其物理化学特性，核燃料的裂变产物将向温度较低的区域移动，在某些情况下，核燃料将同包层发生化学反应。目前的核燃料研究主要着眼于对所有相关现象进行解释并建立模型，以及开发新的燃料和理论。

裂变燃料主要分为氧化物燃料，如UO_2或（U，Pu）O_2；碳化物燃料，如（U，Pu）C；氮化物燃料，如（U，Pu）N以及金属燃料（UPuZr），重原子的密度、中子特性、导热性、熔点、环境的化学相容性等，这些主要因素都是选择燃料时需要考虑的。

此外，不同的燃料以及反应堆类型也要采用不同的包层。轻水反应堆采用的是锆合金覆层，快速反应对则采用的是铁覆层。而第四代核能系统覆层面临的主要挑战是，开发并验证拥有极佳的膨胀特性和抗腐蚀性的新型耐高温钢材，在强辐射损伤下仍能保持较好的机械特性。在气冷快速反应堆中，核燃料的第一层包层的工作温度超过1000℃，而这意味着核燃料可能被陶瓷（如纤维补强碳化硅基陶瓷复合材料）污染。由于高延展性和强韧性是包层材料必要的典型特性，陶瓷材料的地位受到了严重的挑战。超高温反应堆中使用的粒子燃料使用了多层热解碳和陶瓷作为包层材料，由于裂解燃料体积较小，因此此种做法是可行的。

5. 核废料处置

未来的第四代反应堆拥有更高的效率和更高的运转温度，能够有效回收利用嬗变所产生的"次锕系核素"（镎、镅、锔），从而减少长寿命废料的数量。然而，必须处置的废物将永远存在，并且对于日益增加的全球核能利用来说，一个重要内容就是要找到可以有效固化核废料的可靠材料，或者是用于临时储藏或者是用作地质存放的基体。当前的国际研究计划正在研究用硼硅酸盐玻璃和经特殊设计的复杂陶瓷长期储存放射性废料的有关材料科学问题。

对于现有核能系统和提议的未来第四代反应堆系统，不同潜在废料形态的强致电离辐射场、各种各样的化学活性以及废料的时间性化学变化与放射性衰变对材料科学提出了众多挑战，研究人员正在借助各种先进的实验和建模仿真工具寻找解决方案。

6. 聚变反应堆的材料挑战

聚变反应堆是指利用轻原子（氘、氚、氦等）合成，释放大量结合能并加以利用的核反应堆。6 个氘的聚变反应可产生 43.15MeV 的能量，是氢燃料放出能量的数千万倍。除能量巨大外，海水中的氘是取之不尽用之不竭的，因此聚变堆可以从根本上解决人类能源不足的问题。与裂变堆比，燃料无放射性，系统更安全，不产生反射性废物。目前托卡马克型聚变堆是国际上最具有代表性的研究堆型。托卡马克堆采用强磁场约束等离子体，采用高速中性粒子入射加热等离子体。主要部件有：①第一壁，它构成等离子体室；②偏滤器系统，它从 DT 反应中取出 He；③包层系统，包层等离子体侧与第一壁相邻，背面与屏蔽层接触，它的作用是储存氚增殖剂、提供氚，并向氦冷却剂传递热量；④磁场屏蔽；⑤燃料供应和等离子体加热热源。

（1）第一壁和包壳材料。第一壁材料受到能量为 14.1 MeV 的中子辐照，目前作为第一壁和包层材料的候选材料主要有奥氏体钢、铁素体/马氏体钢、钒基合金、石墨及碳碳复合材料等，SiC/SiC 复合材料在近期才被作为候选材料。以前一些 Mo，Nb，Mn 等高温合金由于中子辐照产生长寿命活化产物，不再作为考虑对象。辐照效应是第一壁和包层材料的主要问题。SiC 具有优异的耐高温性能、抗辐照性能，中子辐照活性较低，但 SiC 是脆性陶瓷材料，为了提高它的韧性和强度，采用 SiC 纤维增强制备 SiC/SiC 复合材料是比较有效的方法。

（2）偏滤器结构材料。偏滤器比第一壁承受更高的热和粒子通量。偏滤器与第一壁材料结合，二者热膨胀系数要匹配，另外要求材料能承受高热负荷，与冷却剂、氢等离子体相容，抗辐照肿胀和脆化。候选材料有铜合金、钼合金和铌合金。铜合金的优点是导热率高，主要问题是热膨胀系数大，熔点低。钼合金和铌合金的优点是熔点高，热膨胀系数与碳、钨装甲材料相近，但钼合金的辐照脆化严重，制造和焊接困难。

（3）氚增殖材料。包层内的氚增殖材料在中子作用下转换成氚，为聚变堆提供燃料中的氚。氚增殖材料是含锂的陶瓷或液态金属合金，包括 Li_2O，$LiAlO_2$，

Li_2SiO_3，Li_2ZrO_3，Li_2TiO_3，液态 Li 和 Li-Pb 合金等。氚增殖材料的基本要求是，有一定的氚增殖能力，化学稳定性好，与结构材料相容，氚回收容易，残留量少。

  设想的第四代核反应堆系统拥有更高的运转温度和置换损害等级，一些新型冷却系统的潜在利用可能会引入新的化学兼容性问题，可循环燃料的潜在利用提出了新的化学挑战，这就要求材料性能必须有显著的提升，以达到预期的性能、经济性和可靠性。日益扩展的全球核能系统所面临的关键材料挑战主要集中在以下几个方面：结构和覆层材料；石墨和陶瓷应用的具体挑战；环境退化和建模的一般性问题；燃料；废料封隔材料。相关研究挑战有望在数年内解决，但对于大部分来说都将需要数十年。因此，要实现裂变能的应用前景，需要在先进核能系统材料方面开展持续的研究项目，包括基础研究和应用研究。而聚变堆核电站将从根本上"永远"解决人类能源供需的矛盾，目前离实际应用还有较长的距离，其中关键问题之一是聚变堆材料，尤其是第一壁材料性能问题。在聚变堆核电站建成前，比较可行的是聚变–裂变混合堆，它是聚变能的早期应用。

四、核能材料产业化和应用分析

  核能材料的产业链主要分为：上游的核燃料、原材料生产；中游的核电核心设备制造（核岛、常规岛）及核电辅助设备制造；下游的核电站建设及运营维护（图 4-2）。涉及材料/燃料供应商、设备供应商、电力辅业集团、发电企业和输配电企业等几个环节。

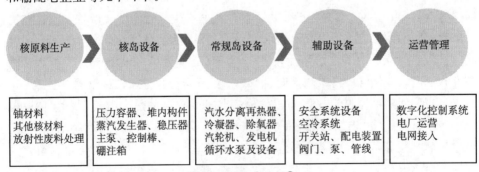

图 4-2　核电产业链[①]

  ① 2010 年核电行业风险分析报告. http://wenku.baidu.com/view/9979874acf84b9d528ea7a67.html [2012-05-07]

1. 世界核能发电的现状与展望

国际原子能机构（IAEA）2007 年 10 月中旬发布的《至 2030 年的能源、电力和核能发电》报告预测指出，在今后几十年内，核能发电作为一种主要的能源将会继续存在。IAEA 对核能发电的增长前景作出了高与低的两种预测。在该低限预测中，认为能力将从 2006 年年底的 370GW（1GW＝1000MW/10 亿瓦）增长到 2030 年的 447GW。在 IAEA 高限预测中，估计全球核能发电能力将增加到 2030 年的 679GW，平均年增长率约为 2.5％。

根据 2012 年 4 月世界核协会（World Nuclear Association，WNA）的数据统计，美国有 104 个核电站，日本 51 个，法国 58 个，中国 15 个。在建的核电站中国比较多，有 26 个，法国 1 个，日本 2 个，美国 1 个。计划中的核电站中国有 51 个，日本 10 个，美国 11 个。全球运行的反应堆共计 435 个。2012 年铀的需求量美国以 19 724 吨位列第一，其次是法国的 9254 吨，俄罗斯 5488 吨位列第三，全球 2012 年铀的需求量将达到 67 990 吨。

2. 世界铀资源产业化及应用分析

铀是核能材料中最核心的材料之一，据世界能源资讯服务（world information service on energy，WISE）资料，截至 2009 年 1 月 1 日，世界已知常规铀可靠资源回收成本≤130 美元/千克铀的可回收资源量约 352.49 万吨。其中回收成本≤80 美元/千克铀资源量约 251.61 万吨，回收成本≤40 美元/千克铀资源量约 56.99 万吨。世界铀资源量较多的国家有澳大利亚、加拿大、哈萨克斯坦、尼日尔、美国、南非、俄罗斯、巴西、纳米比亚和中国（表 4-2）（刘增洁，2010），铀资源量均在 10 万吨以上，合计占世界铀资源量的 88.8％。其次为乌克兰、乌兹别克斯坦、印度、约旦和蒙古国等。

表 4-2　世界可靠铀资源量（截至 2009 年 1 月 1 日）　　（单位：吨）

国家或地区	回收成本范围		
	≤40 美元/千克	≤80 美元/千克	≤130 美元/千克
澳大利亚	—	1 163 000	1 176 000
哈萨克斯坦	14 600	233 900	336 200
美国	0	39 000	207 400
加拿大	267 100	336 800	361 100
南非	76 800	142 000	195 200
尼日尔	17 000	42 500	242 000
纳米比亚	0	2 000	157 000
俄罗斯	0	100 400	181 400
巴西	139 900	157 700	157 700

国家或地区	回收成本范围		
	≤40 美元/千克	≤80 美元/千克	≤130 美元/千克
乌克兰	2 500	38 700	76 000
乌兹别克斯坦	0	55 200	76 000
中国	52 000	100 900	115 900
世界合计	569 900	2 516 100	3 524 900

资料来源：WNA，2009

2009 年世界铀矿产量为 50 572 吨铀（表 4-3），较 2008 年增长 15.3%。
2009 年共有 18 个国家开采铀矿。世界主要的铀生产国为哈萨克斯坦、加拿大和
澳大利亚，铀产量分别占世界总产量的 27.3%、20.1% 和 15.8%，合计占世界
总产量的 63.2%；其次为纳米比亚、俄罗斯、尼日尔和乌兹别克斯坦，矿山产
量均在 2000 吨以上。

2009 年铀矿产量增长幅度最大的国家为哈萨克斯坦，2009 年产量达 13 820
吨铀，比 2008 年增长 62.2%，超过了加拿大成为世界第一大产铀国。法国铀产量
增长 60%，达 8 吨铀，其次为加拿大和巴基斯坦，分别增长 13.0% 和 11.1%。
2009 年加拿大铀矿山产量为 10 173 吨铀，较 2008 年增长 13.0%。主要的生产矿
山为麦克阿瑟河，2009 年产量为 7339 吨铀，麦卡林（McClean）矿的产量为 1259
吨铀，拉比特湖（Rabbit）的产量为 1447 吨铀，西加（Cigar）湖仍处于待开发阶
段，预计 2011 年可投产，产量可达 6306 吨铀。核原料总公司（Areva）正在建设
的 Midwest 矿为一个地下矿，预计 2011 年可投产，产量可达 2000 吨铀。澳大利亚
铀产量居世界第三位，2009 年澳大利亚产量比 2008 年下降 5.3%，为 7982 吨铀，
约占世界总产量的 15.8%。目前生产矿山为奥林匹克坝、兰杰和贝利佛。另一矿
山哈尼姆（Honeymoon）仍在建。2009 年美国产量略有增长，为 1453 吨铀，比
2008 年增长 1.6%，主要生产矿山为 6 座，分布在怀俄明州和新墨西哥州，美国国
内铀生产只能满足其消费的 5%。亚太地区主要的铀生产国有澳大利亚、中国和印
度，主要用于国内消费。欧洲地区的铀生产国为捷克、罗马尼亚和法国。

表 4-3　世界铀矿产量　　　　　　　　　　（单位：吨）

国家或地区	2006 年	2007 年	2008 年	2009 年
哈萨克斯坦	5 279	6 637	8 521	13 820
加拿大	9 862	9 476	9 000	10 173
澳大利亚	7 593	8 611	8 430	7 982
纳米比亚	3 067	2 879	4 366	4 626
俄罗斯	3 262	3 413	3 521	3 564
尼日尔	3 434	3 153	3 032	3 243
乌兹别克斯坦	2 260	2 320	2 338	2 429

续表

国家或地区	2006 年	2007 年	2008 年	2009 年
美国	1 672	1 654	1 430	1 453
乌克兰	800	846	800	840
中国	750	712	769	750
南非	534	539	655	563
巴西	190	299	330	345
印度	177	270	271	290
捷克	359	306	263	258
马拉维	0	0	0	104
罗马尼亚	90	77	77	75
巴基斯坦	45	45	45	50
法国	5	4	5	8
德国	65	41	0	0
世界合计	39 444	41 282	43 853	50 572

资料来源：WNA，2011

2009 年，世界十大铀生产公司产量为 45 188 吨，占世界总产量的 89.4%。十大公司为：法国阿法海集团、加拿大卡梅克公司、力拓集团、哈萨克斯坦原子能公司、俄罗斯国有铀资源公司、澳大利亚必和必拓集团、乌兹别克斯坦纳沃伊公司、俄罗斯一号铀业公司、帕拉丁和海斯盖特公司。

铀的主要消费领域是作为核电站的反应堆燃料，美国为世界最大的核能消费国，为 1.90 亿吨油当量，约占世界总消费量的 31.2%；法国为世界第二大核能消费国，为 0.93 亿吨油当量，约占世界总消费量的 15.2%，其次是日本，为 0.62 亿吨油当量，约占世界总消费量的 10.2%。除商用核电站的反应堆外，在世界 56 个国家中还拥有 250 个科研用反应堆在运行，这些反应堆除用于科研外，还用于医药和工业同位素的生产。此外，核能还用于海洋航行的动力，已成为潜艇和海面大型舰艇的重要动力。世界上现有的 150 艘有 220 多个核反应堆驱动。俄罗斯就有 8 艘大型核动力破冰船。为了减少对石油的依赖，从生态、环保、世界能源供应等多种角度来考虑，发展核电，可减少二氧化碳的排放，是保护环境的一种有效手段。未来世界铀产量仍将缓慢增长。

3. 其他核电材料产业化及应用分析

核电用管材主要包括不锈钢、合金钢、碳素钢、镍基合金等。核岛用管是核电用管中技术难度最大的部分，而其中制造难度最大的为核岛内的蒸发器管（镍基合金，inCoNi 690）。法国 Valinox、日本住友、瑞典 Sandvik 三大公司基本垄断国际上蒸发器管的供给。核电用锆管材的上游是核级海绵锆。核级锆主要用作核反应堆的结构材料、核燃料元件包壳管等。核级锆占海绵锆应用的

90％左右。从加工难易程度、工艺水平等方面而言，海绵锆及其合金制品，特别是核级海绵锆处于产业链技术含量最高端的位置（表4-4）。目前，我国所需的锆原料几乎全部依赖于进口。在海绵锆方面，由于核级海绵锆制备技术难度很高，从全球来看，也仅有少数国家，如美国、法国、俄罗斯、加拿大和日本具备生产海绵锆的能力。目前，全球生产核级海绵锆的厂家主要包括美国华昌、西屋电气公司、法国CEZUS和俄罗斯切别兹基机械厂等，合计总产能为8500吨左右。我国国内生产海绵锆的厂家主要有中信锦州铁合金、朝阳百盛、宝钛华神钛业等，主要生产工业级海绵锆。

表4-4 海绵锆在核反应堆中的主要应用

材料	应用
核燃料及附属材料 结构材料	锆可用作固体燃料铀合金的添加剂，锆及锂的氟化物可用作液体燃料的熔岩反应堆的各种高压容器
包壳材料	包壳管与核燃料共同构成核燃料元件，防止裂变产物逸散，以及避免核燃料直接接触冷却剂
减速材料、屏蔽材料	氢化锆 ZrH_2 在核反应堆中作减速剂、屏蔽剂

核电主要使用核级海绵锆加工而成的核级锆管材。核级锆管材主要有全球几家锆管厂垄断，包括美国西屋公司（400吨/年）、法国锆管厂（450吨/年）、加拿大锆管厂（150吨/年）、德国锆管厂（250吨/年）。此外日本每年也可生产50吨核级管材，韩国核燃料有限公司（KNFC）大型锆管厂也于2009年正式投入商运。目前我国主要有三家公司具备生产核级锆管材的能力，西北锆管（产能100吨/年）、上海高泰（产能70吨/年）、国核锆业（产能60吨/年）。

钛/钢复合板主要用于核电站的换热器。目前每百万千瓦级核电所需钛/钢复合板在100吨以上，核电的快速发展将给钛/钢复合板带来新的机遇。而核级钠、核级石墨材料用于核反应堆冷却剂的钠、用于反应堆缓和剂的石墨主要用于快堆、气冷堆。

五、结语与建议

我国核电规划经过多次上调，2020年将达到8600万千瓦以上，显示了国家对核电发展的决心，也说明了在新能源中，核电发展的可行性最高。而核电材料行业将充分受益于核电飞速发展。今后十年将是中国核电装机容量快速增长的十年，而核电关键材料和设备的国产化将是必然的趋势。

首先，对于我国近期核电产业发展，铀资源对核电有一定的制约作用，要解决近期的铀资源瓶颈问题，可以从以下几点入手：第一，加大铀矿勘查程度。

我国完成铀矿普查面积不到国土面积的 1/3，且大部分勘查区的勘探深度仅限于地表下 500 米，而从世界上探明的铀矿床分析，铀矿体主要为盲矿或隐伏矿，内生铀矿化的垂幅可达 2000 米，露表矿只是一小部分。因此，我国在广度和深度上都有巨大的找矿潜力。第二，加快培育铀提取技术。所谓铀矿只是铀元素相对比较集中且具有一定开采价值的矿藏。因此业内提到铀矿时都会附加一个铀资源的回收成本。花费的成本越高，能够得到的铀资源也就越多。未来随着铀提取技术的进步，这些铀资源也将逐渐得到使用。第三，加大购买和开拓海外铀资源的力度。第四，循环使用铀、钚制成的混合氧化物（MO_x）燃料，可节省 30％～40％的天然铀。由于我国之前民用核工业发展比较滞后，目前核燃料仅为一次性使用，未进行再回收循环。如果从乏燃料中回收的铀和工业钚全部再入热堆使用一次，相当于节省制造新燃料的天然铀 33.4％。第五，引入快堆核电站，天然铀利用率将提高 50～60 倍，可实现核能的可持续发展。

其次，继续在政策上给予核电行业以及相关的核能材料行业更大的支持。当前，我国已经将核电与火电、水电并列为电力的三大组成部分。国家应加大对核电的支持力度，在政策上有一定的倾斜。例如，可以对于进口材料及部件（包括国内制造商国产化所引进的材料和部件）给予一定的税收减免优惠等。

再次，要加大核电设备及材料的设计和制造科研攻关费用的投入力度。核电设备及材料进行国产化，必须引进部分设备和关键技术，进行大量试验验证等开发研制工作，需要大量的经费投入。为提高核电设备及相关材料的国产化率，国家有关部门需要落实核电设备及材料的设计和制造科研攻关费用，并进行专项管理。

最后，需要尽快确定我国核电发展的技术路线图。未来二三十年，国际上主要将建设第三代核电站。结合我国中长期科研规划和国际核电发展趋势，我国应以自主开发为主，同时引进吸收国外技术，使第三代核电站成为我国在快堆电站规模化发展之前核电市场中的主要机型。通过促进核电市场的发展，带动包括核能材料产业在内的整个核电产业链的发展。同时，还要把握住当前由热堆电站向快堆电站过渡的国际态势，积极开展快堆技术及相关核能材料的开发研究，为跨越式发展做好技术储备。

第二节 超导材料发展趋势分析

超导是物理世界中最奇妙的现象之一，是指在一定温度（临界温度）下物质的电阻突然降为零的一种现象。超导现象具有两个基本特性：①零电阻；②完全抗磁性（迈斯纳效应）。具有超导特性的材料称为超导材料或超导体。

超导材料是在低温条件下能出现超导电性的物质。超导材料最独特的性能是电能在输送过程中几乎不会损失。近年来，随着材料科学的发展，超导材料的性能不断优化，实现超导的临界温度也越来越高。一旦室温超导体达到实用化、工业化，将对现代文明社会中的科学技术产生深刻的影响。

一、战略意义和关键科学问题

超导材料是一种综合性的高新技术材料，可广泛用于能源、信息、交通、仪器、医疗、国防、环保、重大科学工程等前沿领域，将会对国民经济和人类社会的发展产生巨大的推动作用。超导材料是 21 世纪具有战略意义的高新材料技术，如美国能源部认为高温超导技术是 21 世纪电力工业唯一的高技术储备，日本认为超导技术是在 21 世纪全球竞争中保持尖端优势的关键所在。专家普遍认为 21 世纪的超导材料技术如同 20 世纪的半导体材料技术一样具有重要意义。

超导材料面临的关键科技问题主要有新型超导体的探索与发现、新型超导材料的合成方法、原子级超导体的结构与性能控制、超导性能与超导体理论预测、纳米超导材料、超导材料在高效输电中的应用，以及在各种超导器件中的应用等。

铁基超导材料的关键科学问题有以下几点：①超导机制的研究。铁基和铜基新老两类高温超导材料的超导机制是否一样呢？正如诺贝尔奖获得者、美国普林斯顿大学教授菲利普·安德森所指出，假如不一样，就意味着铁基超导材料的发现比预想的要重要得多，也许能从中发现全新的超导机制。因此在铁基超导材料发现后的四年中，科学家将大部分精力放在其超导机制的研究中。与铜氧化合物高温超导体的研究类似，铁基超导机理研究的最核心的科学问题是电子如何形成库珀电子对。因此，确定电子配对的对称性（也就是库珀电子对的形状）具有极其重要的意义，但这个问题至今没有一个明确的结论。②更高临界温度。铜基超导材料的高温超导温度已达 138K，而铁基超导温度仅为 55K，两者之间差距仍较大，而转变温度应是越高越好。面对超导材料对温度的要求和限制，发现和研究更高临界温度的高温超导材料并将其提高到一个新的水平、甚至达到室温超导，也将成为高温超导材料研究的关键科学问题之一。

二、国际重要政策、规划与计划

世界各发达国家政府纷纷制定相关的计划和加大研发的投资，积极开展超导材料技术开发和应用。美国、欧洲各国、日本、韩国和中国都竞相开展超导材料以及高温超导电缆、超导故障限流器、超导变压器、超导电机和超导储能装置等超导器件的研究，竞争十分激烈。

1. 美国

在促进超导材料技术研发方面，美国制定了电力系统超导计划、超导伙伴计划（superconductivity partnership initiative，SPI）、高温超导电力应用发展计划、新一轮高温超导计划（SPI 二期）等一系列计划。2006 年 6 月，美国能源部（DOE）发布了超导技术基础研究需求报告，指出超导技术在应用、涡旋物质、超导理论、新现象和超导材料五个方面的基础研究挑战，明确了新超导体的探索与发现、原子级超导体的结构与性能控制、优化超导材料输电能力、理解和开发竞争电子相、超导电性能与超导体理论预测、揭示高 T_c 超导电性的基本理论、发展涡旋物质科学未来七个优先研究方向，以及合成、表征、理论集成新工具和超导利用使能材料两个交叉研究方向。新超导体的探索与发现、材料先进合成技术、纳米超导材料为其重点研究方向之一，所面临的挑战是开发新型合成、表征、模拟、诊断方法（Office of Basic Energy Sciences，2006）。美国在超导材料技术方面的研发经费主要来自政府机构，如美国能源部、美国国防部、美国国家科学基金会、美国商务部、美国国家宇航局等。

2. 日本

日本超导材料技术的发展一直在国际上处于先进地位，这与日本政府的重视是分不开的。早在 1987 年 9 月日本就建立了 Super-GM（engineering research association for superconductive generation equipment and materials）计划，1988 年成立了国际超导产业技术研究中心（ISTEC）。日本经济产业省制定了国家层次的超导技术战略路线图，提出 2010 年大多数超导技术开始进入应用，2020 年达到普及实现超导技术为社会服务的前景。日本超导技术战略路线图明确阐述了超导技术每一个领域所要发展的核心技术及其时间表。日本超导研究开发预算主要由新能源产业综合技术开发机构（NEDO）下的新能源技术发展部所控制，但其中大部分预算均用于电力和电子应用的研究开发中。

在新一轮的铁基超导材料研究中，日本政府机构快速响应，迅速部署了研究课题。日本科学技术振兴机构（JST）2008年10月通过了战略性创造研究推动计划之课题组型（CREST型：组建研究组进行的研究）研究项目——"新型高温超导材料基础技术"。该项目的目的是面向未来的科学技术发展，促进新兴产业和新兴技术的形成，提升日本在新型超导材料研究中的国际竞争力。该项目从2008年7月开始征集相关研究课题，共收到57份申请，其中24份获得批准。课题总负责人是东京理科大学理学部的福山秀敏（Hidetoshi Fukuyama）教授。

3. 欧盟

欧洲为促进超导电力技术和超导材料技术的发展，建有欧洲国家应用超导联盟（CONECTUS）、超导电性欧洲网（european network of superconductivity，SCENET），开始了超导电力联接计划（superconducting power link，SUPERPOLI）、极端尺度和条件下超导涡旋物质项目计划（vortex matter in superconductors at extreme scales and conditions，VORTEX）等。2007年，ESF又发布了2007～2012年的超导纳米科学与工程项目计划（nanoscience and engineering in superconductivity，NES），项目共分为五个主题：①纳米尺度超导电性演变，纳米孔等有限区域超流态；②超导态–正常态（SN）和超导态–磁态（SM）混合纳米系统的超导电性；③纳米结构超导体和SN/SM混合纳米系统的受限通量（confined flux）；④弱耦合超导冷凝物的约瑟夫森效应和隧道效应；⑤磁通量子、超导器件基本原理研究。该计划涉及15个欧洲国家、68个研究团队。NES综合研究设施和技术包括五个层次：第一层为现代样品制备和纳米结构技术；第二层为涡旋可视化局部探针技术和纳米尺度冷凝物波动函数成像；第三层为下一代共享研究设施；第四层为新应用开发的实验平台；第五层为理论方法和技术。欧盟虽然为超导技术研发提供了一些资金，但非常有限，大部分的超导研发资助还是来自欧盟各个国家的项目（European Science Foundation，2011）。

2011年7月，英国材料研究组织Materials UK发布了一份题为"超导材料及其应用——英国的挑战与机遇"的研究报告。报告指出，英国在超导研究、创新磁体设计与制造，特别是在低温超导领域中的优势举世公认。相比之下，英国在高温超导领域中的表现逊色，在高温超导应用工程和制造领域的投资也很有限。针对英国的高温超导研究，报告建议英国政府提供更多的政策和投资支持，并提升到战略高度，以确保英国在超导技术、工程创新和科学研究领域中的领导地位（Materials UK，2011）。

4. 中国

中国为促进超导材料技术的研发，国家中长期科学和技术发展规划纲要（2006～2020年）和"十一五"科学技术发展规划都把高温超导技术作为重点前沿技术。科学技术部发布了国家高技术研究发展计划（863计划）新材料技术领域2009年度专题课题，"实用化超导材料制备与超导工程化示范应用技术"为其中重点课题之一。科学技术部发布的国家重点基础研究发展计划（973计划）对超导材料的基础问题研究也给予了大力支持。将"新型高温超导材料和物理研究"列为重点科学问题之一。新材料产业"十二五"发展规划中，也对超导材料的发展提出了新的需求：突破高度均匀合金的熔炼及超导线材制备技术，提高铌钛合金和铌锡合金等低温超导材料工程化制备技术水平，发展高温超导千米长线、高温超导薄膜材料规模化制备技术，满足核磁共振成像、超导电缆、无线通信等需求。

中国科学院、中国科学技术大学、浙江大学等的研究人员研制出一系列新型铁基超导材料，临界温度不断被打破，把中国的铁基超导研究推向前沿。此外中国铁基超导材料的研究还得到了国家自然科学基金委和中国科学院创新工程等的支持。

三、超导材料研究进展

1911年，荷兰科学家昂内斯发现汞的电阻在4.2 K（−269 ℃）左右的低温度时急剧下降，以致完全消失，这样低温超导现象被人类第一次发现。1933年，德国物理学家迈斯纳发现了超导体的完全抗磁性，即当超导体处于超导状态时，超导体内部磁场为零，对磁场完全排斥，即"迈斯纳效应"，但当外部磁场大于临界值（临界磁场）时，超导电性被破坏。1973年，英美科学家发现具有A15结构的金属间化合物——Nb_3Ge，其临界温度（T_c）达到23.2 K。在随后的13年里，科学家们提高临界温度的努力一直没有取得进展。

1986年，IBM的物理学家柏诺兹和缪勒发现了临界温度高达35 K的镧钡铜氧陶瓷超导材料。这一突破性发现，为超导技术的发展开辟了新的途径，开启了高温超导材料时代。随后，一系列铜氧化物高温超导材料陆续被发现。在1986～1987年短短一年多的时间里，临界超导温度提高了近100 K。高临界温度超导物质的搜寻在1993年达到顶峰，当年研究人员发现某种含汞的铜氧化物在常压状态下的临界温度高达133.5 K，在高压状态下的临界温度可高达160 K。

　　此后，一系列新的超导材料又不断被发现，如 MgB_2、UGe_2、硼掺杂金刚石等。特别是 2001 年，日本青山学院大学教授秋光纯研究组发现了 MgB_2 的最高临界温度可以达到 39K（Jun et al.，2001），这是金属系超导体（包括金属、合金及金属间化合物）目前达到的最高临界温度。

　　20 世纪最后十年中，具有 ZrCuSiAs 结构（常温下，空间群为 $P4/nmm$）的稀土过渡金属氧磷族元素化合物（rare-earth transition-metal oxypnictide）陆续被发现，但科学家并未发现其中的超导现象。2006 年和 2007 年，日本东京工业大学前沿合作科学研究中心的细野秀雄（Hideo Hosono）教授带领的研究小组先后报道发现 LaOFeP（Yoichi et al.，2006）和 LaNiPO（Takumi，2007）在低温下展现出超导电性，但是由于临界温度皆在 10K 以下，并没有引起特别的关注及兴趣。2008 年 1 月初，细野秀雄教授领导的研究小组发现在铁基氧磷族元素化合物 LaOFeAs 中，将部分氧以掺杂的方式用氟取代，可使 $LaO_{1-x}F_x$FeAs 的临界温度达到 26 K（Yoichi et al.，2008）。这种新发现的氧磷族元素化合物不属于前面列举的两大类超导物质中的任何一类，特别是该类化合物中含有铁，而由于铁是典型的磁体，一直以来被认为与超导电性不兼容，因此，这一突破性进展开启了科学界新一轮的高温超导研究热潮。

　　自从昂内斯于 1911 年发现超导现象以来，超导材料经历了从金属物质低温超导体，到铜氧化物高温超导体，再到铁基氧磷族元素化合物高温超导体的发展变化，而与超导相关的理论与应用研究也在不断取得新的进步。表 4-5（韩汝珊和伍勇，1996）对 1911 年以来超导研究发展过程中的重要事件作了一个大致的记述。

表 4-5　超导大事记

年份	姓名	主要事件
1911	H. K. Onnes	发现金属汞的超导电性，$T_c = 4.2$ K
1933	W. Meissner	发现完全抗磁性
1934	C. J. Gorter，H. G. Casimir	提出二流体模型
1935	H. London，F. London	建立伦敦方程，指出超导是宏观量子现象
1936	L. V. Schubnikov	制备出理想第二类超导体并测得磁化曲线
1937	R. S. Pontius	用不同方法实验证实磁场穿透的存在
1939	D. Shoenberg	
1950	V. L. Ginzburg，L. D. Landau	建立 G-L 方程
1950	H. Frohlich	提出电-声子作用模型
1950	E. M. Maxwell，C. A. Reynolds	发现同位素效应
1950	A. B. Pippard	提出相干长度、负表面能，建立 Pippard 方程
1954	B. Matthias	发现 A-15 结构的 Nb_3Sn，$T_c = 18$ K
1956	L. N. Cooper	提出超导"电子对"概念
1957	J. Bardeen，L. N. Cooper，J. R. Schrieffer	建立 BCS 超导微观理论
1957	A. Abrikosov	提出第二类超导体理论，预言磁通格子的存在

年份	姓名	主要事件
1958	L. P. Gorkov	从 BCS 理论导出 G-L 方程
1960	I. Giaever	发现超导体单电子隧道效应
1961	B. S. Deaver	实验证实超导体磁通量子化现象
1961	J. E. Kunzler	用 Nb_3Sn 绕制成功 8 T 的强磁体
1962	B. D. Josephson	理论预言约瑟夫森效应
1968	W. L. Mcmillan	提出强耦合超导 T_c 公式
1973	Gavaler	制备出 T_c=23.2 K 的 Nb_3Ge
1979	Steglich	发现第一个重费米子超导体
1980	J. Jermoe	首次发现有机超导体
1986（4 月）	K. A. Müler、J. G. Bednorz	在 LaBaCuO 中发现 T_c>30 K 的超导电性
1987（2 月 6 日）	朱经武（美国休斯敦大学）	发现 YBaCuO 超导体，T_c=80~92 K
1987（2 月 24 日）	赵忠贤（中科院物理所）	制成 YBaCuO 系列高温超导材料，T_c=78.5 K
1988（1 月）	Maeda	发现 BiSrCuO，T_c=115 K
1988（2 月）	盛正直（美国阿尔堪萨斯大学），Hermann	发现 TlBaCaCuO，T_c=125 K
1991（4 月）	A. Hebard	发现 K_3C_{60} 超导体，T_c=18 K
1993（5 月）	A. Schilling	发现 HgBaCaCuO，T_c=133.5 K
2000	S. S. Saxena	发现 UGe_2 巡游电子磁性超导，T_c=0.4 K
2001	C. PFLEIDERER	发现 $ZrZn_2$ 铁磁超导 T_c=0.3 K
2001	Mikhail I. Eremets	发现高压诱导绝缘体硫和硼变成超导，T_c=7 K、16 K
2001	秋光纯（日本青山学院大学）	发现 MgB_2，T_c=39 K
2003	Kazunori Takada	发现 $Na_xCoO_2 \cdot yH_2O$，T_c=4.5 K
2004	Z. Hiroi	发现 $KOsO_3$，T_c=9 K
2004	E. A. kimov	发现硼掺金刚石，T_c=4.5 K
2005	Thomas E. Weller	发现石墨夹杂元素 Ca，T_c=11.5 K
2006	Hideo Hosono	发现铁基超导体 LaOFeP，T_c=5 K
2008	Hideo Hosono	发现铁基超导材料 $LaO_{1-x}F_xFeAs$，T_c=26 K

1. 铁基超导材料

自从细野秀雄小组于 2008 年初发现 $LaFeAsO_{1-x}F_x$ 的临界温度可以达到 26 K 以来，一系列新型铁基超导材料陆续被发现。其超导转变温度已达 55 K、上临界场更是高达 200T 以上，而且具有较小的各向异性、低廉的原料成本等显著优点，使它在高磁场等领域具有广阔的应用前景。

目前，根据超导体母体化合物的组成比和晶体结构，这些新型铁基超导材料大致可以分为四大体系（马廷灿等，2009）：① "1111" 体系，包括 LnOFePn（Ln＝La，Ce，Pr，Nd，Sm，Gd，Tb，Dy，Ho，Y；Pn＝P，As）以及 DvFeAsF（Dv＝Ca，Sr）等；② "122" 体系，包括 AFe_2As_2（A＝Ba，Sr，K，Cs，Ca，Eu）等；③ "111" 体系，包括 AFeAs（A＝Li，Na）等；

④ "11"体系，包括 FeSe（Te）等。

美国国家标准和技术研究所（NIST）和马里兰大学的研究团队发现，特定类型的"122"超导体 AFe_2As_2（A＝Ba，Sr，K，Cs，Ca 等）具有一些意想不到的性质。其最大的商业价值是超导临界温度为 47 K，而此前"122"类的纪录是 38 K。同时该晶体也具有异常的属性。若用一个更小的原子将部分钙原子取代，该晶体的超导临界温度不变仍为 47 K，但整个晶体尺寸缩小 10％[①]。

我国科研机构，特别是中国科学院迅速开展了卓有成效的研究工作，在新一轮的高温超导研究热潮中占据了重要位置。

由于铁基超导体存在着弱连接问题，导致其临界电流密度比较低，中科院电工研究所应用超导重点实验室马衍伟研究组采用轧制织构和化学掺杂相结合的方法，提高了铁基超导带材的载流能力，其临界传输电流达到 180 A，相应临界电流密度超过 25 000 A/cm^2。相关研究工作（Gao et al.，2011）发表在 *Applied Physics Letters* 上。

清华大学物理系薛其坤院士和陈曦教授的研究团队，开展了涉及 3 个不同族元素的铁基超导薄膜的分子束外延生长，制备出高质量的 $K_xFe_{2-y}Se_2$ 薄膜，在实验上证明了该体系存在相分离现象。这项研究是和中科院物理所马旭村研究员的研究组以及美国普渡大学胡江平教授合作完成的。相关研究工作（Li et al.，2011）发表在 *Nature Physics* 上。

中国科学院物理研究所/北京凝聚态物理国家实验室（筹）超导实验室赵忠贤院士课题组与美国卡内基研究院地球物理实验室合作，利用自行研制的高压-低温-磁场联合测试系统对铁基硫族化合物超导体 $A_{1-x}Fe_{2-y}Se_2$（其中 A＝K，Rb 或 Cs，以及部分替代的 Tl）进行了系统的高压下原位电阻、交流磁化率研究。发现这类超导体的超导转变温度在压力小于 10 GPa 时随着压力的升高而逐渐降低，直至消失；而当压力高于 10 GPa，系统出乎意料地进入了一个新的超导态。这个由压力诱发的第二个超导相的超导转变温度高达 48 K，远高于常压及低压下的第一个超导相的转变温度。相关研究工作（Sun et al.，2012）发表在 *Nature* 上。

2. 铜基超导材料

不论是 BSCCO/2223 系（铋锶钙铜氧-第一代超导材料），还是 YBCO/123

---

① Unusual 'Collapsing' Iron Superconductor Sets Record for Its Class. http：//www. nist. gov/ncnr/iron-020712. cfm［2012-02-07］

（钇钡铜氧-第二代超导材料），都属于铜基超导材料。

以 YBCO 为代表的第二代高温超导带材与第一代 Bi 系带材相比，拥有更高的磁通钉扎能力，所以在磁场下的性能远优于 Bi 系带材。同时 YBCO 带材是将 YBCO 薄膜生长在柔性的金属基带上形成可卷绕、可承载大电流、具有层状结构的超导带，其载体材料一般为镍金属或合金基带，不需使用贵金属材料，因此其制备成本可以大幅降低。目前，第二代高温超导带材已成为全世界超导材料研究的热点。

美国北卡罗来纳州立大学开发出一种新的计算方法，用于提高超导材料的特定设计应用，解决 YBCO 的主要研究障碍。研究人员提出，在超导线材制造工作中充分利用多尺度建模方法，使产品设计师和超导材料制造工业直接合作，创造出更精确地匹配终端产品需求的超导体材料。相关研究成果（Chan and Schwartz，2011）发表在 *IEEE Transactions on Applied Superconductivity* 上。

目前，美国和日本在第二代高温超导带材的研发方面居于领先地位。美国超导公司制备的带材性能超过 500m/250A（分别为带材的长度和电流承载能力），制备效率超过 720km/a。美国 Superpower 公司制备的带材性能超过 1000m/280A，IBAD/MgO 缓冲层和 YBCO 超导层的生产速度分别达到 3000km/a、1500km/a。日本藤仓公司所制备的带材性能也达到了 500m/350A，实现了规模化制备。同时 IBAD/MgO 缓冲层的制备效率达到了 1kg/h（赵晓辉，2011）。

上海交通大学 2011 年 1 月 23 日宣布，物理系李贻杰教授领导的科研团队历时三年，研发出一整套具有我国自主知识产权的百米级第二代高温超导带材，用于传输超导电流的稀土氧化物超导层的厚度还不到 1 μm。与传统的铜导线相比，相同横截面积超导带材的载流能力是铜导线的几百倍。

3. 有机超导材料

有机超导体是一类含有碳氢化合物的超导体，由于其复杂的分子和晶体结构以及丰富的物理特性，一直是凝聚态物理关注的热点，期待在有机材料中发现高温超导电性。目前有机超导体主要有两类：准一维的 TMTSF 盐和准二维的 BEDT-TTF 盐。但这些有机超导体只有在极低的温度下才出现超导电性，并且其中有些只在高压下才表现出超导电性。

日本冈山大学教授久保园芳博率领的研究小组发现一种由芳香族分子与碱金属原子相互作用形成的新型有机超导材料，在 20 K 时进入超导状态。相关研究工作（Mitsuhashi，2010）发表在 *Nature* 上。

在美国能源部的资助下，美国、日本、德国的科学家对一类已知有机盐超导材料（BETS）$_2$GaCl$_4$的特性进行了研究。在温度降至 10K 的环境下，将这种有机盐的单层分子放置在金属银表面，并利用扫描隧道显微镜观测分子链长度不同时这种材料的超导特性。研究发现，在有机盐分子链长度低于 50nm 时，超导现象随着分子链缩短而逐渐减弱。最终，科学家观测到超导现象的最短分子链长度为 3.5nm，此时分子链由 4 对有机盐分子组成。相关研究工作（Clark et al.，2010）发表在 *Nature Nanotechnology* 上。

中国科学技术大学微尺度物质科学国家实验室陈仙辉小组在菲（具有 3 个苯环的稠环芳香烃）中掺入碱金属钾和铷，实现了温度为 5K 的超导电性。同时发现，通过施加 1 万个大气压的压力，可以使超导转变温度提高 20%。这些结果表明，这种新发现的超导体可能具有非常规的超导电性。由于稠环芳香烃可以由不同数量的苯环组成，有许多不同种类，该小组的这项发现表明又一类新的有机超导体家族的诞生。相关研究工作（Liu et al.，2009）发表在 *Nature Communications* 上。

4. 其他超导材料

1）二硼化镁

二硼化镁（MgB$_2$）是 20 世纪 50 年代就早已熟悉的材料（钱廷欣等，2006），然而，直到 2001 年 3 月日本科学家才发现它是超导体，其超导转变温度为 39K。随后各国科学家对 MgB$_2$ 进行了深入的研究，包括大块、薄膜、线材、带材样品的制备、各种替代元素对转变温度的影响、同位素效应、Hall 效应的测量、热动力学的研究、临界电流和磁场的关系、微波和隧道特性的研究等。

2）钴氧化物

2003 年，日本国家材料科学研究所 Takada 等发现钴氧化物是一种新的超导材料。这种化合物的结构式为 Na$_x$CoO$_2$·$_y$H$_2$O（$x=0.35$，$y=1.3$），由厚厚的 Na$^+$ 和 H$_2$O 分子绝缘层隔离的二维 CoO$_2$ 面构成，在 5K 左右实现超导。

四、结语和展望

从超导材料的发展历程来看，新的更高转变温度材料的发现及室温超导的实现都有可能。超导材料的单晶生长及薄膜制造工艺技术也会取得重大突破，但超导材料的基础研究还面临一些挑战。目前超导材料正从研究阶段向应用发展阶段转变，且有可能进入产业化发展阶段。超导材料正越来越多的应用于尖端技术中，如超导悬浮列车、超导计算机、超导电机与超导电力输送、火箭磁悬浮发射、超导磁选矿技术、超导量子干涉仪等。因此超导材料技术有着重大的应用发展潜力，可解决未来能源、交通、医疗和国防事业中的重要问题。

1. 科学研究方面

对于铜基超导材料的高温超导机制，物理学界仍未形成一致看法，这也使得高温超导成为当今凝聚态物理学中最大的谜团之一。因此很多科学家都希望在铜基超导材料以外再找到新的高温超导材料，从而能够使高温超导机制更加明朗。2008 年，铁基超导材料的"横空出世"，被认为是高温超导研究领域的重大进展。

尽管对新老两类材料的高温超导机制是否一样迄今还没有明确答案，但目前科学家们都认同一点，那就是新的铁基超导材料将激发物理学界新一轮的高温超导研究热。二十年来，铜氧化合物一直是研究热点，但用这种陶瓷性金属氧化物来做超导导线，延伸性不够。相比而言，铁基超导物有优势，它不含氧，而是和两个元素形成的合金。下一步，科学家们将着眼于合成由单晶体构成的高品质铁基高温超导材料。

2. 产业发展方面

超导产业链主要由三部分组成：上游是矿产资源，如钇、钡、铋、锶等金属，是超导行业的基础；中游是超导材料，如 YBCO 和 BSCCO 等带材，是超导行业的核心；下游是超导应用产品，如超导电缆、超导限流器、超导储能、超导发电机、超导滤波和超导变压器等，是超导行业的载体。

随着智能电网写入"十二五"规划，其在国家战略性新兴产业中的地位逐渐显现。在全球范围内，智能电网也正迎来投资热潮，其中，超导技术在一定程度上决定着一个国家智能电网的竞争力。美国在"美国电网 2030"计划中提出，以超导电力技术建设骨干电网，美国能源部甚至将超导誉为 21 世纪电力工业唯一的高技术储备；日本新能源开发机构也认为，发展超导是 21 世纪保持尖端优势的关键所在。

第二代高温超导带材产业化生产以后，可有效解决人口密集的大都市圈电力扩容问题，并改善供电系统的安全性和可靠性。我国在超导材料的研发和产业化布局方面尽管在稳步推进，但是目前国内超导材料主要是依赖于美国和日本进口，价格较高，占应用产品成本的 50％左右。随着超导行业的发展，必将产生对超导材料的大量需求，未来超导材料的国产化必将是国内超导行业发展的制高点。

第三节 生物降解材料发展趋势分析

降解材料是指在材料中加入某些能促进降解的添加剂制成的材料，材料本身具有降解性能的材料及有生物制成的材料或采用可再生原料制成的材料。生物降解材料是指在一定条件下，能被土壤微生物（如细菌、霉菌、藻类等）或其分泌物在酶或化学分解作用下发生降解的材料。理想的生物降解材料是一种具有优良使用性能、废弃后可被环境微生物完全分解为二氧化碳和水，最终被无机化而成为自然界中碳元素循环的一个组成部分的高分子材料（刘伯业等，2010）。

一、战略意义和关键科学问题

高分子材料给人们生活带来便利、改善生活品质的同时，其产生的废弃物也与日俱增，"白色污染"问题越来越严重，且这类垃圾处理和降解非常困难。由于石油资源供给日趋紧张，以玉米、淀粉等非石油路线制备塑料等高分子材料受到社会更多的关注，逐步上升为国家战略。生物降解材料等降解材料制备生产过程无污染，产品可以生物降解，实现在自然界中循环，最终生成二氧化碳和水，不污染环境，这对保护环境非常有利，是公认的环境友好材料，并逐渐成为未来事关国计民生的战略新兴材料。

尽管国内已经有一定的研究基础，但相关制造产业还处于雏形阶段，我国应通过基于物理/化学的技术创新，改进材料性能，解决制约其规模生产的低性价比问题，在材料制备、加工与应用技术上尽快实现产业化，加快形成具有核心竞争力的生物降解材料产业。

降低生物降解材料制造成本是急需解决的重要关键问题。控制材料的降解速度，提高材料未降解时的物理化学性能，开发安全的生物降解材料添加剂以及不需要添加剂降解性高分子材料也是未来重要的发展方向。在聚乳酸方面，进一步降低乳酸的发酵成本，改进乳酸的聚合工艺，提高聚乳酸在组织工程上的应用性将是未来发展的关键科学问题。

二、研究进展和产业化分析

生物降解材料包括：用生物技术直接制取的高分子材料，如聚羟基脂肪酸酯（PHA）等；用生物技术制取的原料再经聚合得到的一类材料，如聚乳酸（PLA）、聚丁二酸丁二醇酯（PBS）、聚氯基酸等；此外还有淀粉基生物降解塑料、二氧化碳共聚物脂肪族聚碳酸酯（APC）等。在众多生物降解材料中，PLA、PHA、PBS、淀粉基生物降解塑料成为当前国际生物降解塑料的主流技术，技术相对成熟、产业化规模较大，也是市场消费的主要品种。

1. 聚乳酸

聚乳酸（PLA）是一种新型的生物降解材料，也称为聚丙交酯，属于聚酯家族。聚乳酸由可再生的植物资源（如玉米）所提取的淀粉原料制成，淀粉原料经由发酵过程制成乳酸，再通过化学合成转换成聚乳酸（谢台等，2011）。聚乳酸的热稳定性好，加工温度为170～230℃，有好的抗溶剂性，可用多种方式进行加工，如挤压、纺丝、双轴拉伸、注射吹塑等。在自然条件下生物降解为二氧化碳和水，不会产生任何环境问题，被业界视为最有前途的生物降解塑料之一。

聚乳酸材料具有无毒、无刺激性、强度高、良好的生物降解和生物相容性等特点，可用作可降解生物包装材料、药物控释载体、组织工程支架材料、骨科内固定材料等领域（陈诗江和王清文，2011）。进一步降低乳酸的发酵成本，改进乳酸的聚合工艺，提高聚乳酸在组织工程上的应用性将是聚乳酸今后研究的重点。

目前聚乳酸生产商有近20家，主要集中在美国、中国、日本和德国等。美国 Nature Works 公司以玉米等谷物为原料，通过发酵得到乳酸，再聚合生产生物降解塑料聚乳酸，是目前世界上最大的聚乳酸生产厂家，年产能达到14万吨；2011年泰国 PTT 公司将向其投资1.5亿美元，共同在泰国建立以甘蔗和木薯为原料的生物基聚乳酸生产基地（Frank，2011）。日本三菱塑料公司在聚乳酸在包装领域的应用做了大量工作，开发出多种聚乳酸包装材料和技术，成为世界上聚乳酸包装材料开发的领军企业。国外聚乳酸主要生产企业还包括日本三井化学公司、油墨化学工业公司、岛津制作所、德国柏林 EmsInventa-Fischer 公司等。

国内的主要研究机构有中科院成都有机化学研究所、上海有机化学研究所，武汉大学、同济大学、浙江大学、复旦大学、天津大学、南开大学、东华大学、华南理工大学、华东理工大学、北京理工大学等。国内生产商中，海正集团公司研制的新型聚乳酸已进入产业化阶段，年产 5000 吨聚乳酸中试厂在运行，计划建万吨工业级厂。深圳市光华伟业实业有限公司处于中试规模，正扩建万吨级厂。此外，南通九鼎生物工程有限公司、云南富集生物材料科技有限公司、河南飘安集团、长江化纤有限公司和中科院长春应用化学所的合作企业等也拥有聚乳酸生产线，规模相对较小，但都有不同程度的扩建计划。

2. 聚羟基脂肪酸酯

聚羟基脂肪酸酯（PHA）属于天然高分子聚酯，是很多细菌在特定条件下合成的一种细胞内聚酯。PHA 是聚羟基脂肪酸酯类材料的总称，目前产业化品种已有四代。第一代产品的典型代表为均聚物 PHB（聚 3-羟基丁酸酯）、第二代产品 PHBV（聚 3-羟基丁酸酯/3-羟基戊酸酯共聚物）、第三代产品 PHBHHx（3-羟基丁酸酯/3-羟基己酸酯共聚物）以及第四代产品 P34HB（聚 3-羟基丁酸酯/4-羟基丁酸酯共聚物）。

PHA 生物材料及其改性材料的热性能、力学性能、加工性能成了科研工作者的研究热点。对于 PHA 的研究主要集中在两个方面：一是 PHA 基本性能的研究，如高聚物的力学性能、热降解性能及其结晶性能；二是 PHA 及其改性聚酯纤维成形的研究，通过静电纺丝或熔融纺丝进行纤维成形，研究初生纤维性能，为 PHA 纤维的工业化奠定理论基础（郭静等，2010）。

PHB 和 PHBV 分别由奥地利林茨化学公司和英国帝国化学工业公司在 20 世纪 80 年代实施。美国 Metabolix 公司和 ADM 公司的合资企业 Telles 公司在美国爱荷华州拥有产能为 5 万吨/年的 PHA 生产装置（ICIS，2011），品牌为 Mirel，2010 年 3 月开始生产，预计 2013 年中期达到全产能。意大利 Bio-On 公司开发甜菜制备生物塑料聚羟基烷基酸酯的生产技术，并计划建设 1 万吨/年的生产装置。国外 PHA 的主要项目还有德国慕尼黑 Biomers 公司 1000 吨/年，美国 P&G 公司 5000 吨/年的第三代 PHBHHx 项目等。日本三菱瓦斯化学公司、日本卡奈卡公司、巴西 PHB Industrial S/A 公司、英国 Biocycle 公司、荷兰 Agrotechnology&Food Innovations 公司等也在研发生产相关产品。

我国 PHA 研发及产业化趋势处于世界的前沿，主要研发机构有清华大学、中科院微生物研究所、中科院长春应用化学研究所、汕头大学等。主要生产企业有天津国韵生物科技公司（产能 1 万吨）、宁波天安生物材料公司、广东联亿生物工程公司和江苏南天集团、深圳意可曼生物科技有限公司 5000 吨/年的第四代 PHA（P34HB）生产线等。

3. 聚丁二酸丁二醇酯

聚丁二酸丁二醇酯（PBS）由丁二酸和丁二醇经缩聚而得，是目前世界公认的综合性能最好的生物降解塑料。用途极为广泛，可用于包装、餐具、化妆品瓶及药品瓶、一次性医疗用品、农用薄膜、农药及化肥缓释材料、生物医用高分子材料等领域。

全球能够产业化并且已经市场化生产 PBS 的国家只有美国和日本。20 世纪 90 年代中期，日本昭和高分子公司采用异氰酸酯作为扩链剂，与传统缩聚合成的低相对分子质量 PBS 反应，制备出相对分子质量可达200 000的高相对分子质量 PBS。目前产能为 5000 吨/年，年产 2 万吨新生产线正在建设中。美国 Eastman 公司聚丁二酸丁二醇酯生产规模为 1.5 万吨/年。

我国 PBS 的研发和产业化进程在积极推进中。中科院理化技术研究所工程塑料国家工程研究中心展开了从 PBS 合成、改性到制品加工及应用全方位的研究；中科院化学所工程塑料重点实验室也进行了"可生物降解脂肪族聚酯合成"的研究，通过聚酯链结构设计，调节 PBS 结晶速率、力学性能、降解速率等性能，满足不同实际需求；海尔科化工程塑料国家工程研究中心股份有限公司也通过自有创新技术研制出的可完全生物降解的 PBS 系列聚酯产品。

2007 年，杭州鑫富药业公司建成 2 万吨/年的 PBS 生产线。2008 年，邗江格雷丝公司建成 2 万吨/年的 PBS 生产线。广东金发公司已建成年产 1000 吨/年的生产线，安徽安庆和兴化工与清华大学合作也已筹建 5000 吨规模的生产线。但国内 PBS 的工业化生产仍然采用石油基丁二酸和丁二醇，其合成工艺有待改进；需要通过微生物发酵法生产丁二酸单体，改善 PBS 产品性能，降低对石化资源的依赖。

4. 二氧化碳基塑料

在二氧化碳基塑料（PPC）方面，目前已批量生产的二氧化碳基塑料原料主要有二氧化碳/环氧丙烷共聚物、二氧化碳/环氧丙烷/环氧乙烷三元共聚物、二氧化碳/环氧丙烷/环氧环己烷三元共聚物等品种。由二氧化碳制备完全降解塑料的研究始于 1969 年，由日本油封公司首先发现，美国通过改进催化剂于 1994 年生产出二氧化碳可降解共聚物。国外开展该项工作的研究单位主要有：日本东京大学、波兰理工大学、美国匹斯堡大学和得克萨斯 A&M 大学、日本京都大学、埃克森公司等。美国空气产品与化学品公司和陶氏化学公司已合成出相应的产品。美国、日本和韩国等已生产出二氧化碳降解塑料，美国年产量约为 2 万吨，日本、韩国也已形成年产上万吨的规模。

国内主要的研究单位有中科院长春应用化学研究所、中科院广州化学有限公司、吉化研究院、浙江大学等。中科院长春应用化学研究所与内蒙古蒙西高新技术集团公司合作，建成了世界上第一条 3000 吨/年的"二氧化碳基全降解塑料母粒"工业示范生产线，2007 年底投产了 3 万吨/年的生产线。2008 年长春应化所项目组还同中国海洋石油总公司合作，成功建成年产 3000 吨二氧化碳共聚物生产线。中科院长春应用化学研究所 2009 年 2 月宣布，该所承担的二氧化碳共聚物及其产品产业化项目通过鉴定，获得全球首个二氧化碳共聚物医用可降解材料生产许可证。河南天冠集团以二氧化碳为原料生产全降解塑料 5000 吨/年的生产线实现产业化运行。中科院广州化学有限公司完成二氧化碳的共聚及其利用——二氧化碳高效合成为可降解塑料的技术成果转让给江苏省金龙公司、广州广重企业集团公司，分别建成了 2000 吨/年和 5000 吨/年的二氧化碳可降解塑料中试生产线，江苏金龙公司年产 2 万吨二氧化碳树脂的连续生产线于 2007 年 6 月初投产。中山大学与广州市合诚化学有限公司、广州市天赐三和环保工程有限公司两家公司于 2007 年 10 月中旬签订合作协议，采用中山大学研发的利用二氧化碳合成全降解塑料技术，首期投资 1.3 亿元建设一条万吨级二氧化碳全降解塑料生产线。2010 年 1 月，吉林省松原市建成 5 万吨/年二氧化碳基降解塑料项目，三年内达将达到 9 万吨/年环氧丙烷和 15 万吨/年二氧化碳基降解塑料的生产规模。

5. 淀粉基生物降解塑料

淀粉基生物降解塑料是淀粉经过改性、接枝反应后与其他聚合物共混加工而成的一种塑料产品，在工业上可以代替一般通用塑料等，可以用作包装材料、防震材料、地膜、食品容器、玩具等。淀粉基生物降解塑料已有 30 年的研发历史，是研发历史最久、技术最成熟、产业化规模最大、市场占有率最高的一种生物降解塑料。淀粉与 PE、PP、PVA、PCL、聚乳酸等聚合物共混粒料已批量生产。

国外淀粉基塑料产品生产商主要有意大利的 Novamont 公司、美国的 Warner-Lambert 公司和德国的 Biotec 公司。我国积极研发并产业化的单位主要有中国科学院理化技术研究所、中国科学院长春应用化学研究所、江西科学院、北京理工大学、华南理工大学、天津大学、比澳格（南京）环保材料有限公司、广东上九生物降解塑料有限公司、广州优宝生物科技有限公司、浙江天示生态科技有限公司、中京科林新材料（深圳）有限公司、武汉华丽科技有限公司、哈尔滨绿环降解塑料有限公司、黑龙江绥化绿环降解塑料有限公司、烟台万利达环保材料有限公司等。

国内最大的生产厂家是武汉华丽科技有限公司和比澳格（南京）环保材料有限公司。武汉华丽科技有限公司预计产销规模 10 万吨，澳格（南京）环保材料有限公司现已形成数万吨淀粉基塑料规模。其他几个大型企业均达到年产万吨级生产规模，总产量占我国生物降解塑料产量的 60％以上，并出口日本、韩国、马来西亚、澳大利亚、美国、欧盟等国家和地区（方巍和姜艳艳，2011）。国外和国内主要生物降解材料产业化现状见表 4-6 和表 4-7。

表 4-6　国外主要生物降解材料产业化现状

机构（企业）	所属国家	产品类型	品牌/注册商标	产业化规模
DuPont 公司	美国	脂肪族/芳香族共聚酯	Biomax	万吨级
EastmanChemical 公司	美国	脂肪族/芳香族共聚酯	EastarBio	万吨级
NatureWorks 公司	美国	聚乳酸	Ingeo	14 万吨/年
Chronopol 公司	美国	聚乳酸	HEPLON	—
三菱塑料公司	日本	聚乳酸	—	聚乳酸包装材料和技术
油墨化学工业公司	日本	聚乳酸	CPLA	—
岛津制作所	日本	聚乳酸	LACTY	—
三井化学公司	日本	聚乳酸	LACEA	—
EmsInventa-Fischer	德国	聚乳酸	—	采用连续发酵和膜分离技术生产高纯乳酸用于聚乳酸生产
Telles 公司	美国	聚羟基脂肪酸酯	Mirel	5 万吨/年
Bio-On 公司	意大利	聚羟基脂肪酸酯	—	1 万吨/年
慕尼黑 Biomers 公司	德国	聚羟基脂肪酸酯	—	1000 吨/年
昭和高分子公司	日本	聚丁二酸丁二醇酯	—	目前产能为 5000 吨/年，年产 2 万吨新生产线正在建设中
Eastman 公司	美国	聚丁二酸丁二醇酯	—	1.5 万吨/年
Warner-Lambert 公司	美国	淀粉基塑料		
Cereplast 公司	美国	淀粉基塑料	—	1.8 万吨/年
Novamont 公司	意大利	淀粉基塑料	Mater-Bi	7.5 万吨/年
Biotec 公司	德国	淀粉基塑料	Bioplast	—

表 4-7　我国生物降解材料产业化现状

机构（企业）	生产线	产业规模	备注
浙江海正集团	聚乳酸生产线	5000 吨/年	与中科院长春应用化学研究所合作
成都有机	聚乳酸中试生产线	2000 吨/年	
江苏九鼎集团	聚乳酸中试生产线	1000 吨/年	
海同杰良生物材料有限公司	聚乳酸中试生产线	1000 吨/年	与同济大学合作

机构（企业）	生产线	产业规模	备注
深圳市光华伟业实业有限公司	聚乳酸中试生产线		扩建万吨级厂
深圳意可曼生物科技有限公司	第四代P34HB生产线	5000吨/年	
天津国韵生物科技公司	聚羟基脂肪酸酯	1万吨/年	
杭州鑫富药业公司	聚丁二酸丁二醇酯	2万吨/年	
邗江格雷丝公司	聚丁二酸丁二醇酯	2万吨/年	
安庆和兴化工	聚丁二酸丁二醇酯	5000吨/年	与清华大学合作
江苏金龙公司	二氧化碳塑料中试生产线	2000吨/年	与广州化学有限公司合作
江苏金龙公司	二氧化碳塑料生产线	2万吨/年	与广州化学有限公司合作
广州广重企业集团公司	二氧化碳塑料中试生产线	5000吨/年	与广州化学有限公司合作
蒙西高新技术公司	二氧化碳基全降解塑料母粒工业示范生产线	3000吨/年	与中科院长春应用化学研究所合作
蒙西高新技术公司	二氧化碳塑料生产线	3万吨/年	与中科院长春应用化学研究所合作
中国海洋石油总公司	二氧化碳共聚物生产线	3000吨/年	与中科院长春应用化学研究所合作
广州市合诚化学公司、广州天赐三和环保公司	二氧化碳塑料生产线	1万吨/年	与中山大学合作
中兴恒和投资集团	吉林省松原市二氧化碳塑料生产线	5万吨/年	
武汉华丽公司	淀粉基塑料	10万吨/年	
比澳格（南京）	淀粉基塑料	1万吨/年	

三、未来应用领域分析

生物降解材料最大的应用领域是食品等软、硬包装材料市场，对减少环境污染具有积极意义。生物降解包装材料一般是将可降解的高分子聚合物加入到层压膜中或直接与层压材料共混成膜。食品包装材料和容器一般要求能保证食品不腐烂、隔离氧气且材料无毒。生物降解材料还可用于外科手术缝合线、人造皮肤、骨固定材料和体内药物缓释剂等生物医学领域，还可用于农业地膜、文体、机械用品等领域。

生物降解材料的应用还必须渗透到高价值和高性能工程中去，如汽车和电子产品领域，这类应用会在未来表现出很高的发展趋势。天然纤维增强塑料无论出于生产角度还是从经济效益角度都已经在汽车内饰中得到了越来越多的应用，生物降解塑料下一步将在旅客车辆内部使用增加。塑料在电子电气市场的发展潜力也十分巨大。除了手机制造商正越来越多地在手机外壳上使用聚乳酸之外，可生物降解塑料还将被扩大应用到其他电子产品上去。生物降解塑料在电气设备和家电产品中的应用比例还非常小，应用比例会在未来五年内取得重大进展。

因此生物降解塑料市场将会逐渐扩大，增长速度将会加快。包装仍是生物降解塑料的主要市场，但应用比例会逐渐下降，同时生物降解塑料在汽车和电子行业的新应用将推动其总体需求的增长。

四、结语和建议

生物可降解材料的重要地位是不言而喻的，世界各国正在竭力开展研究和开发工作，并推广其应用，前景十分广阔。主要研究领域包括降低可生物降解材料成本，材料精细化，对现有的降解高分子进行改性，用新方法合成新颖结构的降解高分子，利用绿色天然物质制造降解高分子材料。虽然仍有很多技术问题等待解决，但随着人们环保意识和能源危机意识的不断增强，可生物降解材料作为一种治理环境污染、解决资源紧张等难题的全新技术途径，必将进入人们的日常生活，在各领域得到广泛的应用。

现在生物降解塑料正面临着一个较为关键的时期，生物塑料从实验室或试验场渐渐投入商业生产。根据中国塑协降解塑料专委会 2011 年年会暨降解材料技术交流会，"十二五"期间，该行业将开发出重大生物基材料 10～15 种，培养大型企业 10 家，形成 300 万吨生物基材料产能，达到 600 亿元产业规模。在国际上生物降解塑料占优势的现实影响下，中国已经将主要力量开始转向了全降解型生物降解塑料的研发。对我国发展生物降解材料提出以下意见和建议。

1. 政府出台相关政策和计划推动发展，增强公民环保意识

政府应出台相关政策和计划推动生物降解材料的研发和商业化进展，提高社会对可再生材料的需求，同时也会对市场的增长产生关键影响。鉴于国内市场对价格的承受能力较小以及人们的环保意识还不够，生物降解材料国内市场不活跃，通过公共宣传、科普活动等方式提供公民的环保意识。

2. 发展和创新生物降解新产品，扩大生物降解塑料的产量

由于过去生物降解塑料的发展较为停滞的原因在于市场上产品种类较少。

有些生物降解塑料，如PHA根本就没有实现商业生产，目前这种产品基本都是由试验厂或者实验室生产的。即使是主流的生物降解塑料产品，如PLA和淀粉塑料，它们的产量也是远远低于传统塑料产品的。这就需要扩大生物降解塑料的产量。我国淀粉基塑料成本高于石化基塑料3倍的现实，突破其市场化推广瓶颈的有效途径就是加速开发新的生物质降解材料。例如，要因地制宜，在广大南方地区研发稻谷糠、竹粉等降解材料；在辽阔的北部、西部地区研发棉秆麦等降解材料。

3. 加强学术界和产业界合作，促进生物降解塑料健康发展

根据国家"十二五"规划要求，节能减排目标任务更加繁重。因而塑料行业的使命就是节能减碳：减碳就是减石化源的碳，改用生物质的碳。降解或将考核行业的终端指标，它体现出生物循环的意义在于提高环境贡献率。生物降解塑料的研发进程中，需要产学研密切结合，专家要深入一线开发新的降解材料，不断提高市场占有率。同时，行业要密切追踪国际标准，并使相关国际标准、国家标准付诸实施。

4. 扩大应用领域，扩大市场

生物降解材料在环保领域、食品容器和包装行业、农业地膜、生物医用等应用领域具有广泛的应用。用生物降解塑料去替代不可降解塑料，因受到经济原因的制约，也尚未形成其应有的市场。生物降解塑料的任务是进一步降低成本，提高性能，推进市场化。生物降解塑料在其他领域的应用，如卫生用品、光盘盒、文具、家电零部件方面的应用应该引起重视。

第四节　光电材料发展趋势分析

光电材料是指用于制造各种光电设备（主要包括各种主、被动光电传感器光信息处理和存储装置及光通信等）的材料，主要包括光伏材料、光子晶体材料、光纤材料和非线性光学材料等。

一、光电材料战略意义和关键科学问题

光电材料是整个光电子产业的基础和先导，按用途可分为光电转换材料和

光电催化材料；按组成可分为有机光电材料、无机光电材料和有机-无机光电配合物；按尺度可分为纳米光电材料和块体光电材料。由光电材料制成的光电器件和产品，其新产品、新技术不断涌现，已逐渐应用到从信息的获取、处理、传输到信息的存储和显示等信息产业的各个重要环节。从目前的实际应用来看，有机光电材料、光子晶体材料、光纤材料和非线性光学材料发展势头较为迅猛，但在关键问题上仍存在制约（表4-8）。

表 4-8　光电材料面临的关键问题

材料		材料关键问题
有机光电材料	有机发光二极管 OLED	高效率、高亮度、长寿命、低成本的白光器件和全彩色显示器件；开发高性能可湿法制备的小分子 OLED；高稳定性的柔性 OLED 能充分体现有机光电器件的特点，但相关基板技术、封装技术是亟待解决的问题
	有机晶体管材料 OT-FT	有机半导体材料大多数为 p 型、n 型的较少，材型过于单一；缺乏具备高迁移率且在空气稳定存在的半导体材料；大多数有机半导体材料难溶且不易熔化，很难使用溶液成膜技术制备器件；有机单晶制备技术
	有机光伏电池材料	通过设计合理的器件结构、改善界面形貌、提高聚合物晶化程度等方法提高有机光伏电池的光电转换效率；窄带隙聚合物有机半导体材料
激光晶体材料		激光晶体生长科学和技术的基础问题；晶体中离子的发光特性、能量传递及其与晶格相互作用的机理；激光二极管抽运高功率密度下（$10^4 \sim 10^7 \mathrm{W/cm^2}$）激光晶体的热效应；激光损伤的微观机理；高功率密度下晶体的新物理效应（如放大自发辐射、饱和色心）及对激光性能的影响等
光纤材料		光子晶体光纤技术；多芯光纤技术
光伏材料		晶硅太阳电池转换效率高，但成本较高，如无补贴难以市场化；薄膜太阳电池成本较低，但转换效率相对较低

二、光电材料主要政策和计划分析

为了抢占光电技术的制高点，各国都采取了相应措施，加快发展光电子产业，美国、日本、欧盟等国家和地区竞相将光电子技术纳入国家发展计划（表4-9）。

表 4-9　各国家和地区光电材料研发政策、计划

主要国家和地区	光电材料政策/计划	简要描述
美国	国家半导体照明研究计划	到 2010 年 55%的白炽灯和荧光灯被白光 LED 取代；到 2025 年，固态照明光源的使用将使照明用电减少一半
	高能激光多学科研究计划	2012 年美国国防部也设立了高能激光多学科研究计划，预设奖项 14 项，总额度为 700 万美元
	组建人工光合作用联合研究中心（JCAP）	2010 年 7 月，美国能源部宣布将由美国加利福尼亚州理工学院和劳伦斯伯克利国家实验室共同主导，开展 1.22 亿美元的五年期资助计划，组建 JCAP。该中心的研究将针对研发组装一套完整人工光合系统所必需的功能性组件来展开，诸如光吸收器件、催化剂、分子连接器以及分离膜等；然后将这些组件整合成一个可作的太阳能制燃料整体系统，之后将放大到商业化规模
	组建太阳能研究中心（ANSER）	2007 年阿贡国家实验室联合西北大学以及其他机构成立了太阳能研究中心，中心的长期愿景是发展对于创造效率显著提升的太阳能燃料和太阳能发电技术所需要的基础理论、材料和方法。2010 年 2 月，该中心发布了太阳能研究报告，太阳能研究包括了四个主要领域：①下一代光伏技术，如有机太阳电池、复合太阳电池和染料敏化太阳电池等；②沉积到三维光伏器件上的透明导体；③太阳光聚光；④系统分析
	SunShot 计划	2012 年 2 月 4 日，美国能源部长朱棣文宣布发起"SunShot"倡议，拟将太阳能光伏系统总成本降低 75%，使得到 2020 年与其他能源形式相比，大规模光伏系统能在没有资金补贴的情况下具备市场竞争力。通过将大型光伏设备成本降至每瓦特约 1 美元
	超高效二极管光源（SHEDS）计划（美国劳伦斯利弗莫尔实验室，2012）	美国国防部先进研究项目局 2006 年与欧盟合作展开了 SHEDS 计划，希望增加固体激光系统的电能转化为光能的效率，并使二极管产生的废的热量减少 50%
欧盟	第七框架纳米科学与技术、材料和新生产技术（NMP）领域的项目计划	历年欧盟发布的第七框架计划 NMP 领域招标计划将半导体照明作为重点开发领域之一。2009 年欧盟发布了有机纳米材料电子和光子器件设计、合成、表征、加工、制备和应用计划，将致力于开发新的光伏纳米材料、光电探测器以及有机发光二极管等。按照计划，这些新材料将具有稳定、易于加工、廉价以及环境友好等特点
	终极激光基础框架	2009 年欧盟在第七框架下，相关工作组将终极激光基础框架纳入到了欧洲研究框架战略论坛路线图，并且为未来强激光技术的发展制定了路线图
	彩虹计划	多色光源 LED；通过欧盟的补助金推广 LED 的应用
	光子集成通用制造先进研究和开发计划	2010 年欧盟发布了该计划（Dubbed PARADIGM）（欧盟委员会，2012），希望通过开发可适用于不同应用的光子集成电路的通用平台技术，以降低光子集成电路的成本，使其降低为目前的 1/10 或更低

续表

主要国家和地区	光电材料政策/计划	简要描述
英国	柔性电子发展战略	2009 年英国商业、创新与技能部（BIS）发布了题为"Plastic Electronics：A UK Strategy for Success"的英国柔性电子发展战略，将显示器、照明和光伏器件以及它们在集成智能系统中的结合视为主要的开发目标
日本	21 世纪光计划	到 2006 年 50% 的传统照明被白光 LED 取代；2010 年发光效率达到 120 lm/W
	第三期科学技术基本计划	第三期科学技术基本计划将 X 射线自由电子激光器开发和共享列为材料领域十大战略重点科学技术之一
韩国	氮化镓半导体开发计划	2004～2008 年国家投入 1 亿美元，企业提供 30% 配套资金，预期 2008 年达到 80 lm/W
中国台湾	次世纪照明光源开发计划	以白光 LED 取代 25% 的白炽灯和 100% 的荧光灯

三、光电材料技术分析

1. 有机光电材料发展趋势分析

有机光电材料是一类具有光电活性的有机材料，广泛应用于有机发光二极管、有机晶体管、有机太阳能电池、有机存储器等领域。有机光电材料通常是富含碳原子、具有大 π 共轭体系的有机分子，分为小分子和聚合物两类，研究进展见表 4-10。

表 4-10 有机光电材料进展分析

有机光电材料		研究进展
有机发光二极管	显示	2001 年，日本索尼公司研制成功 13 英寸全彩 OLED 显示器，证明了 OLED 可以用于大型平板显示； 2002 年，日本三洋公司与美国柯达公司联合推出了采用有源驱动 OLED 显示的数码相机，标志着 OLED 的初步产业化； 2007 年，日本索尼公司推出了 11 英寸的 OLED 彩色电视机，率先实现 OLED 在中、大尺寸，特别是在电视领域的应用突破； 2012 年，韩国三星电子在家电展示会"IFA2012"的记者发布会上公开了 55 英寸的 OLED TV，厚度仅为 4cm，无需背后照明灯，因此更轻薄，耗能仅为传统平板电视的 20%，画面更清晰
	照明	2012 年，日本东京工业大学将有机材料涂层和电极表面做成凹凸不平的褶皱状，OLED 发光效率能够提高到原有水平的 2.9 倍左右； 2012 年 3 月，东芝展出的 OLED 元件的发光效率为 60 lm/W。在此基础上东芝通过多种改进手段，如改变电子传输层的材料、在作为透明电极明的 ITO 中追加金属辅助布线、将背面电极材料从原来采用的铝改为反射率高的其他材料等，大幅提高了发光效率； 2012 年，美国犹他大学的研究人员研发的新型 OLED 采用一种名为有机自旋阀的装置，具有三层构造，中间的有机层相当于半导体，两侧是铁磁金属电子层。有机层采用名为"氘-DOO-PPV"的聚合物，这种聚合物可发出橙色的光，其成本较低，可提高发光效率

有机光电材料	研究进展
有机晶体管材料	2003年，Meng等（2003）制备了2，3，9，10-四甲基取代并五苯，它的晶体排列与并五苯几乎一样，但是由于甲基的引入，显著降低了分子的氧化电位，改善了从金电极到有机半导体的电荷注入； 2009年，美国Polyera公司开发了新型的基于萘二甲酰亚胺和北二甲酰亚胺的聚合物，电子迁移率高达0.85cm²/（V·s），该聚合物弥补了目前n型有机半导体材料的空白（Yan et al, 2009）； 2010年，日本大阪大学采用涂布法制成了载流子迁移率高达5cm²/（V·s）的有机薄膜晶体管； 2011年，中科院选用硫杂萘二酰亚胺为n型有机半导体材料，通过系列界面修饰和优化，采用喷墨打印等溶液法加工技术制备了高性能n型OTFT，电子迁移率最高达到1.2 cm²/（V·s）
有机光伏电池材料	2011年，比利时微电子研究所开发出一种专用倒置块状异质结构，用于聚合物基太阳能光伏电池，同时可优化电池光源控制，提高设备的稳定性，已证实转换效率达到8.3%； 2012年，Phillips 66、中国南方科技大学和Solarmer Energy联合推出的聚合物有机光伏电池效率达到了9.31%； 2012年4月，德国Heliatek公司推出的聚合物有机光伏电池效达到10.7%； 2012年，三菱化学在日本第61届高分子学会年度大会上表示，该公司开发的有机薄膜光伏电池的转换效率达到了11.0%
有机存储器	2005年，加利福尼亚大学洛杉矶分校的研究人员发现有机薄膜的纳米粒子间电荷转移引起的电导率突变也可用于存储； 2012年8月，美国西北大学利用两个小有机分子之间的极强吸引力，创建出具有铁电性理想特性的长晶体具有很强的记忆力； 2012年8月，美国哈佛大学利用DNA序列内编码信息实现存储功能，1g DNA存储量将高达704TB

　　总体来看，未来有机光电材料的发展方向是稳定性好、效率高、寿命长、成本低。与无机材料相比，有机光电材料可以通过溶液法实现大面积制备和柔性器件制备。此外，有机材料具有多样化的结构组成和宽广的性能调节空间，可以进行分子设计来获得所需要的性能，能够进行自组装等自下而上的器件组装方式来制备纳米器件和分子器件。

2. 激光晶体材料发展趋势分析

　　激光晶体是产生受激辐射跃迁的工作物质，激光晶体中的掺杂离子能级结构决定了激光器的波长，基质的晶格结构及其宏观物理、化学性能决定了激光器的输出性能。激光晶体材料是固体激光技术及产业的基础支撑材料，是激光技术发展的核心和基础。自1960年美国海军休斯试验室的希尔多·梅曼研制成功了世界第一台人造红宝石晶体激光器之后，激光晶体材料的发展开始进入快车道。

实用化的激光晶体已从最初的几种基质材料发展到数十种，并在各个方面获得了实际应用。但就其应用范围来说，主要有三大基础激光晶体，即掺钕钇铝石榴石晶体（Nd：YAG，主要用于中、高功率激光）、掺钕钒酸钇晶体（Nd：YVO$_4$，主要用于低功率小型化激光）和掺钛蓝宝石晶体（Ti：Al$_2$O$_3$，主要用于可调谐、超快激光）（徐军，2006）。

纵观激光晶体材料的应用现状和发展前景，激光晶体的主要发展趋势是迫切发展如下四个方面（图4-3），并将取得突破和实际应用。

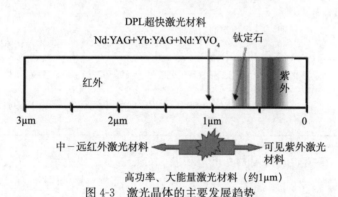

图 4-3　激光晶体的主要发展趋势

（1）面向全色显示、光存储、光刻等应用的蓝绿紫和可见光激光材料。目前实现该波段激光均采用间接手段（非线性倍频），至今尚未有合适的材料，但预计将首先在光纤或晶体中实现高效上转换激光输出。

（2）面向人眼安全、光通信、医疗、遥感等应用的中远红外激光材料。1.55mm的铒玻璃和掺Er、Tm、Ho的2mm波段医疗用晶体激光已实用化，但更高效率的LD抽运1.55mm、2mm和3~5mm波段的新晶体和光纤材料是中红外激光发展的瓶颈。

（3）面向先进制造技术、"新概念"激光武器等应用的（1mm波段）高功率、大能量激光材料。以石榴石（Nd：YAG、Yb：YAG）晶体和陶瓷为主，还有Nd：GGG晶体和Yb-玻璃光纤。与Nd：GGG相比，Nd：YAG在热性能和物化性能方面性能卓越，如其热透镜效应仅是Nd：GGG的1/2；热应力极限下，Nd：YAG的激光输出理论值比Nd：GGG高出1/3。如能突破 Nd：YAG 晶体生长中心无应力集中区，即"核芯"区，意义将十分重大，且技术路线好于 Nd：GGG。高功率、大能量激光材料研究进展见表 4-11。

表 4-11　高功率、大能量激光材料研究进展

	研究进展
国外	2006 年 3 月，美国利弗莫尔国家实验室用 LD 抽运的 Nd：YAG 陶瓷激光器实现输出功率 67 千瓦（Heller，2006）； 2005 年，达信系统公司研制的 Nd：YAG 激光器获得了创纪录的 5 千瓦功率输出，持续工作时间达 10s（Ren and Hang，2006）； 2004 年，德国 Trumpf 公司的 Yb：YAG 圆盘激光器的输出功率已经达到 6 千瓦。在其基础上发展起来的盘片式激光器输出功率可达 8 千瓦，电光转换效率达 20％以上
国内	2005 年，上海光机所实现 Nd：YAG 大于 2 千瓦输出； 2005 年，清华大学 LD 抽运 Yb：YAG 晶体获得大于 1 千瓦的连续激光输出（Liu etal.，2005）； 2006 年，中国工程物理研究院也已报道 LD 抽运 Nd：YAG 固体热容激光输出超过 3 千瓦； 上海硅酸盐所对激光陶瓷的研究始于 2000 年，2006 年国内首次实现激光输出（李劲东等，2006）

　　（4）LD 直接抽运超快激光增益和放大介质晶体。飞秒激光以其特有的超短脉冲、高峰值功率和宽光谱等特点，在超快光谱学、微电子加工、生物医疗、光钟、计量、全息、高容量和高速光通信等众多领域具有广泛的潜在应用。20 世纪 90 年代发展起来的基于钛宝石晶体的飞秒激光器是目前可以获得最短脉冲、使用最多的超快激光装置。然而，钛宝石振荡源或放大级需要的 532nm 抽运源具有体积大、电效率低特别是价格昂贵等缺点，限制了其作为商用飞秒激光器向便携式、低成本方向的发展，制约了其作为工业和民用产品广泛推广和应用。

　　开展 LD 可直接抽运的掺镱（Yb^{3+}）激光晶体和全固态飞秒激光器的研究成为开发新一代紧凑型、高效率、低成本飞秒激光器的热点。与 Nd^{3+} 等其他稀土离子不同，由于 Yb^{3+} 的 4f 壳层电子受外界影响大、在晶场中具有强的电原声子耦合效应，掺 Yb 激光介质普遍具有较宽的吸收和发射带，有利于 LD 抽运和产生超短脉冲。表 4-12 列出了几种已经实现飞秒激光输出的掺 Yb^{3+} 激光晶体的特性。

表 4-12　各种掺 Yb^{3+} 超快激光晶体的特性

基质抽运波长/nm	激光波长/nm	发射带宽/nm	荧光寿命/ms	脉冲宽度/fs	平均功率/mW	基质抽运波长/nm
YAG	942	1050	8.5	0.95	136	3.1
YAB	970	1040	20	0.68	198	440
CAlGO	979	1050	60	0.42	47	38
YVO_4	980	1021	31	0.32	120	300
CaF_2	979	1043	80	2.4	150	880
YCOB	976	1052	45	2.28	210	160
GdCOB	976	1045	44	2.6	90	40
KYW	940	1057	24	0.7	71	120
KGW	940	1037	25	0.75	100	126
Sc_2O_3	976	1044	11.6	0.8	230	540
Lu_2O_3	976	1033.5	13	0.82	220	266
BOYS	975	1062	60	1.1	69	80
SYS	979	1066	73	0.8	70	156
YSO	978	1040	48	1.74	198	2610
LSO	978	1060	67	1.80	260	2600
GSO	976	1031	72	1.76	639	384

　　据 Strategies Unlimited 估算，自 2009 年工业激光市场跌至谷底的 51 亿美元之后，2010 年和 2011 年开始大幅反弹至 68 亿美元和 77 亿美元，预计到 2015 年市场总额将直逼 94 亿美元[①]。

3. 光纤材料发展趋势分析

　　自从 1966 年高锟博士提出了光纤通信新设想以来，光纤通信获得了飞速发展。1989 年建成的第一条横跨太平洋海底光缆通信系统拉开了海底光缆通信系统的建设序幕，从此彻底改变了人类的生活方式，创造了一个全新的信息社会和高效融通的国际园地。光纤通信技术迅速发展，对光纤材料技术提出了更高的要求，表 4-13 简单地概述了光纤材料的发展。

---

　　① The Worldwide Market for Lasers. http：//www. strategies-u. com/content/dam/su/online-articles/2012/01/Worldwide _ Market _ Lasers _ TOC _ 2012. pdf [2012-01-31]

表 4-13　光纤材料技术发展分析

光纤类型		技术发展概况
单模	G.652（低水峰光纤）	2005 年 7 月，Draka Comteq 公司宣布推出适合接入网、分配网应用的 BendBright 光纤，该光纤在 1310～1625nm 范围可将允许的弯曲半径减小到常规单模光纤的 1/2，为 15mm，其他特性不变，可使用更紧凑的连接盒、机架、接入端机，该光纤符合 ITU-T G.652D 标准，与其他常规单模光纤，包括该公司的 ESMF 完全相容； 2006 年 3 月，美国 Anaheim 发布了第一款具有出色弯曲特性的零水峰 G.652D 光纤，在 1260～1625nm 的全部可用波长范围内保持非常低的弯曲损耗，可以弯成 20mm 的光纤圈，该圈在 1625nm 引起的附加损耗<0.5dB，在 1550nm 引起的附加损耗<0.2dB，比 CSMF 的弯曲特性好 5 倍，该光纤的微弯特性也比 CSMF 的好 2 倍，有助于改善高应力、低温环境的光缆性能； 2011 年，长飞光纤光缆有限公司承担的湖北省重大科技专项"大直径低水峰光纤预制棒技术开发及产业化"项目顺利通过验收，开发出外径为 180～200mm 低水峰光纤预制棒的制造技术，连续拉丝长度达到 3000 公里以上
	单-多模复合光纤	澳大利亚比瑞利和意大利比瑞利公司分别在 IWCS-2002 会议上介绍其研制的单-多模复合光纤以及利用该光纤进行的传输试验，主要优点是在 850nm 波长，衰减比各种多模光纤都低，模带宽比传统多模光纤的高，系统易于向 SMF 升级，该光纤在 850nm 的最低模带宽>1000MHz·km，在 850nm 的衰减系数典型值为 1.8dB/km； 长飞公司研制的单-多模复合光纤通过将匹配包层型单模光纤的 SI 折射率分布改成 GI 分布，该新型光纤在 850nm 的带宽提高到 2056.35MHz·km，在 1Gbit/s 速率的传输距离达到 3km；在 10Gbit/s 速率的传输距离达到 300m
	高传输功率单模光纤	康宁公司在 2004 年 OFC 会议上推出了一种高传输功率单模光纤：NexCor fiber，通过改进光纤设计，该新型光纤的受激布里渊散射阈值与其他 G.652 光纤相比提高了 3dB，从而使可容许的注入功率增大了 1 倍
	G.657	各个厂家采用了不同的抗弯曲技术，如康宁采用空气微孔实现良好抗弯性能，PCVD 工艺企业采用深下陷包层技术实现良好抗弯性能，每个光纤生产企业的波导结构差异较大，不同结构的光纤在使用过程中存在一定的不兼容性，因此，当前光纤通信网络只是小范围内小批量地进行 G.657 光纤的应用，主流还是 G.652D 光纤
多模		2005 年 1 月 21 日，康宁公司宣布推出改进型的激光器优化的多模光纤，该光纤是一种 50/125-LOMMF，主要目标是用于 10GbE，在 850nm（10Gbit/s）串行传输距离超过 300m

　　面对 4G 移动通信、三网融合、物联网与云计算等新一代网络的高速崛起，光纤将有更大的舞台与应用前景，未来的新型光纤将会向更加高容量化、功能化与器件化的方向发展，多芯光纤技术、光子晶体光纤技术将是光纤材料未来的主要发展方向。

　　1) 多芯光纤技术

　　在 2011 年的 OFC/NFOEC2011 国际会议上，日本报道了一种 7 芯光纤，并在该光纤上进行了光传输试验（传输速率高达 109Tbit/s、传输距离达 16.8km），并获得成功，刷新了以前最高世界纪录 69.1Tbit/s。此次实验，使用了光纤芯径间光信号泄漏大幅削减的 7 芯光纤和光纤连接装置。在技术上解决了光纤中 7 芯径间泄漏的信号互相干涉和光纤芯径连接时纤芯偏离等技术难题，传输试验取得满意结果。该试验研究为未来多芯光纤高容量传输提供了新的技术途径与可能性。

2）光子晶体光纤技术

光子晶体光纤具备许多独特而新颖的物理特性，如可控的非线性、无尽单模、可调节的奇异色散、低弯曲损耗、大模场等特性，这些特性是常规石英单模光纤所很难或无法实现的。因此，光子晶体光纤引起了国外科学界的广泛关注。随着光子晶体光纤制造工艺技术的进步，光子晶体光纤的各种指标已经取得了突破性进展，各种光子晶体光纤新产品应运而生。它不仅应用到常规光通信技术领域，而且广泛地应用到光器件领域，如高功率光纤激光器、光纤放大器、超连续光谱、色散补偿、光开关、光倍频、滤波器、波长变换器、孤子发生器、模式转换器、光纤偏振器、医疗/生物传感等领域。

光子晶体光纤具有灵活可裁剪色散特性。现在已经可以制造出色散平坦且具备大有效面积和无尽单模特性的光子晶体光纤。该光纤可以进行 40G 高速长途传输。超高非线性光子晶体光纤非线性系数是常规单模光纤的 100 倍以上，能够实现 1000nm 的超连续光谱，可以为 DWDM 系统提供光源，节省大量激光光源成本；同时利用非线性实现的波长变化器件，其灵活性是其他非线性光纤器件无法比拟的，可以实现超跨度波长变换。采用非线性光子晶体光纤与差频技术，可以实现微波通信，其保密功能非常强，美国已经将该新技术应用于军事领域。采用光子晶体光纤技术制造的大模场掺稀土光子晶体光纤，具备良好的抗热损伤能力，同时激光光束质量好，空气形成的内包层数值孔径较大，大大提高了激光二极管与光纤的耦合效率，实现千瓦级激光输出，在大功率切割焊接以及激光打标等领域具有广泛应用。利用光子晶体光纤的超高非线性效应，可以实现光速减慢，国外采用三级减速，已经将光通信传输系统中光速减慢 1 个脉冲，国内清华大学采用国产化高非线性光子晶体光纤只一级减速就实现了光速减慢 0.5 个脉冲，为将来全光通信与存储奠定了良好的基础。

光子晶体光纤具有普通光纤所不具备的各种新颖特性，其在光器件领域应用远远不止这些，光子晶体光纤灵活而善变的新奇特性给科研工作者提供了更为广阔的想象与创新的空间，预示着微结构光纤将会在光通信、光器件、光传感等领域具有广泛的应用前景。

4. 光伏材料发展趋势分析

光伏电池主要有两种实现方式：一是晶硅太阳电池，这种电池转换效率高，成本高，价格也相对较高，二是薄膜太阳电池，这种方式的转换效率相对较低，但相比成本低，价格低。光伏电池技术链主要可分为光伏材料、电池组件以及应用服务三大块（图4-4），由于多晶硅原材料成本居高不下的情况下，各个厂商纷纷转而寻求技术创新。而近期薄膜技术领域的突破使其成为太阳电池产业新的热点。

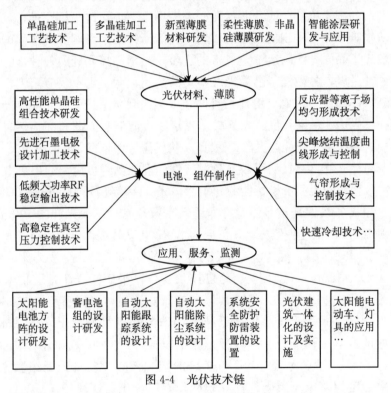

图 4-4 光伏技术链

薄膜光伏（thin film photovoltaics，TF PV）技术已经是 PV 技术中最耀眼的一员，其生产份额不断扩张。起初，这一市场是由于晶硅的短缺而得以发展，但如今短缺现象已经结束，TF PV 则以其低成本、低重量和灵活性而继续发展。而且，除了非晶硅外，铜铟镓硒（CIGS）具有 TF PV 的所有优点，能量转换效率也并不远逊于传统 PV，碲化镉太阳能面板已经出现了繁荣局面。根据美国 Nano Markets 公司 2010 年发布的白皮书《走向成功的薄膜光伏》及之前出版的《薄膜、有机、可印刷光伏市场：2011－2015》研究报告中的预测，由于采用简单印刷和卷到卷（roll-to-roll）制造工艺降低了成本，新产能的增加，以及通过技术改进提高了效率，这些都将使得薄膜光伏成为 PV 市场的主要角色，TF PV 太阳电池将取代目前市场上由传统的晶硅制造的 PV 面板而成为主流技术。

在光伏太阳能的应用上，关键有蓄电池组的设计研发。其作用是储存太阳电池方阵受光照时发出的电能并可随时向负载供电。太阳电池发电对所用蓄电池组的基本要求是：自放电率低；使用寿命长；深放电能力强；充电效率高；少维护或免维护；工作温度范围宽；价格低廉。目前我国与太阳能发电系统配套使用的蓄电池主要是铅酸蓄电池和镉镍蓄电池。配套 200Ah 以上的铅酸蓄电池，一般选用固定式或工业密封式免维护铅酸蓄电池，每只蓄电池的额定电压为 2VDC；配套 $200A \cdot h$ 以下的铅酸蓄电池，一般选用小型密封免维护铅酸蓄电池，每只蓄电池的额定电压为 12VDC。

在太阳能的产业结构中（图 4-5），产业特性为越往上游越为寡占，主要是上游的建厂成本高及建厂时间长，以 Silicon 厂而言，建厂时间长达 2～4 年，而 Wafer 厂也需 1 年以上，因此在经历 2～3 年产业变化后，厂商大笔投资能否回收充满了不确定性，更加提升上游厂商的进入门槛。

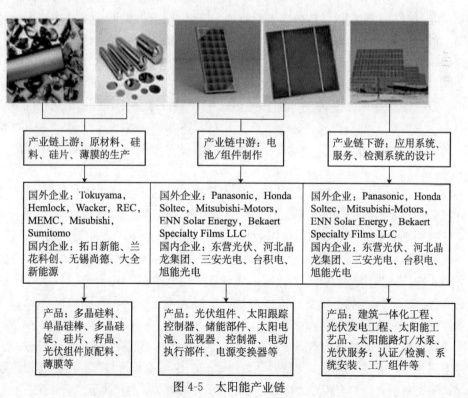

图 4-5 太阳能产业链

就产业上、下游成本结构而言，太阳能光电系统中电池模块约占 50% 的成本，逆变器约占 25% 的成本；太阳能模块中太阳电池约占 70% 的成本；太阳电池中晶片约占 60% 的成本。而进入壁垒最高的环节为硅原料的生产，由于其技术与制程上的难度，目前基本上被美国、日本、德国等大厂垄断。另外，硅片切割环节由于切割厚度及破片率等方面的要求较高，进入也存在一定的门槛，这两个环节处于产业链上游。相对的，产业链下游环节电池制造、模块及系统的封装部分进入门槛较低，但电池转换效率高低决定处于该环节中公司的获利能力。

上游多晶硅生产属于化学工业，建厂时间长（需 3～4 年），因此供给无法随时因需求增长而快速增加，使得下游进入门槛远低于上游，造成下游产能大幅过剩，其中以进入门槛偏低的太阳电池最为明显。

四、结语和建议

当今世界正处于光电信息产业飞速发展的时代，光电子产业是 21 世纪潜力巨大的产业。未来信息产业的竞争焦点将从微电子信息产业转向光电子信息产业，光电产业可能会取代传统电子产业成为 21 世纪最大的产业，同时成为衡量一个国家经济发展和综合国力的重要标志之一。光电材料是光电产业的基础和先导，必须选择关键品种与生产技术进行重点突破，抢占新兴产业战略制高点，为转型期的中国经济注入新的活力。

以光伏产业为代表的光电产业领域，存在着技术差异性相对较小的特点，即学术发展到了瓶颈阶段，各企业所采用的技术原理基本大同小异，差距主要体现在具体的工艺方法上。因此行业内急切需要对包括光伏薄膜技术在内的若干关键技术进行突破，以摆脱为了生存而进行"价格战"的尴尬境地。原材料供应商也在致力于技术的更新换代，加大了在新兴技术方面的投资。可以预见到，若干关键技术的突破将会改变整个全球光电产业的发展进程和竞争格局。

现阶段中国的光电产业的主要问题在于创新不足和产能过剩之间的矛盾。高校和科研院所的研究与企业需求脱节，而中国光电企业自身研发力量不强，导致了中国光电产业创新不足。而以光伏产业为代表的相关行业低端产能迅速扩张导致了产能过剩的问题。这些造成了中国光电产业高端产品创新不足，低端产品产能严重过剩的局面。

（1）结合战略性光电产业与国民经济的重大需求，选择关键光电材料与加工技术进行重点突破。应组织力量展开对强激光产生与承载材料和强激光时域与频域调制材料、聚合物有机光伏材料、稀土离子光纤等关键材料展开联合攻关。

（2）整合国内光电材料领域的研发力量，推动类似美国"材料基因组计划"的大型网络数据库的建立和完善。避免重复研发，提高研发效率，降低材料研发周期和风险。

（3）推动国内大型光电企业组成行业联盟，进而与高校、研究院所一道形成创新集群，推动研究成果的转移转化。

（4）扩展光电产业链条，向上、下游延伸。以中国的光伏企业为例，上游原材料多晶硅生产主要依赖进口，下游光伏组件等终端产品消费在国外，导致中国光伏企业利润率极低。应鼓励企业向产业链上下游拓展，业务延伸至多晶硅材料、硅片、组件及系统安装等。

（5）推动光电材料的科学普及，培养学生对光电材料的兴趣。

（6）利用金融危机的契机，鼓励国内企业走出去，通过并购获取技术和管理经验，打开国外市场。

第五节　新型半导体材料发展趋势分析

半导体是一种导电性介于绝缘体和导体之间的材料。对于当前的电子信息工业而言，半导体材料是其发展的基石。从 19 世纪第一代半导体材料硅晶体被发现以来，半导体已经走过了以砷化镓、磷化铟为代表的第二代，以碳化硅、氮化镓为代表的第三代，正逐渐向低维纳米半导体方向发展。

一、战略意义和关键科学问题

20 世纪 50 年代诞生的硅（Si）、锗（Ge）是第一代半导体材料，基于硅锗材料的半导体晶体管的发明，奠定了电子工业化革命的基础。目前，硅已经成为应用最为广泛的半导体材料，绝大部分的集成电路都是用硅半导体材料制造的；20 世纪 90 年代，以砷化镓（GaAs）、磷化铟（InP）为代表的第二代半导体开始崛起，它们的性能相比第一代半导体更加优良，更适用于高速、高频、大功率和光电子器件，并且由于器件能够适应恶劣的工作环境，被广泛应用在卫星通信、光通信、GPS 导航等领域，从而也奠定了以移动通信和光纤通信为基础的信息高速公路与互联网信息时代的基础。第三代半导体是以碳化硅（SiC）、氮化镓（GaN）、氧化锌（ZnO）、金刚石、氮化铝（AlN）等为代表的。它们与第一代、第二代半导体相比具有更宽的禁带宽度，更高的击穿电场、热导率和电子饱和速率等特点，更适合大功率电子器件和高性能发光二极管（LED）的制造。近十年来，第三代半导体材料的发展，将进一步推动 IT 行业的技术革新。除此之外，半导体超晶格、量子阱材料以及低维半导体材料，即纳米材料的发展，都极有可能帮助突破目前微电子半导体行业正在或即将面对的技术瓶颈，触发新的技术革命，使人们进入量子世界。

二、新型半导体材料研究与产业化进展

1. 硅材料

根据国际市场调研公司 Gartner 公布的全球半导体市场营收统计，2011 年全球半导体市场营收首次突破了 3000 亿美元，达到了 3020 亿美元。而在这高达数千亿美元的半导体市场中，95％以上的半导体器件和 99％以上的集成电路都是用高纯优质的硅抛光片和外延片制作的。不仅现在如此，在未来 30～50 年内，它仍将是集成电路工业最基本和最重要的功能材料。根据国际半导体设备与材料协会（SEMI）完成的半导体产业年度硅片出货量预测报告显示，2011 年硅抛光片和外延片出货量预计为 91.31 亿平方英寸，2012 年预计为 95.29 亿平方英寸，2013 年预计为 99.95 亿平方英寸（SEMI，2011）。

半导体硅材料拥有丰富的资源、优质的特性，相对成熟完善的工艺，并且具有广泛的用途，因此成为当代电子工业中应用最多的半导体材料，它还是目前可获得的纯度最高的材料之一，其实验室纯度可达 12 个 "9" 的本征级，工业化大生产也能达到 7～11 个 "9" 的高纯度。半导体硅材料在射线探测器、整流器、集成电路、硅光电池、传感器等各类电子元件中占有极为重要的地位，实际上，"半导体硅" 已经成为了 "微电子" 和 "现代化电子" 的代名词（王占国，2002）。

半导体硅材料分为多晶硅、单晶硅、硅外延片以及非晶硅等。其中，多晶硅是制备单晶硅的原料，是制造众多电子信息器件的基础原材料。单晶硅是通过控制多晶硅晶格结构及掺入微量元素所形成的一种产品，硅片是通过对单晶硅进行物理化学处理及机械加工之后所形成的一种产品（杨健，2001）。

1）多晶硅

多晶硅生产的主要工艺包括改良西门子法、硅烷热分解法以及 SiH_2Cl_2 热分解法，其中，改良西门子法占总产能的 75％。主要产品有棒状和粒状两种，主要用途是用作制备单晶硅以及太阳能电池等。

改良西门子法是用氯和氢合成氯化氢（或外购氯化氢），氯化氢和工业硅粉

在一定的温度下合成三氯氢硅，然后对三氯氢硅进行分离精馏提纯，提纯后的三氯氢硅在氢还原炉内进行化学气相沉积（CVD）反应生产高纯多晶硅。国内外现有的多晶硅厂绝大部分采用此法生产电子级与太阳能级多晶硅。

硅烷法是以四氯化硅氢化法、硅合金分解法、氢化物还原法、硅的直接氢化法等方法制取。然后将制得的硅烷气提纯后在热分解炉生产纯度较高的棒状多晶硅。以前只有日本小松公司掌握此技术，由于发生过严重的爆炸事故，所以没有继续扩大生产。但美国 Asimi 和 SGS 公司仍采用硅烷气热分解生产纯度较高的电子级多晶硅产品。

2011 年，全球多晶硅产量达到 24 万吨，同比增长 50％。我国多晶硅产能约为 16.5 万吨，产量约为 8.4 万吨，约占全球总产量的 35％。2012 年上半年，我国多晶硅产量比 2011 年多出 4 万吨。表 4-14 给出了全球主要多晶硅企业产能情况（王勃华，2012）。

表 4-14　全球多晶硅企业产能　　　　　　　　　（单位：吨）

区域	企业名称	2011 年	2012 年	2013 年
德国	wacker	42 000	52 000	70 000
俄罗斯	NITOL	5 000	5 000	5 000
英国	PV Crystalox	1 800	1 800	1 800
德国	SolarWorld	3 200	3 200	3 200
欧洲小计		52 000	62 000	80 000
中国小计		160 000	200 000	220 000
日本	Tokuyama	9 200	9 200	17 200
	三菱	4 300	4 300	4 300
	M. Setek	3 000	3 000	3 000
	住友	1 400	1 400	1 400
	Toyama	1 000	1 000	1 000
日本小计		18 900	18 900	26 900
美国	Hemlock	36 000	50 000	50 000
	memc	14 100	14 100	14 100
	REC	20 000	22 000	25 000
	Hoku	2 500	4 000	4 000
美国小计		72 600	90 100	93 100
韩国	OCI	42 000	62 000	86 000
	KCC	6 000	6 000	6 000
	熊津	5 000	5 000	17 000
	韩华	—	—	10 000
	三星精密化学	—	—	10 000
	Hksilicon	3 200	3 200	14 500
	LG 化学	—	—	5 000
韩国小计		56 200	76 200	148 500
全球合计		359 700	447 200	568 500

2）单晶硅

单晶硅生长工艺可分为区熔（FZ）和直拉（CZ）两种，其中区熔单晶硅主要用于制作电力电子器件、射线探测器、高压大功率晶体管等；直拉单晶硅主要用于制作大规模集成电路（LSI）、晶体管、传感器及硅光电池等。硅外延片是在单晶衬底片上，沿单晶的结晶方向生长一层导电类型、电阻率、厚度和晶格结构都符合特定器件要求的新单晶层，它主要用于制作互补金属氧化物半导体（CMOS）电路、各类晶体管、绝缘栅以及双极晶体管等。非晶硅、浇注多晶硅、淀积和溅射非晶硅主要用作各种硅光电池等。

直拉法，简单而言是利用旋转的籽晶从熔硅中提拉制备单晶硅。这种方法产量大、成本低，多数太阳能单晶硅片厂采用这种技术。目前，直拉法生产工艺的研究热点主要包括：先进热场构造、单晶硅中氧浓度控制以及磁场直拉法等。

区熔法是利用线圈将原料硅棒局部加热熔化，熔区因受到磁浮力而处于悬浮状态，然后从熔区下方利用旋转的籽晶将熔硅拉制成单晶硅。这种工艺产品纯度高，性能好，但生产成本高，对设备和技术要求苛刻，因此通常仅用于军工、太空等高要求硅片生长（蒋娜等，2010）。

集成电路中应用的硅必须是单晶硅，而且由于对性能要求极高，集成电路中的单晶硅纯度至少要达到九个"9"以上，才能够进一步掺杂形成 n 型或 p 型半导体。除对杂质有严格要求外，半导体芯片集成度的提高以及芯片单位成本的下降很重要的一个影响因素是晶片的尺寸。除此之外，现代微电子工业对单晶硅材料还对硅片表面平整度、应力和机械强度，含氧量等有要求。

表 4-15（蒋荣华和肖顺珍，2002）列出了现代微电子工业对硅片关键参数的要求变化趋势。

表 4-15 现代微电子工业对硅片关键参数的要求

首批产品预计生产年份	2008 年	2011 年	2014 年
工艺代（特征尺寸/nm）	70	32	22
晶片尺寸/mm	300	300	450
去边/mm	1	1	1
正表面颗粒和 COP 尺寸/nm	35	25	25
颗粒和 COP 密度/cm^{-2}	0.10	0.10	0.10
表面临界金属元素密度/$10^9 at. cm^{-2}$	≤4.2	≤3.6	≤3.0
局部平整度/nm	70	60	35
中心氧含量/$10^{17} cm^{-3}$	±9.0/15.5	±9.0/15.5	±9.0/15.5
Fe 浓度/$10^{10} cm^{-3}$	<1	<1	<1
复合寿命/μs	≥350	≥350	≥400

近几十年来，硅片大直径化促成了半导体芯片集成度的提高以及芯片单位成本的下降，而从提高集成电路的成品率看，增大硅单晶的直径也是硅材料发展的大趋势。目前，半导体业界在 450mm 工艺领域的研发已经开始活跃起来，2010 版国际半导体技术路线图预测，450mm 晶片工艺将在 2014~2016 年推出（ITRS，2011）。国际上，全球最大的几家半导体晶片厂商，包括日本信越化学工业株式会社、日本 Sumco 集团、德国 Wacker 公司、美国 MEMC 公司在 450mm 晶片工艺上都做了大量的研发工作。目前 450mm 晶体生长研发面临的问题包括：籽晶承重、热场设计、相关原材料的选用、生长工艺调整以及控制晶体的缺陷等（戴小林和常青，2010）。

单晶硅的另一重要研究课题是材料中的缺陷。硅中点缺陷由空位和自间隙原子组成，其类型、浓度与分布，直接与晶体生长工艺和热处理条件有关。大量实验数据表明，大直径直拉硅单晶的生长速度 V 与固液交界面处的温度梯度 G 是影响点缺陷的两个重要因素。V/G 值的大小将决定晶体中点缺陷的类型和浓度。在实际的硅单晶中，缺陷的状态更为复杂，因此，在生产中如何有效地控制和利用这些缺陷，一直是半导体材料及器件工艺技术研究中的重要课题。为了改善硅片的质量和提高材料表面的完整性，人们提出了内、外吸除技术，并且目前已广泛用于硅片和集成电路的制备工艺，发展形成了硅材料的缺陷工程技术。

硅片直径增大也会带来其他一系列问题，大直径硅会在抛光片表面形成"晶体原生颗粒"（COP），同时导致较低的氧沉淀以及较小的硅片机械强度，为此国内外研究人员提出了在单晶硅中掺氮的技术，用于增强氧沉淀和机械强度，并使 COP 更容易消除。日本信越公司在国际上率先推出了多种规格的 300mm 掺氮直拉硅片。此外，高温氢/氩退火技术也被用于克服直拉单晶硅中氧的外扩散、内吸杂和空洞型缺陷问题（田达晰，2009）。

3）绝缘体上硅

随着集成电路特征尺寸向 22nm 及以下发展，传统体硅材料与工艺已经逐渐接近物理极限。要进一步提高芯片集成度和运行速度，必须在材料与工艺上有重要突破，绝缘体上硅（SOI）技术已经被业界认为在纳米时代取代单晶硅材料的解决方案之一（林成鲁，2008）。图 4-6 是国际上 SOI 材料供应商法国 Soitec 公司给出的先进材料发展路线图，图中 SOI、绝缘体上应变硅（sSOI）和绝缘体上锗（GOI）将成为纳米尺度极大规模集成电路的高端衬底材料。

SOI 是指在普通的集成电路芯片制造衬底材料硅单晶圆片表面以下几百纳

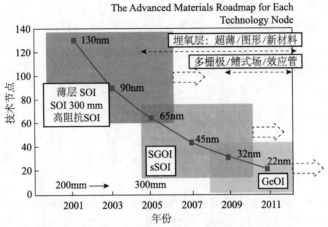

图 4-6　纳米技术时代的高端衬底材料发展路线图

米处"埋入"几百纳米厚的 SiO_2 绝缘层,从而形成 $Si/SiO_2/Si$ 的"三明治"层状结构。晶体管将来就制作在顶层几百纳米厚的 Si 薄层中。SOI 衬底上制作的晶体管和集成电路具有速度快、功耗低的特点,并且具有优异的抗空间辐射能力(上海微系统与信息技术研究所,2012)。

国际 SOI 晶片的主要供应商为法国 Soitec 公司、日本信越公司以及日本 SUMCO 公司,主要需求来自于高速、低功耗 SOI 电路、微处理应用和微机电系统(MEMS)应用等。根据 Markets and Markets 公司的研究,SOI 晶片市场预计将在 2015 年达到 13 亿美元,2010~2015 年的复合年增长率预计为 15.3%(Markets and markets,2012a)。

SOI 技术的制备技术日渐成熟,主要包括以离子注入为代表的注氧隔离技术(seperation by implantation of oxygen,SIMOX)和键合(bond)技术。

注氧隔离技术是发展最早的 SOI 圆片制备技术之一。该技术在普通圆片的层间注入氧离子,经超过 1300℃ 高温退火后形成隔离层。法国的 SOITEC、美国的 IBIS 和 IBM、日本的 SUMCO 和新日铁等公司曾经是 SIMOX 技术的大力推广者。不过,SIMOX 的缺点在于长时间大剂量的离子注入,以及后续的长时间超高温退火工艺,导致 SIMOX 的材料质量和质量的稳定性以及成本方面难以得到有效的突破。SOITEC 在后来逐步发展成为智能剥离(smart-cut)技术后彻底摈弃了 SIMOX 技术;而美国 IBIS 由于市场技术等原因也在 2005 年宣布放弃 SIMOX 材料制备技术从而集中于注入机的研制,IBM 有关 SIMOX 的应用也日渐减少。

键合技术是通过在硅和二氧化硅或二氧化硅和二氧化硅之间使用键合技术

将两个圆片紧密键合在一起，并且在中间形成二氧化硅层充当绝缘层的一种技术。该技术是与SIMOX同步发展起来的。键合的核心问题是表层硅厚度的均匀性控制问题，此外，键合的边缘控制、界面缺陷问题、翘曲度弯曲度的控制、滑移线控制、颗粒控制、崩边、界面沾污等问题也是限制产业化制备键合SOI的关键技术问题。

在传统离子注入与键合技术基础上，Bruel等提出了智能剥离（Smart-Cut）技术。它将氢离子注入硅片中，形成具有气泡层的注氢片，与支撑硅片键合，经适当的热处理使注氢片从气泡层处完整裂开，形成SOI结构。该技术的核心在于利用氢离子注入的特性结合常规键合技术，利用氢离子注入引起的剥离性能提高了顶层硅的均匀性。法国SOITEC公司在该技术基础上展开了大量研究，使Smart-cut技术成为目前薄膜SOI制备的主流技术，其薄膜市场的占有率接近100%。

此外，中国科学院上海微系统与信息技术研究所提出了注氧键合技术（Simbond），以此解决传统键合表层硅均匀性难以控制的问题。该技术利用氧离子注入和后续的退火工艺，利用氧离子注入产生的一个分布均匀的离子注入层，并在退火过程中形成二氧化硅绝缘层。此二氧化硅绝缘层用来充当化学腐蚀阻挡层，可对晶片在最终抛光前器件层的厚度及其均匀性有很好的控制。

2. 砷化镓和磷化铟半导体材料

砷化镓（GaAs）和磷化铟（InP）被称为继硅之后的第二代半导体材料，它们是直接禁带材料，具有电子饱和速度高、耐高温、抗辐照等特点；在超高速、超高频、低功耗、低噪声器件和电路，特别在光电子器件和光电集成方面占有独特的优势。

1）砷化镓

砷化镓材料是目前生产量最大、应用最广泛，因而也是最重要的化合物半导体材料，是仅次于硅的最重要的半导体材料。其优越的性能和能带结构，使砷化镓材料在微波器件和发光器件等方面具有很大的发展潜力。根据法国调研机构Yole Développement发布的调研报告，2011年，砷化镓衬底产值为3.6亿美元，在2012~2017年，砷化镓衬底的总产值将以11%的年复合成长率增长，预计将在2017年达到6.5亿美元，主要的增长驱动来自于射频元器件和LED照明市场[1]。

---

① 随着高聚光型太阳能增长砷化镓5年内复合成长率11%．http：//www.globepv.com/chanyeguancha/7886.html［2012-09-06］

砷化镓是典型的直接跃迁型能带结构，与传统的硅半导体材料相比，砷化镓材料具有超高电子迁移率高（约为硅的 5.7 倍）、禁带宽度大、直接禁带、消耗功率低等特性，并且能够在较高温度下工作，并承受较大功率，因此，砷化镓被用于制造于高频、高速、高温 IC 器件，广泛应用在无线通信、光纤通信、移动通信、GPS 全球导航等领域。此外，由于砷化镓材料掺杂后能够产生光电效应，因此也被用于制作半导体发光器件和太阳能电池等。

不过，相比较于硅，砷化镓也存在一些缺点：一是砷化镓难以像硅一样形成自身氧化物绝缘体，起到掩模作用，使砷化镓器件成本较高；二是砷化镓导热能力比硅差，因此封装密度比硅电路低；砷化镓有剧毒，限制了它的使用；三是砷化镓相对硅而言储量稀少，难以获取。

砷化镓单晶的主流工业生长工艺包括液封直拉法（LEC）、水平布里其曼法（HB）、垂直布里其曼法（VB）以及垂直梯度凝固法（VGF）等。

LEC 是生长非掺半绝缘砷化镓单晶的主要工艺，市场上大部分半绝缘砷化镓单晶是采用 LEC 法生长的。LEC 工艺的主要优点是可靠性高，容易生长较长的大直径单晶，晶体碳含量可控，晶体的半绝缘特性好。主要缺点是化学剂量比较难控制、热场的温度梯度大、晶体的位错密度高且分布不均匀。

HB 曾经是大量生产低阻半导体砷化镓单晶的主要工艺，该方法可靠性和稳定性高，结晶质量高，工艺设备简单。但主要缺点是晶锭尺寸形状受石英舟限制，生长周期长，同时熔体与石英舟反应引入硅的沾污，无法得到直接离子注入用高纯 GaAs 单晶。

VB 工艺将合成好的砷化镓多晶、B_2O_3 以及籽晶装入 PBN 坩埚并密封在抽真空的石英瓶中，炉体垂直放置，采用电阻丝加热，石英瓶垂直放入炉体中间。VB 即可以生长低阻砷化镓单晶，也可以生长高阻半绝缘砷化镓单晶。

VGF 工艺原理与 VB 工艺类似，但取消了机械传动，晶体生长界面更加稳定，适合生长超低位错的砷化镓单晶。VB 与 VGF 工艺的缺点是晶体生长过程中无法观察与判断晶体的生长情况，同时晶体的生长周期较长。

砷化镓当前的技术发展趋势主要表现在：晶体尺寸和重量不断增加，砷化镓晶片的主流尺寸在 2～6 英寸，8 英寸砷化镓晶片也已研制成功；材料性能方面主要集中在改善电学性能，降低材料微观缺陷等；晶体后处理工艺则致力于超平坦晶片研制以及晶片免清洗问题。

在砷化镓材料研发领域，美国、日本发展程度较高，德国发展速度较快。其中，美国受国防需求引导，在早些年国防部"Title III"计划扶持下，包括 AXT、Litton Airtron（已被 Cobham DES 公司并购）、M/A-COM 在内的企业得到了快速发展。日本则以市场需求为主，由光电子器件用砷化镓材料，发展到微电子用材料，其中，住友电工公司、日立电线公司是目前世界上技术水平最高、规模最大的砷化镓厂商。德国受益于东西德合并，西德 GaAs 生产能力与懂得晶体研究所的技术力量结合，使后来成立的费里伯格复合材料（FCM）公司实力大幅提升，而这些公司也是世界主要的砷化镓晶片制造商（表 4-16）。

表 4-16　国际砷化镓材料主要生产厂商

主要厂商	采用工艺	晶体直径/英寸	所在国家
住友电工	LEC、VB	4/6	日本
费里伯格复合材料	LEC、VGF	3/4/6	德国
日立电线	LEC、HB	2/3/4/6	日本
AXT	VGF	2/3/4/6	美国

中国大陆从事砷化镓材料研发与生产的公司（表 4-17）主要有：北京通美晶体技术有限公司（AXT）、中科晶电信息材料（北京）有限公司、天津晶明电子材料有限责任公司（中电集团第四十六研究所）、北京中科镓英半导体有限公司、北京国瑞电子材料有限责任公司、扬州中显机械有限公司、山东远东高科技材料有限公司、大庆佳昌科技有限公司、新乡神舟晶体科技发展有限公司等。

表 4-17　国内砷化镓材料主要生产企业

主要企业	采用工艺	晶体直径/英寸	所在地区
中科晶电信息材料（北京）有限公司	VGF	2/4	北京
天津晶明电子材料有限责任公司（第四十六所）	VB/VGF/LEC	2/4	天津
北京中科镓英半导体有限公司	LEC	2/4	北京
北京国瑞电子材料有限责任公司	HB	2/2.5	北京
扬州中显机械有限公司	HB	2/2.5	扬州
山东远东高科技材料有限公司	LEC（LEVB）	2/3	济宁
大庆佳昌科技有限公司	LEC/VGF	2/4	大庆
新乡神舟晶体科技发展有限公司	HB/LEC	2/3	新乡
北京通美晶体技术有限公司	VGF	4/6	北京

我国砷化镓材料发展趋势将主要体现在以下几个方面：增大晶体直径，目前国外 6 英寸的半绝缘砷化镓产品已经商用化，国内商用产品还停留在 4 英寸以下；降低单晶的缺陷密度，提高材料的电学和光学微区均匀性；提高抛光片的表面质量，针对金属有机化合物化学气相沉积 MOCVD 和分子束外延（MBE）需求，提供"开盒即用"产品；国内外 VGF 砷化镓生长技术已经成为砷化镓材

料主流技术，但核心技术仍掌握在少数国际大公司手中。

2）磷化铟

磷化铟是砷化镓之外的另一种直接带隙半导体，作为第二代半导体功能材料，磷化铟料具有诸多优越性质，如高热导率、高抗辐射阻抗、高饱和电场电子漂移速度、高载流子迁移率，以及对大于其禁带宽度的光子的吸收系数很大等。磷化铟材料在生物传感器、抗辐射太阳能电池、平板液晶显示、光纤通信、激光器芯片和通信卫星等许多高技术领域均有着广泛应用潜力。相比砷化镓，磷化铟的热导率要高出40％，相同功耗工作时温度较低；磷化铟器件比砷化镓器件转换效率更高，因此其工作频率极限比砷化镓器件高出一倍；此外，磷化铟器件具有较大的输出功率，更好的噪声特性，抗辐射性能比砷化镓更为优越，因此，磷化铟材料在光纤制造、毫米波以及无线应用方面都显示出优于砷化镓的特点。目前，磷化铟已经在高电子迁移率晶体管（HEMT）和双极晶体管（HBT）中得到应用，并在航空航天和军事领域表现出优异性能。

磷化铟 HEMT 器件具有极佳的噪声性能，是目前毫米波高端最好的低噪声器件，工作频段达到 G 波段。60～94GHz 内起噪声系数比砷化镓赝高电子迁移率晶体管（PHEMT）低 1dB。目前，HRL 实验室、朗讯科技、Northrop Grumman、北方电信、日立、NEC 和 NTT 公司都在进行磷化铟器件与电路研究，其中 Northrop Grumman 公司几乎垄断了 100GHz 以上的磷化铟高电子迁移章晶体管（HEMT）单片微波集成电路（MMIC）低噪声放大器。磷化铟 HEMT 功率性能也十分优秀，相似增益条件下的功耗仅为砷化镓同类器件的 25％。75GHz 以上频段输出功率与砷化镓 PHEMT 器件近似，功率附加效率却高出一倍。

磷化铟 HBT 器件具有高频、高功率附加效率的特点，基于磷化铟的器件和电路尺寸更小，可以降低生产成本。基于磷化铟 HBT 的功率放大器 MMIC 的功率密度比砷化镓 HBT 要高 2～3 倍。此外，基于磷化铟的 HBT 还具有更高的热导率，其散热能力是砷化镓的 1.5 倍，并且拥有更高的峰值电子速度。

不过，磷化铟技术面临的重要瓶颈在于高品位、大直径单晶生长的技术难题，磷化铟目前还难以实现大批量、低成本商业生产（姚立华，2009）。

3. 宽禁带半导体材料

宽禁带半导体材料，又被称为第三代半导体材料，主要指的是金刚石、III

族氮化物、碳化硅、立方氮化硼以及氧化物（ZnO 等）及固溶体等，其中比较具有代表性的材料包括碳化硅（SiC）、氮化镓（GaN）和金刚石等。这类材料相比第一、二代半导体，具有高热导率、高电子迁移率和大临界击穿电压等特点，因此是研制高频大功率、耐高温、抗辐照半导体微电子器件和电路的理想材料，它们在通信、汽车、航空航天、石油开采以及国防等方面有着广泛的应用前景。此外，在第三代半导体材料中，以氮化镓为代表的 III 族氮化物同时也是很好的光电材料，在蓝绿色发光 LED 器件领域有着重要地位（李宝珠，2010）。

1）氮化镓

氮化镓材料的禁带宽度是硅的 3 倍多，拥有较高电子迁移率、高击穿电压、高热导率、高化学稳定性等特点。凭借这些优异性能，氮化镓一方面可以取代部分硅和其他化合物半导体材料，制作可以在高温高频下工作的大功率器件；另一方面，由于氮化镓材料是一种理想的短波发光材料，在发光显示、光存储、激光打印等光电领域有着大量的应用，实际上，蓝绿光 LED 是氮化镓材料目前的主要应用领域[①]。

在氮化镓材料的制备方面，由于氮化镓熔点和饱和蒸汽压较高，在自然界中无法以单晶形式存在。由于很难得到大尺寸氮化镓块体单晶材料，目前为止氮化镓器件主要是采用异质外延的方法制备。氮化镓单晶薄膜的合成是这类材料的研究重点。采用异质外延方法生长氮化镓薄膜和纳米氮化镓的方法包括金属有机化合物化学气相沉积（MOCVD）、分子束外延（MBE），以及氢化物气相外延法（HVPE），这三种方法的主要区别在于镓源不同。其中 MOCVD 法通常以三甲基镓作为镓源，氨气作为氮源；MBE 法的镓源通常采用镓的分子束，NH_3 作为氮源；HVPE 法以镓的氯化物 $GaCl_3$ 为镓源，NH_3 为氮源（童寒轩等，2011）。

外延生长方法是将氮化镓薄膜生长在衬底上，不同衬底材料的选择会对最终器件性能产生重要影响。对于氮化镓外延生长而言，最理想的衬底材料是氮化镓块体单晶和氮化铝单晶，但如前所述，这类块体单晶材料较难获取，因此多在硅、碳化硅和蓝宝石等衬底上进行异质外延。表 4-18 给出了各种氮化镓衬底材料的性能比较。

---

① 氮化镓半导体 . http://amuseum.cdstm.cn/AMuseum/ic/index _ 03 _ 03 _ 03 _ 02.html［2012-09-07］

表 4-18　各种氮化镓衬底材料比较

衬底材料性能	蓝宝石	碳化硅	硅	氮化镓	氧化锌
晶格失配	差	中	差	良	优
界面特性	良	良	良	良	优
化学稳定性	优	优	良	差	优
导热性能	差	优	优	优	优
热失配度	差	中	差	差	差
导电性	差	优	优	优	优
光学特性	优	优	差	优	优
机械性能	差	差	优	良	中
价格	中	高	低	高	高
尺寸	中	中	大	中	小

在这些衬底中,蓝宝石衬底是目前氮化镓生长最普遍的衬底材料,其性能方面的不足已被成熟的制造技术所克服。目前世界主要蓝宝石生产厂家主要有俄罗斯 Monocrystal、美国 Rubicon Technology、日本 Kyocera、韩国 STC、中国台湾兆晶科技等,晶片尺寸主要以 50mm 为主。目前,国际各家大的蓝宝石生产厂家纷纷将生产重心转向利润率更高的 75～150mm 蓝宝石晶片,2010 年俄罗斯首次展出了 200mm 的蓝宝石晶片。国内的主要生产厂家有哈尔滨工业大学奥瑞德、重庆四联、青岛嘉兴、河南柯瑞斯达等。国内厂商虽然具有一定的生产规模,但仍存在人工依赖性大、订货周期长、产品一致性差等问题。美国Cree 公司是目前世界上提供商用高品质碳化硅衬底的最大厂商,年产量为 30万片,占全球出货量的 85％,其次是德国 SiCrystal 公司和日本的新日铁公司。我国碳化硅衬底的研制仍处在起步阶段,中国天科合达蓝光半导体公司可以提供微管密度小于 30 的 50mm 和 75mm 的碳化硅衬底片,另外中国科学院上海硅酸盐所和中国电子科技集团公司第四十六研究所也在进行相关研究(高慧莹,2011)。

不过,由于异质外延方法存在较大晶格失配和热失配,造成缺陷较多,限制了器件性能的提高。而氮化镓块体单晶材料在完全发挥氮化镓材料优越性方面有独特优势。经过人们的诸多努力和尝试,现在已经先后出现了 HVPE 法、气相传输法、高压氮气溶液法(HNPSG)、助溶剂法、氨热法、提拉法等多种方法。不过,目前可用于生产 50mm 氮化镓单晶片的最成熟的方法是HVPE 法。

美国在氮化镓体单晶制备技术上一直处于领先地位,先后有 TDI、Kyma、ATMI、Cree、CPI 等公司成功生产出氮化镓单晶衬底。目前 Kyma公司已经可以实现 75mm 氮化镓单晶衬底的商用化,100mm 氮化镓单晶衬底已经研制成功。日本在氮化镓衬底方面也有很高的研究水平,其中住友电工和日立电线已经开始批量生产氮化镓衬底；日亚化学、松下、索尼和东芝等也开展了相关研究。欧洲氮化镓体单晶的研究机构主要包括波兰的 Top-GaN 和法国的 Lumilog 公司，其中 TopGaN 采用 HVPE 工艺，可以实现位错密度 $1 \times 10^7 \, \text{cm}^{-2}$，厚度 $0.1 \sim 2 \text{mm}$，面积大于 400mm^2 的氮化镓块体单晶（李宝珠，2010）。

在氮化镓半导体材料应用方面，首先取得重大突破的是在发光器件领域。日本日亚化学（Nichia）于 1991 年研制出同质结氮化镓蓝色 LED，该公司利用氮化镓基蓝光 LED 和磷光技术，开发出了白光发光器件产品，具有高寿命、低能耗的特点。此外，蓝光器件在高密度光盘、全光显示、激光打印机等领域都有巨大的应用市场。目前，氮铟化镓（GaInN）基超高亮度蓝、绿光 LED 技术已经实现商品化，包括日亚化学、富士通、HP、Cree、Rfmicro Device 以及 Nitronex 等公司纷纷投入蓝光 LED 研究，并相继推出了各自的高亮度蓝光 LED 产品。氮化镓 LED 正朝着更大功率、更高工作温度、更高频率和实用化方向发展。根据 IP 多媒体系统（IMS）市场研究公司发布的氮化镓 LED 报告，在经历 2010 年高达 60% 的高速增长后，2011 年氮化镓 LED 市场受低于预期的电视背光源 LED 渗透率和产能过剩的影响，市场萎缩了 6%，降至 80 亿美元。不过在 2012～2015 年，氮化镓 LED 市场将逐渐回暖，并且由于照明市场的加速发展，2013 年和 2014 年将会有两位数的增长，2016 年，氮化镓 LED 市场将达到 100 亿美元以上[1]。氮化镓 LED 技术虽然具有潜力，但短期内仍属于小众化的利基技术（niche technology），随着芯片和元件成本迅速下降、质量和效率的继续提高，无机 LED 技术的发展势头仍将持续强劲[2]。

氮化镓功率器件也有一定的发展潜力，包括 Cree、RFMD 以及 Eudyna 和 NitroNex 推出针对这些市场的氮化镓产品。另外包括国际整流器公司（IR）、ST、富士通、松下以及宜普电源转换公司（EPC）等都介入到氮化镓器件市场。根据法国 Yole Développement 公司的调研报告，GaN 功率电子器件市场总值 2012 年将为 1000 万美元，2013 年增长至 5000 万美元，到 2019 年可能会超过 10 亿美元。氮化镓功率器件受制于氮化镓单晶生长技术的不成熟，成本和质量还无法与硅以及另一种宽禁带半导体碳化硅相比。技术方面，氮化镓材料制备技术的不成熟导致的缺陷，器件制造工艺存在的不足，以及现有氮化镓基器件结构存在的电流崩塌效应，器件可靠性、器件封装等，都是氮化镓功率器件走

---

① Press Release. http://www.ledmarketresearch.com/press_releases/press_release.php? pr_id =2541 [2012-09-11]

② Cut-price LEDs slow 2011 growth to just 1%. http://optics.org/news/2/9/10 [2012-09-11]

向大规模商业化面临的严峻问题（张波，2009）。

2）碳化硅

碳化硅材料最早于19世纪末应用于工业领域，由于本身化学性能稳定，导热系数、热膨胀系数及耐磨性都较好，早前被用于工业研磨材料和耐火材料以及冶金脱氧剂等[①]。20世纪中期，碳化硅晶体的制备成功引起了人们对作为半导体材料的研究兴趣，但由于其晶体制备在技术上存在限制，相关研究进展不大（刘忠良，2009）。近年来，制备技术和工艺的进步与更新使人们能够得到高品质的碳化硅单晶材料，其大禁带宽度、高击穿电压、高热导率等的优异半导体性能再次引起了人们的注意。实际上，在宽禁带半导体材料中，碳化硅技术是最成熟、研究进展最快的。表4-19列出了各种半导体材料之间的特性对比。

表4-19 不同半导体材料的特性对比

特性	硅	砷化镓	氮化镓	碳化硅		
				3C-SiC	4H-SiC	6H-SiC
禁带宽度/eV	1.12	1.46	3.45	2.4	3.26	3.0
最高工作温度/℃	600	760	1130	1250	1580	1580
相对介电常数	11.8	12.5	9	9.72	10	9.66
热导率/（W/（K·cm））	1.5	0.54	1.3	3.2	3.7	4.9
击穿电场/（MV/cm）	0.3	0.4	3	2.12	2.2	2.5
电子迁移率/（cm²/（s·V））	1500	8800	1020	800	1000	400
空穴迁移率/（cm²/（s·V））	425	400	120	40	115	101
最大电子饱和速度/（10⁷cm/s）	0.9	1.3	2	2.2	2	2

注：3C，4H，6H等字母代表碳化硅在不同物理化学环境下形成的不同晶体结构，其中C代表立方晶格、H代表六方晶格

资料来源：崔晓英，2007；黄京才和白朝辉，2011；王玉霞等，2002；Radisavljevic et al，2011

可见，相比其他半导体材料，碳化硅具有更高的热稳定性、热导率以及击穿电场，但在电子迁移率方面相比其他材料略为逊色。

碳化硅块体晶的制备方法包括早期的Acheson工艺和Lely工艺以及PVT工艺等。Acheson方法是将硅石、碳、木屑、食盐等放入石墨舟中得到碳化硅原材料，这种方法只能得到尺寸很小的多晶碳化硅（周继承等，2007）。Lely工艺及它的改进方法，即PVT工艺的基本原理是对碳化硅粉末进行生化再结晶，后者可以形成尺寸较大、单一晶体结构的单晶（崔晓英，2007）。目前PVT方法是生长碳化硅块体单晶的主要工艺。在发展趋势上，降低微管密度、提高晶圆直径和最大有用面积仍然是当前研究的重点（周继承等，2007）。

总的来说，块体碳化硅单晶生长的温度高，导致掺杂难以控制，晶体中存

---

① 适用于宽带应用的氮化镓晶体管．http：//gec.eccn.com/bdt/8bdt12.asp［2012-09-11］

在缺陷，特别是其中的微管难以消除，并且造价十分昂贵。因此，大部分碳化硅器件采用的是薄膜生长的碳化硅外延片。外延碳化硅的主要制备方法包括：溅射法、脉冲激光沉积（PLD）、液相外延法（LPE）、化学气相沉积（CVD）和分子束外延法（MBE）等（崔晓英，2007），其中最成熟和最成功的是 CVD 法，而目前最适合外延高质量碳化硅单晶薄膜的方法是金属有机化合物化学气相沉积（MOCVD）（周继承等，2007）。

CVD 工艺由于采用气体源，大大降低了碳化硅单晶薄膜的生长温度，这种方法能够精确控制薄膜的厚度、组分和掺杂，工艺重复性好，可以用于制备大面积、高均匀性的外延膜。不过 CVD 的生长温度仍然较高，容易在外延层中引入晶体缺陷，此外，CVD 法存在的其他技术问题还包括晶格失配产生的缺陷密度较大、薄膜黏附力差等（刘忠良，2009；周继承等，2007）。相对而言，MBE 工艺的生长温度比较低，可控性高，不容易引入介质（刘忠良，2009），但是这种方法成本高、生长速度较低，因此在大规模商业化应用上没有 CVD 工艺具有优势。

碳化硅薄膜的生长因衬底不同分为异质外延和同质外延。异质外延的优点是衬底工艺成熟且廉价，适用于大规模商业生产，能够大幅度降低碳化硅器件成本。目前已经成功在硅或蓝宝石衬底上异质生长碳化硅薄膜。不过，异质外延的通常缺点是晶格失配和热失配，导致薄膜的质量较差，缺陷密度非常高，从而严重影响到碳化硅器件的性能（崔晓英，2007）。相比而言，同质外延就可避免这一问题。随着大直径碳化硅晶体的商业化，人们利用各种技术开始了碳化硅同质外延的探索，不过目前这一技术仍然受到成本高、技术条件要求苛刻等的限制。

在碳化硅单晶生长方面，美国处于世界领先地位。美国 Cree 公司是全球 SiC 晶片行业的先行者，该公司 2007 年就可提供商用无微管缺陷的 100mm 碳化硅单晶衬底，微管密度低于 $10cm^{-2}$，2012 年 9 月，Cree 推出了 150mm 碳化硅外延片，并已开始订购，继续引领碳化硅材料市场的发展[①]。美国道康宁公司、II-VI 公司也可提供 100mm 碳化硅衬底片。这三家美国公司占据了全球碳化硅产量的 90％以上，其中 Cree 公司占了全球 85％的产量。由于一家独大和产品供不应求，Cree 公司控制了国际碳化硅晶片的市场价格和质量标准。其他国家，如日本、瑞典、德国和俄罗斯也在生产碳化硅芯片并实现商业化（王守国和张

---

① 科锐推出 150 毫米 4HN 型碳化硅外延片. http://lights.ofweek.com/2012-09/ART-8100-2200-28640325.html［2012-09-11］

岩，2011)。表 4-20 列出了目前国外主要碳化硅的生产、研究企业和机构。

表 4-20　国外主要碳化硅生产研发机构

国家	企业
美国	Cree、道康宁、II-VI 公司、ATMI、通用电气、卡内基梅隆大学、北卡罗来纳大学、凯斯西储大学、康奈尔大学、普渡大学、NASA、空军实验室、Northrop Grumman 等
日本	新日铁集团、京都大学、电子技术综合研究所等
俄罗斯	Tairov's Lab.、FTIKKS
德国	SiCrystal、爱尔兰根大学、Institut für Kristallzüchtung（晶体生长研究所）
瑞典	Epigress、Okmetic AB、林雪平大学

　　相比之下，我国在碳化硅单晶研究方面与世界先进水平存在一定差距，主要还集中在科学院、高等院校和研究所等有关单位。主要有中国电子科技集团公司第四十六研究所、山东大学、西安理工大学、中国科学院物理所和中国科学院硅酸盐所等。2006 年，依托中国科学院物理所的技术支持，天科合达蓝光半导体有限公司成立，在中国具有自主知识产权的碳化硅晶体生长工艺的基础上，研发出第二代碳化硅晶体生长炉，在国内首次建立了一条完整的从切割、研磨到化学机械抛光（CMP）的碳化硅晶片生产线，并开发出碳化硅晶片表面处理、清洗、封装等工艺技术，实现了国产碳化硅晶片的销售。碳化硅晶体的生长速度、微管缺陷、X 射线摇摆曲线等质量指标完全符合国际半导体协会的技术标准，西安理工大学在多年研究人工生长大直径碳化硅单晶的基础上，开发出碳化硅单晶的生长工艺流程和设备，形成了一定的设备及晶体生产能力。西安理工大学自行研制、具有自主知识产权的碳化硅晶体生长设备和晶体生长工艺，已能制备直径 58mm 以内、长度 15mm 以内的高纯 6H-碳化硅体单晶，100mm 碳化硅晶体生长设备也已进入安装、调试阶段（王守国和张岩，2011）。

　　碳化硅作为第三代半导体的典型代表，由于其优异的物理化学性质而成为制造高频率、大功率、耐高温器件的理想材料，在军工、航天、电力电子和固态照明等领域具有重要的应用，是当前全球半导体材料产业的前沿之一。随着商用碳化硅衬底向 150mm 直径迈进，并且缺陷密度越来越低，碳化硅器件的成品率不断提高，成本不断降低，越来越多的领域开始使用碳化硅器件。

　　目前，采用碳化硅材料已经制成了金属半导体场效应晶体管（MESFET）、金属氧化物半导体场效应晶体管（MOSFET）、面结型场效应晶体管（JFET）、双极结晶体管（BJT）等多种器件，可以在极端温度下使用，除耐高温外，碳化硅晶体管的另一个显著特征是雪崩击穿电场高、导体电阻小和反向恢复时间短。而在微波、高频器件领域，碳化硅 MESFET 的特征频率已经达到 22GHz，最高振荡频率可达 50GHz（周继承等，2007）。目前，已有众多公司进入了碳化硅晶体管器件领域，包括最大的碳化硅器件供应商 Cree、United Silicon Carbide 公司、Rohm 半导体公司、通用电气、SemiSouth Laboratories 公司、Fairchild 半导体公司（前 Transic 公司）、GeneSiC 半导体公司、Infineon 科技、日本新日铁、SKC、Crysban、SiCrystal 等（Power Electronics，2012）。另一方面，碳化硅在 LED 固态照明领域也有巨大应用，Cree 公司的氮化镓蓝光 LED 采用碳化硅作为衬底材料。

根据 Markets and Markets 公司的报告，2012 年碳化硅半导体器件市场收入约在 2.18 亿美元，这一数值将以 37.67% 的复合年增长率增长，到 2022 年达到53.4 亿美元。而碳化硅功率半导体市场在 2022 年年底将达到 40 亿美元，复合年增长率为 45.65%，届时，碳化硅功率器件占全球功率器件的市场总份额将达到 13%。碳化硅光半导体市场将以 25.46% 的复合年增长率增长，达到 2022 年的 6 亿美元。碳化硅高温半导体市场将以 21.87% 的复合年增长率增长，达到2022 年的 3.5 亿美元（Markets and Markets，2012b）。

碳化硅材料在高压、高功率开关器件和高温电子学领域具有较强的竞争力。不过目前，其获得更广泛的应用还面临一定挑战，如大尺寸、均匀、低缺陷密度、同质多型的高纯度碳化硅单晶材料的制备问题；注入杂质的激活问题；p 型材料低阻欧姆接触的热稳定性问题；高质量 MOS 界面的形成问题等（刘忠良，2009；崔晓英，2007）。

3）其他宽禁带半导体材料

氮化铝具有 0.7～3.4 eV 的直接禁带，可以广泛应用于光电子领域。与砷化镓等材料相比，覆盖的光谱带宽更大，尤其适合从深紫外到蓝光方面的应用，同时Ⅲ族氮化物具有化学稳定性好、热传导性能优良、击穿电压高、介电常数低等优点，使得Ⅲ族氮化物器件相对于硅、砷化镓锗甚至碳化硅器件，可以在更高频率、更高功率、更高温度和恶劣环境下工作，是最具发展前景的一类半导体材料。目前氮化铝单晶材料方面，美国和日本发展水平最高，美国 TDI 公司、日本东京农工大学、三重大学、NGK 公司、名城大学，瑞典的林雪平大学，俄罗斯 Nitride Crystal 公司等具有较高的研究水平。

金刚石是已知材料中硬度最高的一种，它具有禁带宽度大（5.5eV）、热导率高（最高达 120W/（cm·K））；传声速度高、介电常数小、介电强度高等特点，是目前极具发展前途的半导体材料。

氧化锌禁带宽度为 3.37 eV，其激子束缚能比氮化镓等材料高很多，这使其在室温下稳定，提高了氧化锌材料的激发效率。氧化锌材料既是一种宽禁带半导体，又是一种具有优异光电性能和压电性能的多功能晶体，既适合制作高效率蓝色和紫外发光及探测器等光电器件，还可用于制造气敏器件、表面声波器件、透明大功率电子器件、发光显示和太阳能电池的窗口材料以及变阻器、压电转换器等。据预计，氧化锌基 LED 和 LD 的亮度将是氮化镓基 LED 和 LD 的 10 倍，而价格和能耗则只有后者的 1/10。

4. 辉钼材料

自 2011 年 1 月瑞士洛桑联邦理工学院（EPFL）发布利用辉钼单分子层材料制造出晶体管，到 2011 年 12 月宣布制造出首款辉钼微芯片，层状辉钼材料在未来电子芯片等下一代纳米电子设备领域的应用受到高度关注。辉钼是一种非常有前途的新材料，可以超越硅的物理极限，比传统的硅材料、富勒烯、石墨烯等在纳米电子设备应用方面更具优势，在制造微型晶体管、未来电子芯片、发光二极管、太阳能电池等方面将有很大潜力。

辉钼主要成分是二硫化钼（MoS_2），属于典型的层状过渡金属硫族化合物，是最重要的钼矿资源。辉钼矿在自然界中含量丰富，世界著名产地有美国科罗拉多州的克来马克斯和尤拉德-亨德森，澳大利亚新南威尔士州，加拿大魁北克、安大略省，挪威，瑞典，英国，墨西哥，中国的辽宁、河南、山西、陕西等。辉钼矿常用于冶炼合金、润滑剂等领域，在电子学领域尚未得到广泛研究。

辉钼矿呈铅灰色，强金属光泽，具有完全的底面解理。辉钼层状晶体结构由层内强的 S-Mo-S 共价键与层间弱的范德华力构成，层与层之间容易滑移，单层厚度为 6.5Å。研究表明辉钼单分子层材料，具有良好的半导体特性，导电性随着温度的增高而加大，且耐高温（Radisavljevic et al.，2011）。

辉钼半导体材料的性能研究及其晶体管、未来芯片等电子器件应用研究的主要机构有瑞士洛桑联邦理工学院、美国哥伦比亚大学、美国加利福尼亚大学河滨分校、新加坡南洋理工大学等（表 4-21）。研究进展主要表现在单层辉钼制备方法以及在晶体管中的应用。

瑞士洛桑联邦理工学院纳米电子学和结构实验室 Andras Kis 教授领导的研究团队在辉钼材料及其晶体管、半导体芯片研究方面取得了重要进展。研究团队采用胶带微机械剥离方法（Novoselov et al.，2005）（该方法早期用于石墨烯研究），粉碎了折叠胶带之间的辉钼矿晶体，层层剥离，直到所有剩下都是单原子厚的薄片。然后，把这些钼片沉积在硅基质上，再增加一层 SiO_2 绝缘材料，并使用标准光刻添加源极电极、漏极电极和一个电子门，这样就制成一个晶体管（Radisavljevic et al.，2011）。

表 4-21 辉钼半导体材料主要研发机构及其进展

机构	领军人物	取得的进展
瑞士洛桑联邦理工学院	Andras Kis[1]	胶带微机械剥离方法制备单层辉钼，制造出单层辉钼晶体管、辉钼芯片原型或集成电路
美国哥伦比亚大学	Tony F. Heinz[2]	单层辉钼属于直接禁带半导体
美国加利福尼亚大学河滨分校	Ludwig Bartels[3]	单层辉钼薄膜生长
新加坡南洋理工大学	Hua Zhang[4]	嵌锂工艺制备单层辉钼薄膜，制造出单层辉钼光电晶体管

辉钼是良好的下一代半导体材料，有望超越硅的物理极限，成为一种可替代硅的理想材料。辉钼在微型化、低电耗、机械柔性等方面还具有良好的表现。目前研究主要集中在层状辉钼制备方法以及在晶体管中的应用方面。目前的微机械剥离方法、嵌锂工艺都不能规模制备层状辉钼，要向产业发展就需要进一步研究制备工艺。辉钼的属性以及在晶体管、未来芯片中应用研究还需要进一步加强。有专家称"现在说辉钼可完全替代硅材料还为时过早"。

辉钼材料未来在制造超小型晶体管、发光二极管、未来芯片、高效柔性太阳能电池、纳米电子产品、高性能数字微处理器、柔性计算机或手机等方面具有很广阔的前景，将对能源、军事等领域的发展产生极大的推进作用。

三、结语和建议

鉴于我国目前的工业基础，国力和半导体材料的发展水平，提出以下发展建议供参考。

1. 硅单晶和外延硅材料作为微电子技术的主导地位

单晶/多晶硅材料虽然是第一代半导体材料，但在目前的半导体工业中，硅材料仍然占据主导地位，95%以上的半导体器件仍然使用硅为原材料。因此硅材料，特别是高品质硅材料对于半导体器件、集成电路、光伏产业发展仍然具有重要意义。

---

① Andras Kis. http：//people. epfl. ch/andras. kis［2011-12-28］

② Columbia University. http：//heinz. ee. columbia. edu/index. html［2011-12-29］

③ Ludwig Bartels. http：//research. chem. ucr. edu/groups/bartels/index. php? main = publications［2011-12-29］

④ Zhang Research Group. http：//www. ntu. edu. sg/home/hzhang/［2011-12-29］

　　然而，我国大部分多晶硅生产依赖国外二流技术，部分先进技术只有少数企业和科研单位掌握，距离大规模产业化还有距离。大尺寸、高纯度集成电路单晶硅制备核心技术仍然掌握在国际少数几家大型垄断企业手中，我国的硅材料研究多集中在对引进技术的改进和模仿，缺少自主创新。在安全、节能减排和环保方面，我国硅材料产业也比较落后，总体能耗偏高，副产物综合利用率低。

　　因此，我国在硅材料的科学研究应加快自主创新步伐，特别针对有机硅、金属硅技术进展缓慢、缺乏大型装置、生产成本居高不下等状况，要加大研究投入。在产业链条开发上，我国大宗硅材料初级产品虽然已能够大规模生产，但附加值不高，产品链较短，在未来发展中必须向产业链下游的高端产品开发方向发展，推动高品质硅产品的开发，拓展其向汽车、建筑、微电子、光伏等行业延伸。

2. GaAs 及其有关化合物半导体单晶材料发展建议

　　目前，我国砷化镓材料相关投资强度不足且分散，研究基础一直比较薄弱，发展速度缓慢。生产企业主要以 LED 用晶片为代表的低端市场为主，利润较高的 4～6 寸（1 寸≈0.03 米）微电子用砷化镓晶片尚未形成产业规模，大部分原料依赖进口，相关高端制备技术掌握在少数国际大型企业手中。因此需要加强砷化镓材料的研究投入和集中度，着力于高品质、大尺寸砷化镓晶片生长技术的开发，研发具有自主知识产权的核心工艺。

3. 宽禁带半导体发展建议

　　我国在宽禁带半导体研发方面，无论是单晶生长技术还是外延生长技术，均与国际水平存在较大差距，主要技术仍然集中在美国、日本等主要大型企业手中。国内展开的研究也主要依托于部分科研机构，存在产品从实验室走向大规模商业应用的障碍。宽禁带半导体材料作为未来极具发展前景的新一代半导体材料，我国应加大研发力度，提高整体研究实力，并促进技术的产业转化。

第六节　生物医用材料发展趋势分析

　　生物医用材料是指用于人工器官、外科修复、理疗康复、诊断、疾患治疗的一类具有特殊性能，对人体组织不会产生不良影响的材料。生物医用材料为医学、药物学及生物学等学科的发展提供了丰富的物质基础，成为材料学的一个重要分支。目前，各种合成和天然高分子材料、金属和合金材料、陶瓷和碳素材料以及各种复合材料的产品已经被广泛地应用于临床和科研，生物医用材料产业已成为生物产业的重要组成部分（Roger，2009）。

根据物质属性，生物医用材料大致可以分为生物医用金属材料（biomedical metallic materials）、生物医用高分子材料（biomedical polymer）、生物医用无机非金属材料或生物陶瓷（biomedical ceramics）、生物医用复合材料（biomedical composites）、生物医用衍生材料（biomedical derived materials）等（表 4-22）。

表 4-22　生物医用材料的分类

分类	介绍	主要用途
生物医用金属材料	作为生物医学材料的金属或合金，是临床应用最广泛的承力植入材料，主要有钴合金、钛合金和不锈钢的人工关节和人工骨	矫形外科、心血管外科
生物医用高分子材料	生物医学高分子材料有天然的和合成的两种，发展得最快的是合成高分子医用材料	人体软组织；人工硬脑膜、笼架球形的人工心脏瓣膜的球形阀等；注入式组织修补材料
生物医用无机非金属材料或生物陶瓷	生物陶瓷主要包括两类，惰性生物陶瓷（如氧化铝、医用碳素材料等），生物活性陶瓷（如羟基磷灰石和生物活性玻璃等）	骨科、整形外科、牙科、口腔外科、心血管外科、眼外科、耳鼻喉科及普通外科等
生物医用复合材料	生物医用复合材料根据应用需求进行设计，由基体材料与增强材料或功能材料组成，主要包括陶瓷基生物医用复合材料，高分子基生物医用复合材料，金属基生物医用复合材料等	修复或替换人体组织、器官或增进其功能以及人工器官的制造
生物医用衍生材料	生物医用衍生材料是将动物或人体组织经过一系列处理后形成的一类生物材料，其或是具有类似于自然组织的构型和功能，或是其组成类似于自然组织，在维持人体动态过程的修复和替换中具有重要作用	皮肤掩膜、血液透析膜、人工心脏瓣膜膜等

一、战略意义和关键科学问题

生物医用材料的发展和应用对当代医疗技术的革新、降低医疗费用和促进医疗卫生事业的发展具有引导作用。例如，基于分子和基因等临床诊断材料和器械的发展，使临床诊断技术得到革新，重大疾病得以早日发现；血管支架、介入导管等介入治疗材料和器械的研发，促进了微创伤治疗技术的形成和发展；药物、肽、蛋白、基因、疫苗等靶向控释载体和系统的发展，不仅将导致传统的给药方式发生革命性变革，更好地发挥药效，节约医疗费用，而且可为先天性基因缺陷、老年病、肿瘤等难治愈疾病的治疗开拓新的途径，并对突发性疾病的防治发挥重大作用。我国是世界上人口最多的国家，随着经济的不断发展，人们生活水平的不断提高，必然会拥有全球最大的生物医用材料市场，这将为生物医用材料产业的发展提供巨大的空间。

新材料在生物产业中的应用（表 4-23）主要集中在生物医药和生物制造领域等，重点是在生物医药领域，对新材料的需求主要包括传感材料，细胞、药物和基因治疗的载体材料，组织工程材料，仿生材料等。

表 4-23　新材料在生物产业中的应用

生物产业的领域	技术需求	新材料需求
生物医药	药物安全监测，疾病诊断与检测新技术；新型药物输送和释放技术；组织器官修复和再造技术	传感材料；细胞、药物和基因治疗的载体材料；组织工程材料
生物制造	生物基材料相关技术，微纳米仿生技术与材料相关技术	生物基材料，仿生材料

《"十二五"国家战略性新兴产业发展规划》指出，在生物医学工程产业方面，应研究开发预防、诊断、治疗、康复、卫生应急装备和新型生物医用材料的关键技术与核心部件，形成一批适合大中型医院使用、具有自主知识产权的高端诊疗产品；《新材料产业"十二五"发展规划》也把生物医用材料列入新材料"十二五"重点扶持专项工程，明确指出要大力发展医用高分子材料、生物陶瓷、医用金属及合金等医用级材料及其制品，满足人工器官、血管支架和体内植入物等产品的应用需求。

虽然近年来我国生物医用材料的发展很快，已经具备一定的基础，但与发达国家相比，还存在巨大的差距。大量的生物医用材料与器械都依赖进口，在组织工程材料、生物医用纳米材料、血液净化材料以及材料表面改性方面面临一系列急需解决的问题[①]。具体来说，人工肝肾、组织器官修复替代材料、生物医药功能载体、血液净化材料、重大疾病早期预警诊断试剂等领域成为生物医

---

① 生物医用材料未来发展趋势. http：//www. biotech. org. cn/information/38484［2006-09-07］

用材料领域发展的关键科学问题。

二、生物医用材料研究进展

按国际惯例，生物医用工程材料属医疗器械范畴。伴随着临床应用的成功，生物医用材料及其制品产业已经形成，它不仅是整个医疗器械产业的基础，还是世界经济中的朝阳产业。生物医用材料的研究热点主要包括组织工程材料、生物医用纳米材料、血液净化材料、复合生物材料以及材料表面改性研究等。

1. 组织工程材料

组织工程材料在生物医学工程材料中占有非常重要的地位，为生物医用工程提出问题和指明发展方向。组织工程学是近年来兴起的一门交叉学科，涉及生命科学、材料科学和相关物理、化学学科的发展。

传统的人工器官（如人工肝、人工肾等）不具备代谢与合成等生物功能，难以真正的与人体融合并克服排异反应，因而只能作为辅助治疗装置使用。组织工程的中心任务是设计和构建用于受损组织和器官的替代物。目前，研制能与人体具有很好的相容性，且具备代谢与合成等生物功能的人工血管、人工肝、神经再生导管、人工皮肤以及组织修补网等组织工程材料，在全世界引起广泛关注。构建组织工程人工器官需要三个要素，即"种子"细胞、支架材料、细胞生长因子。最近，由于干细胞具有分化能力强的特点，将其用作"种子"细胞进行构建人工器官成为热点。组织工程学已经在人工皮肤、人工软骨、人工神经、人工肝等方面取得了一些突破性成果，展现出美好的应用前景。

目前美国已有相当数量的组织工程研究机构，如美国国家航空航天局（NASA）、美国能源部（DOE）、美国国立卫生研究院（NIH）、麻省理工学院（MIT）、加利福尼亚大学圣地亚哥分校（UCSD）等。紧随其后，日本、加拿大、欧洲、澳大利亚、中国等国家和地区也先后开展了组织工程材料研究。

在组织工程的研究中，从临床应用的角度出发，如壳聚糖、胶原、丝素蛋白等天然材料具有更好的生物相容性和安全性，其研究日益得到重视。智能高分子材料由于能进行调控、诱导干细胞增生、利用机体潜在的修复潜能等特点，可有效地解决器官移植供体不足等问题，也越来越成为组织工程材料研究的热点。自 2002 年基于形状记忆高分子的报道以来，各种智能医用器械，如动脉瘤治疗、自动血栓移除器、温度记忆导尿管等器械的研究也开始兴起。

2. 生物医用纳米材料

生物医用纳米材料目前的研究热点主要集中在药物控释材料及基因治疗载体材料方面。提高药物的治疗效果、减少药物用量及毒副作用越来越成为医药领域关心的主题，要实现这种效果，就需要实现药物的控释。药物控释的关键是能靶向输送或智能释放药物的生物医用材料。而且随着人类基因组计划的完成，基因与治疗技术不断发展，有望用于肿瘤治疗。基因治疗的关键是导入基因的载体材料，因此无论是药物控释的实现，还是基因治疗技术的发展，都离不开载体材料的发展，药物与基因载体材料一般都在纳米级别，属于纳米材料的研究范畴。

药物缓释体系的研究始于 20 世纪 50 年代，控释型药物体系的研究始于 70 年代，到 80 年代的时候，靶向型药物释放体系的研究引起关注。目前常用的药物载体材料主要包括明胶、淀粉、藻酸盐、聚酸酐、聚乙烯醇、脂肪族聚酯、聚丙烯酸酯等。

药物缓释材料从基础研究到临床应用需要的时间很长，转化缓慢。为了加快临床转化进程，新的靶向机制、作用机理、亚细胞靶向机理、载药系统设计、载药系统微观结构和性能关系等研究方向将成为研究的重点。另外，智能靶向药物缓释系统的研究也将成为一个重要的发展方向，其市场需求量日益上升。

3. 血液净化材料

血液净化材料是指用于尿毒症、各种药物中毒、免疫性疾病（系统性红斑狼疮、类风湿性关节炎）、高脂血症等的血液净化疗法治疗的吸附剂等生物材料。血液净化材料包括血液透析、血浆过滤与血浆置换用高分子膜以及血液净化吸附材料。高分子膜须具有良好的性能才有可能广泛用于临床，如良好的机械强度、良好的通透性以及很好的血液相容性等。因此，尽管研究和开发的血液净化膜材料有数十种，但仅有几种在临床使用，即纤维素类膜、聚烯烃膜、聚乙烯醇膜、聚丙烯腈膜、聚碳酸酯膜以及聚砜膜。即便在这些已经临床使用的高分子膜中，仍有许多尚未解决的问题，如血液相容性以及毒物的去除效率等，所以仍然不断有学者进行探索和研究。提高血液净化膜的血液相容性、缩短透析与滤过的时间以及提高毒害物质的清除效率仍将是血液净化膜材料研究的主要目标。

膜材料虽然在血液净化中得到了广泛应用，但对大分子溶质、脂溶性很好的或者能与蛋白质结合的毒物的透析与清除效率差，因此，研制具有高选择性的专一性吸附材料来提高血液净化过程中毒物的清除效率已成为临床迫切需要，目前已有多种新型吸附材料研制成功。吸附材料主要包括活性炭吸附剂、树脂类吸附剂、免疫吸附剂以及生物型人工肝脏等。免疫吸附剂具有吸附快、特异性强、治疗效果好、副作用小等优点，是临床治疗的首选吸附剂，目前已成为该领域的研究热点。生物型肝脏由于是在体外建立，且更接近肝脏本身的功能，对延长患者的生命非常重要，也成为该领域的研究热点。目前，人工肾的研究也正在发展之中。

血液净化材料的不断发展已显示出强大的生命力，正在向生物相容性优异、超滤性能好、能有效清除毒物、能特异性吸附以及廉价等方向发展。

4. 复合生物材料

不同性能的材料复合，能"取长补短"，有效的解决材料的韧性、强度及生物相容性等问题，因而复合材料强度高、韧性好，是硬组织修复材料的主体。目前研究的较多的是合金、碳纤维/高分子材料以及无机材料（生物活性玻璃、生物陶瓷）/高分子材料等。其中最为广泛的是羟基磷石灰（HA），HA具有良好的骨传导性与生物活性，能与各种不同的材料复合形成具有综合使用性能的修复材料。

HA与非降解高分子材料（如聚乙烯、聚乳酸、聚氨酯等）复合，主要用于修复某些需要永久替换的器官或组织，如韧带、血管、心脏瓣膜、人工肋骨等。目前研究较多的是与聚乳酸（PLA）复合的材料，PLA是一种生物降解吸收材料，它的力学性能与相对分子质量密切相关，一般来说，相对分子质量越大，其强度与刚性就越好，在体内被降解吸收的时间也就越长。在早期的研究中，通常采用低相对分子质量的PLA，将两种材料在加热加压的条件下进行共混，复合材料具有良好的可塑性，在$50\sim60℃$时变软，在人体体温时，则恢复成具有一定强度与刚度的固体材料。降低PLA与HA复合材料的降解速度是研究中的关键，目前主要通过改变HA/PLA的混合比例以及使用高相对分子质量的PLA来进行材料的复合，降低复合材料的降解速度。高相对分子质量PLA的引入能降低复合材料的降解速度，使复合材料自身强度下降能得到新骨沉积形成的强度所弥补，目前这一方面的研究已取得长足进展。

HA与天然高分子复合，主要是把天然生物活性物作为骨诱导物质嵌入到HA陶瓷中，或者将胶原等物质与HA形成复合材料，增强材料的强度与生物活性。以胶原为基质的HA复合材料是基于仿生的观念制成的骨替代材料，可用作不负重部位的骨修复材料，能帮助新组织在替代材料里面生长，具有固位和塑性效果。

复合生物材料具有单一组分或结构材料所无法比拟的优势，将不同降解特性与力学性能的材料进行复合，改变组分之间的比例，就可能得到力学性能有所改善、降解速度可调的新材料。因而，其发展速度将为越来越快，应用领域也会越来越广。

5. 材料表面改性

但凡生物材料，都需要具有良好的血液相容性与组织相容性。生物材料的来源主要有两种，第一种是设计、制造新材料；第二种是通过对传统材料进行表面改性而获得。材料的表面改性包括表面化学处理（表面接枝基团或大分子等）、表面物理改性（离子注入、等离子体等）以及生物改性。在传统材料的基础上进行表面化学处理、表面物理改性及生物改性，以提高材料的表面性能已成为生物医用材料研究的一个热点课题。

目前主要的改性方法是以化学接枝的方法对体内植入导管时进行化学表面改性，或者利用共聚的方法对材料进行改性。表面接枝改性的优点是不改变材料的力学性能，通过接枝引进具有特定结构的官能团，从而改善材料的表面润湿性能，提高人工关节的生物摩擦性。由于技术的限制，目前关节材料表面接枝润滑膜的厚度有限，润滑效果的持久性有待验证，润滑膜与基材的结合强度有待提高。共聚则能提高材料的亲水性，使材料呈微观均匀结构状态，提高抗血栓能力。

以下将从国外和国内两方面来阐述研发进展情况。

美国一直把生物医学材料技术作为基础性和战略性产业加以支持，是现代生物医学材料技术的领导者，是生物医学材料领域举足轻重的国家。美国的生物医学材料市场持续增长，仍处于世界领先地位。在生物医学材料这一领域，英国也处于世界领先水平。日本生物技术市场具有巨大潜力，生物医学材料技术风险企业方兴未艾，前景广阔，研发能力也处于世界领先水平。美国、英国和日本等国的相关研究机构的研究情况分析见表4-24。

表 4-24　生物医用材料技术国外重点研究学校、研究所

机构	研究地位	研究方向
美国麻省理工学院，生物工程系	全美最好的理工类大学。该校生物医学工程是声誉极高的专业，在该领域中处于世界领先地位	生物传感器材料以及生物复合材料的表面改性；引导组织生长的新材料的合成；聚合物药物传输系统的机制、可降解药物传输系统材料的合成与用于人工骨与人工肝的可降解生物聚合物的合成等；合成第一个诱导成人器官再生的生物活性支架、基于活性生物支架的相关医疗设备的研制
美国约翰霍普金斯大学，生物医学工程系	与生物有关的专业，包括生物医学工程、化学和生物化学等都在美国名声斐然	细胞与组织工程：包括引导体内组织在复杂的环境中生长的新的合成材料、生物材料支架、组织工程的应用与生物材料作为药物控释载体等的研究
美国加利福尼亚大学圣地亚哥分校，生物医学工程系	加利福尼亚大学圣地亚哥分校的生物医学工程在全球处于世界领先地位，在生物医学材料方面的研究主要包括再生医学材料与组织工程材料	再生医学和生物材料：预防心脏衰竭的生物材料的研发与引导细胞分化的生物材料的研究；生物材料与干细胞工程：生物材料在组织修复与再生工程中的应用
美国西南研究所，生物材料工程系	美国西南研究所一直致力于生物医学材料的研究工作，研究领域涉及生物医学材料的各个方面	医疗器械与植入物材料的合成、表面改性以及材料性能的测试，主要包括微胶囊、表面增强材料、医疗应用涂料以及心血管材料的研究
英国帝国理工学院，生物工程系；英国帝国理工学院，材料系	帝国理工学院是伦敦大学的独立学院，该校在生物医学材料的研究上处于世界领先水平，研究范围很广，涉及生物医学材料的各个领域，从事该领域研究的研究组很多	诱导干细胞定向分化的新型生物活性支架、生物传感器与药物输送系统等；韧带、软骨以及植入手术设备的设计与开发；医疗设备的设计；医用高分子材料、高分子纳米材料以及功能高分子材料在医学中的应用研究；用于再生医学的支架材料、细胞材料界面工程、用于生物传感器的仿生共聚物与纳米材料、组织修复材料等；生物传感器、生物玻璃与生物陶瓷的系列研究
日本东北大学材料研究学院，材料加工系	日本东北大学在生物医学材料的研究工作主要集中在功能材料上，如牙科金属与陶瓷材料等	微创多功能生物材料、聚合物材料表面改性、牙科贵金属材料等；贵金属牙科材料、陶瓷材料、骨功能材料等

　　我国近年在生物医学材料的研究上取得很大的进展，某些技术的研究已接近国际领先水平，主要研究领域包括生物活性材料和医用植入体、药物控释与载体、仪器仪表、生物医学信号与图像处理、生物医学数据挖掘、医学信息与管理以及生物医学材料等领域。在医用天然可降解材料、合成可降解材料及复合材料的研究方面也形成了特色，主要研究领域包括：药物控释系统、具有引

导/诱导组织再生功能的生物材料、组织工程支架的制备、外科缝线等。

我国很多学校都设立了专门的生物医学工程系，研究所也设立了专门的研究方向。以下就国内几个知名机构的研究方向进行分析（表4-25）。

表4-25　生物医学材料技术国内重点研究学校、研究所

机构	研究方向
四川大学国家生物医学材料工程技术研究中心	组织工程材料：包括生物医学材料和医用植入体、支架材料和组织引导再生膜材料、骨缺损修复、替换和再生的仿骨复合材料、人工器官、组织再生生物材料设计与制备、生物活性陶瓷、矫形外科植入体及其应用、组织工程支架材料及组织工程软骨制品； 药物控释系统：纳米材料和药物载体、药物/生物活性物质控释系统、高分子胶束药物控制释放系统的研究； 生物医用高分子材料：纳米生物薄膜、环境敏感型高分子共聚物的合成及其在药物控制释放和基因传递中的应用、可生物降解高分子的合成与性能的研究； 生物医学图像处理：高灵敏度磁共振显影剂及分子影像探针； 材料表面改性：涂层和医用金属材料表面改性
浙江大学生物医学工程与仪器科学学院	生物传感及医疗仪器： 微型固态生物化学传感器和新型医疗仪器，超微传感器及超微传感显微扫描技术，以硅半导体和微电子技术与生物化学相结合的新型生物化学传感器、微系统生物芯片、体表电位、诱发电位、动态心电、心音、临床监护、数字剪影、眼底血管图像等一系列医疗仪器
上海交通大学	药物控释高分子材料； 生物大分子药物输送系统； 神经定向再生，电纺丝纳米纤维的应用等人工再生材料，脊髓损伤和再生相关的材料
中国医学科学院生物医学工程研究所	功能性生物医学材料的研究和产品开发； 组织工程； 药物控制释放系统

三、生物医用材料产业化现状

1. 国外

Fierce Medical Device 网站发布的知名医疗器械公司 2010 年报告评选出 2009 年销量前 10 名的医疗器械公司。报告显示，这十家医疗器械公司产品销量都在数十亿美元以上，其中七家公司的总部位于美国，其他几家则主要来自欧洲。日本的几家医疗器械公司发展也很迅速，具有一定的竞争力。全球的医疗器械市场近年来呈普遍增长的趋势。本书主要选取有全球竞争力的生物医学材料制品上市公司，从各个公司的市场定位、主要产品以及研发能力与产业化情况等方面进行分析（表 4-26）。

表 4-26　生物医学材料技术国外重点企业

机构（企业）	所属国家	研究进展（产品方向）	产业化规模
雅培公司	美国	血液检测诊断技术和系统；分子诊断仪器；生物电感应法的血糖仪专业公司；心血管类产品等	每年十多亿美元的研发投入、几千名科学家。产品服务世界 130 多个国家，是全球及中国血糖仪产品领导品牌之一，销量及市场份额位居前三甲。有多个业务领域具有世界领先地位
波士顿科学公司	美国	其主要产品是用于扩张受阻或狭窄的血管（如扩张用的导管、支架、介入辅助器械）、采样、去除斑块、创伤、囊肿及液体、影像以及其他许多用于诊断及治疗的器械	强大的研发能力，自主研发的 TAXUSTM 药物释放冠脉支架是医疗行业历史上推出的最成功的产品。2010 年第三季度销量在 19 亿美元左右
美敦力公司	美国	心脏起搏器；InSync 心脏再同步装置；埋入式心律转复除颤器；冠脉支架；神经刺激器；脊柱内固定系统；胰岛素输注泵；耳鼻咽喉科动力系统；Hancock II 生物瓣等系列心脏瓣膜	从最初的专注于心脏起搏治疗的单一产品企业，发展为多元化的全球性企业。产品及技术覆盖：慢性心脏疾病的治疗；纠正脊椎的退行性病变；治疗帕金森病；控制长期疼痛；严重强直及震颤；以及脑麻痹和脊椎损伤的治疗
强生公司	美国	一次性医疗用品、ACUVUE® Oasys 隐形眼镜与 OneTouch® Ping™ 血糖管理系统等，产品主要用于髋关节置换、冠状动脉支架植入、减肥、结肠癌以及糖尿病的防治	集研发与生产于一体，旗下有上十家从事医疗设备产品研发与生产的分公司，包括 Animas Corporation、Cordis Corporation、DePuy Inc 等，产品畅销世界各地
通用电气公司	美国	心脏病、神经疾病、急救医学、肿瘤和妇科疾病等领域的医疗设施	共有 207 个研究部门，包括一个研究与发展中心，206 个产品研究部门。业务涉及各个领域，产品销往世界各地
百特医疗用品有限公司	美国	肾脏移植产品以及腹膜透析产品等	研发生产一体化，在全球 110 多个国家设立了超过 250 家公司和分支机构，全球雇员总数约 50 000 人
泰科医疗	美国	包括体内器械、软组织修复产品和能量治疗器械	研发生产一体化，遍布全世界 50 多个国家和地区的 43 000 名员工在 2007 年度创造出近 100 亿美元营业额。产品销往 130 多个国家和地区
博士伦公司	美国	白内障、玻璃体视网膜、屈光、角膜四大系列	始终致力于视光学和眼保健产品的开发和研究，拥有高水平的研究队伍，生产和经营机构遍及世界各地

续表

机构（企业）	所属国家	研究进展（产品方向）	产业化规模
西门子医疗集团	美国	临床产品涉及心血管、神经疾病、肿瘤和外科领域	在全球拥有 41 000 名员工，业务遍及 130 多个国家。2009 年总收入达到 119 亿欧元（按 2009 年 9 月 30 日汇率为 174 亿美元），利润为 15 亿欧元（22 亿美元）
飞利浦医疗	美国	心血管、肿瘤和妇科疾病领域	美国是其最大的市场，日本和德国紧随其后。开始将目光投向新兴市场。目前全球 MRI 市场由飞利浦、通用和西门子主导
奥林巴斯公司	日本	消化系统内窥镜广泛用于消化系统疾病诊断	参与几个尖端医疗开发特区（超级特区）和战略性研究基地培养计划（超级 COE）。正在与东京大学的研究组共同开发利用特殊药剂让癌细胞发光后，用内窥镜几近准确地切除癌细胞的新医疗手段
泰尔茂	日本	一次性医用器械、输血用具系列、医药品类和营养药系列、血管造影与治疗用导管、医用电子产品系列、人工心肺产品系列等	拥有自己的研发团队，在十几个国家拥有自己的生产线
荷兰皇家帝斯曼集团	荷兰	复合医用材料、医用表面改性材料以及药物输送体系，其产品广泛用于整形外科、组织替换与组织功能修复等方面	有世界一流的研发水平。在世界很多地方，如中国都有自己的生产线，产品销往世界各地

注：根据 Fierce Medical Device 网站发布的结果、专利分析结果、文献调研结果以及公司经营情况选取

2. 国内

目前，我国已经形成华中（武汉）、西部（成都、西安）、华北（北京、天津）、华东（上海等）及华南等生物医学材料的五大研发和产业基地，产品主要包括各类骨替代及修复材料、心血管系统及支架材料、人工关节、外科可吸收内（外）固定材料、各类医用敷料等，已经研发出一批具有自主知识产权的创新产品，并在组织诱导材料、纳米生物材料、钙磷（硅）生物材料、生物矿化与自组装、生物活性涂层、药物控释材料与系统等研究领域形成了自己的特色。

近年来，我国生物医学材料方面的公司不断涌现，涉及的面也越来越广，为推动我国生物医学材料行业的发展做出了很大的贡献。以下就一些知名公司

的研发与产业化情况进行分析（表 4-27）。

表 4-27　生物医学材料技术国内重点企业

机构（企业）	研究进展（产品方向）	产业化规模
迈瑞公司	每年约 10% 的年销售额投入研发，在深圳、南京、北京，美国西雅图、新泽西，瑞典斯德哥尔摩设立了研发中心	为全球生命信息监护领域的第三大品牌，2006 年 9 月在美国纽约证券交易所成功上市；同年 10 月，挂牌成立"国家医用诊断仪器工程技术研究中心"，2008 年 5 月完成对 Datascope 监护业务的收购
山东新华医疗器械股份有限公司	医疗器械，消毒灭菌设备研制中心，主要产品有消毒灭菌设备、放射治疗设备、数字诊断设备、医用环保设备和灭菌化学指示类产品、制药机械、外科手术器械等	具有 60 余年历史，为消毒灭菌设备研制中心，是中国最大的消毒灭菌设备研制生产基地
山东淄博山川医用器材有限公司	主要生产一次性输液器、输血器、注射器、静脉针、注射针、输液袋、一次性集尿袋等	
山东淄博山川医用器材有限公司	主要生产一次性输液器、输血器、注射器、静脉针、注射针、输液袋、一次性集尿袋等	主要日产能力为：注射器 500 万套、输液器 200 万套、输血器 50 万套、静脉针 80 万套、注射针 500 万套、一次性集尿袋 5 万套、输液袋 10 万套等二十余个品种、100 多种规格的一次性使用无菌医用器材产品
威高集团	以一次性使用输液器、注射器、输血器、血袋、卫生材料等主导产品	产品在 1998 年年底通过了 ISO9001 认证、1999 年通过了欧盟 CE 认证，2000 年通过了国家食品药品监督管理局的 GMP 认证，2001 年通过了中国 CMD 产品质量认证以及生产和服务质量体系认证，2003 年部分产品通过了中国 3C 认证，目前正在积极申请美国的 FDA 认证
上海瑞邦生物材料有限公司	主要从事人工骨、牙根管填充材料、羟基磷石灰、磷酸氢钙以及磷酸三钙等生物制品的研发、生产和销售，现已有瑞邦骨泰、载药骨泰、注射型骨泰、瑞邦齿泰、牙槽泰等几个牌号，可广泛应用于骨科、整形外科、脑外科、五官科及口腔科等领域	由华东理工大学、上海龙华实业有限公司、上海虹三实业有限公司等及有关科技人员和经营者共同出资组建，注册资本 868.5 万元
成都迪康中科生物医学材料有限公司	主营产品有"可吸收骨折内固定螺钉"、"可吸收医用防粘连膜"以及多规格可吸收聚乳酸原料	国内最大的聚-DL-乳酸生产基地，是"手术防粘连膜"行业标准制定者。为国内生物医学材料、新型医疗器械，药物控制释放等的研究开发、产业化基地和学术推广中心

四、结语和建议

1. 我国生物医用材料产业仍处于较低水平

尽管我国生物医用材料产业取得很大进步，但生物医用材料整体情况发展并不乐观，规模小、劳动生产率低、技术结构不先进，与国际差距较大。生物医用材料产业在其发展过程中暴露了一些长期存在的问题，如重复建设，企业缺乏原始创新技术和关键技术，与国际市场相比显得十分薄弱，产业技术结构不合理，以中小型企业为主，规模小、市场竞争力弱，大多数产品技术含量低，一些技术创新仍以仿制为主，缺少真正具有自主技术的创新产品，缺少自主权和品牌。就生物医学材料大宗出口产品来说，我国目前主要为技术低端的药棉、纱布、手套、按摩器具等，技术含量高的产品主要依赖于进口。在生物医学材料产业发展方面，一些企业普遍存在的问题是技术结构不合理、研发资金投入严重不足、加工工艺落后、设计理念落伍等，尤其在我国医疗器械产业中所占的比例很低，大多为一次性用品和骨钉、骨板等技术含量低的产品，且质量不稳定、技术成果转化率低。

据有关资料显示[①]，全国从事生物医用材料的大企业太少，在全国近 5000 家生产生物医用材料的企业中，目前仅有 1 家是上市企业，生物医用材料的主要原材料也依靠进口。从研发来看，我们仍面临着许多挑战，技术先进的公司与研发单位凤毛麟角，科研与产业之间严重脱节。

2. 市场需求推动生物医用材料产业快速发展

虽然我国生物医用材料产业目前的发展水平还比较低，但我国在生物医用材料方面有巨大的市场需求。随着社会经济的发展，人口老龄化问题日益突出，人们的业余生活日益丰富，中青年创伤日益增加，因而对医疗保健的需求日益旺盛，对生物医用材料的需求也日益旺盛，而且我国也具有发展生物医用材料产业的技术基础。人类对医疗保健日益增长的需求大大推动了生物医用材料及其制品产业的发展，先进的生物医用材料及其在组织工程中的应用将发展成为本世纪世界经济的支柱产业。大力发展生物医用材料产业，不仅能培育新的经

---

① 生物医用材料需求空间大纳入政策重点支持专项 . http://news.yjton.com/scfx/2012/0705/415529.html［2012-07-05］

济增长点，也能提升中国产业国际地位，保障国家的长远发展。

3. 利好政策使生物医用材料迎来黄金发展时期

国家政策对生物医用材料和制品产业的发展有极大的影响。我国自 20 世纪 70 年代开始进行生物医学材料的研究，国家"九五"、"十五"、"十一五"等各类科技计划和产业发展规划都对生物医学材料研究给予了支持。1999 年中国颁布实施《当前国家优先发展的高技术产业化重点领域指南》，其中生物材料得到重点扶持。2000 年中国实施《国家计委关于组织实施新材料高技术产业化专项的公告》，其中明确了发展生物材料对国民经济有重要的支撑作用。我国《生物产业发展"十一五"规划》明确提出，加快发展生物医学材料、生物人工器官、临床诊断治疗设备，建设若干国家工程中心和工程实验室，加强自主创新，在一批关键技术或部件上实现重点突破，实现产业化。《促进生物产业加快发展的若干政策》明确提出，加快发展生物医学材料、组织工程和人工器官、临床诊断治疗康复设备。2010 年 10 月 18 日，国务院正式发布了《国务院关于加快培育和发展战略性新兴产业的决定》，明确指出要加快先进医疗设备、医用材料等生物医学工程产品的研发和产业化，促进规模化发展。目前，中国许多省市政府把生物材料产业作为新的经济增长点列入议事日程，予以重点发展，并将出台配套的产业政策给予重点支持。

在各种利好政策下，生物医用材料产业已初步形成政府大力扶持、技术进步加速、企业快速成长、产业初具规模的良好局面，将迎来黄金发展时期。

4. 科研与市场结合，推进生物医用材料产业规模化发展

生物医用材料和产品发展迅速，产品更新换代周期短，需要强大的研发能力和技术支撑，与研发力量强的国家工程中心、高等院校、科研院所相结合，建立企业的创新中心是有效的途径，另外从临床来看，产品要紧扣临床需求，以市场为向导，进行科技持续创新。

第五章

结 语

第一节 材料领域未来发展展望

随着全球技术革命的不断纵深发展，新材料也随之不断推陈出新。与此同时，新材料的发明和应用又引发全球新的技术革新。计算机的普及是以"单晶硅"的产业化为前提的；太阳能的广泛应用也是基于"多晶硅"材料的发明使用为前提的；电动汽车的普及必须要以充电电池的产业化为前提；人造卫星要以高温复合材料的发明为基本条件，如此这些，都表明信息技术、新能源技术、航空航天技术等战略性新兴产业的突飞猛进都离不开材料领域的突破和变革。展望未来，新材料将向着高性能、低成本和复合化、集成化、低维化、智能化的方向发展，一批重大的、深远影响的先进材料相继涌现，对社会发展和人们生活水平的提高发挥着重要的作用。新材料领域有以下发展趋势。

（1）复合材料是结构材料发展的重点。其中主要包括树脂基高强度、高模量纤维复合材料，金属基复合材料，陶瓷基复合材料及碳碳基复合材料等。表面涂层或改性是另一类复合材料，其量大面广、经济实用，具有广阔的发展前景。

（2）生物材料将得到更多应用和发展。一是生物医学材料，可用以代替或修复人的各种器官、血液及组织等；二是生物模拟材料，即模拟生物的机能，如反渗透膜等。

（3）纳米材料科学技术的发展特别引人关注。纳米材料科学技术是当前以及未来一段时间内纳米科学技术的研究重点之一，在未来 5～10 年还会有重大的发展，并可能导致经济、科技甚至生活方式的重要变化。

（4）制造材料的新工艺、新流程及结构与性能的新测试方法往往成为发展新材料和研究材料的突破点，并越来越受到人们的高度重视。以原子、分子为起始物质进行材料合成，并在微观尺度上控制其成分和结构，已成为现代先进材料合成制备技术的重要发展方向。环境协调和低成本的合成制备技术受到人们重视，在某些领域，材料合成制备已与器件设计和制造实现一体化，相关新技术、新装备不断涌现。

（5）材料表征和评价科学技术是新材料发展的重要基础。对材料性能及其成分和结构的理解是现代材料科学技术的重要研究内容，对材料性能的各种测试和对材料结构与组织从宏观到微观不同层次的表征是材料科学技术的重要组成部分，对材料的寿命周期评估与预测受到重视，与材料表征和评价相关的新的方法、技术和装备层出不穷。

（6）材料设计与性能预测科学技术发展迅速。在微观、介观和宏观等不同层次上，在分子、原子、电子等不同层面，按预定性能设计和制备新材料日趋成熟；以"按需设计材料"为目标的多尺度、跨层次材料设计受到重视；材料微结构的协同设计与制造受到关注。材料设计与仿真、制备工艺仿真与控制、材料结构形状测试与分析将更多地采用物质科学与信息科技新成就、新方法、新工具与手段。

（7）在物质科学技术的大学科背景下，材料科学技术更加注重多学科的交叉与综合，不断开拓创新，并突破无机与有机、无生命与有生命材料之间的壁垒与界线，综合利用现代科学技术的最新成就，发展新的材料科学技术。与环境科学技术等学科的发展更加紧密，发展资源节约型、能源节约型、可持续发展型的材料科学技术已在世界范围内引起高度重视。

（8）重视新材料发展与基础材料及传统材料的改进、更新、提高之间的相互促进。新材料的发展带动促进了基础材料和传统材料的改进与更新，新材料技术促进了新兴产业的发展，也对传统产业的改造和升级发挥越来越重要的作用。特别是要通过计算材料工具和方法，缩短材料开发到产业化的周期，降低成本提高生产效率。

（9）计算材料科学与工程正在改变着新材料的发现、开发和应用。开发贯穿材料合成、制造、表征、理论、模拟与仿真等全周期的材料集成计算与模拟工具，将提高新材料中高级科学发现的能力。通过材料计算等工具的应用，材料的开发到产业化的周期将大大缩短。高级计算设备和中心是有效将庞大实验数据阵列转换成有用科学认识的重要基础设施。

第二节 我国材料领域面临的挑战

经过几十年的奋斗，我国新材料产业从无到有，不断发展壮大，在体系建设、产业规模、技术进步等方面取得显著成就，为国民经济和国防建设做出了重大贡献，奠定了良好的发展基础。部分关键技术取得重大突破，新材料在国民经济各领域的应用不断扩大，初步形成了包括研发、设计、生产和应用，品种门类较为齐全的产业体系。2010 年我国新材料产业规模超过 6500 亿元，与 2005 年相比年均增长约 20%。其中，稀土功能材料、先进储能材料、光伏材料、有机硅、超硬材料、特种不锈钢、玻璃纤维及其复合材料等产能居世界前列。

钢铁、水泥、铝、聚氯乙烯、稀土等 60 多种材料的产量位居世界首位，我国已成为名副其实的材料生产与消费大国，在国际上占有重要的地位。特别是基础材料中的新材料部分，在汽车工业、能源工业、信息产业的带动下发展迅猛。根据钢铁、有色、石化、建材、轻工、纺织、电子等行业协会的统计表明，基础材料中新材料的产值约占上述各材料行业总产值的 20%~30%。

进入新世纪，国家产业政策导向明显向以新材料为代表的高新技术产业倾斜，对新材料产业的发展起到了重要的推动作用，我国新材料得到蓬勃发展，取得了一批具有国际先进水平的自主知识产权成果。在微电子与光电子材料、先进金属材料、电池材料、磁性材料、新型高分子材料、高性能陶瓷材料和复合材料等方面，形成了一批高科技材料产业。在传统材料方面，通过采用新技术对材料性能进行了提升，有力地促进了传统材料产业结构优化升级。在光电功能材料、稀土永磁材料、无机非线性光学晶体和功能陶瓷等领域，研发水平进入国际先进行列并形成特色。新材料领域整体上已处于发展中国家的领先水平。

然而，我国许多相关产业发展受制于材料，高附加值先进材料自给严重不足。目前，我国新材料领域大约有 10% 已达到国际领先，60%~70% 处于追赶状态，还有 20%~30% 存在相当大的差距。我国新材料总体发展水平仍与发达国家有较大差距，发展面临一些亟待解决的问题，这些问题的存在严重制约了我国新材料的发展。主要表现在：①新材料主要核心技术被国外垄断，自主创新能力薄弱，基础研究薄弱、原创成果少、自主研发能力较低；②规模化和集成化技术研究欠缺、集成能力差、加工技术及装备制造水平低；③产学研用相互脱节，投融资体系不健全，成果转化和工业化推广困难；④新材料产业缺乏统筹规划和政策引导，研发投入少且分散。

新材料领域的科技创新能力弱，产业跟踪仿制多，缺乏有自主知识产权的新材料产品及技术，使我国新材料产品在高端产品方面缺乏国际竞争力。据相关资料，我国大型企业所需的 130 种关键材料中，有 32％国内完全无法生产，54％国内能够生产但质量较差，仅有 14％国内可以完全自给，但也大多是含金量一般的材料。在一些关系到国民经济发展和国计民生的关键新材料方面的开发能力有待增强，一些高附加值新材料依赖进口部分产品及核心技术受制于人，成为相关产业发展的瓶颈，如植入体内技术含量高的生物医用材料产品约 80％为进口产品，航空用的关键材料受制于人，制约了航空工业的发展。新材料技术集成能力差、加工技术及装备制造水平低是我国新材料及材料工业发展的薄弱环节，造成长期过多依赖成套设备技术引进，并且不能有效消化吸收的被动局面。新材料成果转化和产业化过程需要大量资金投入，但政府投入不足，企业投资积极性不高，多元化的投融资体系尚未建立，面向产业化服务的中介服务体系尚不完善，这在某种程度上制约了我国新材料产业的发展。

此外，人才问题也成为制约我国新材料产业发展的一个重要因素。由于科技领军人才和战略型科学家短缺，我国难以在科技竞争中把握重大发展方向，占据前沿位置；由于研发人才短缺，我国难以在世界科学知识生产中占据与经济大国地位相称的位置；高素质、高技能、专业化的劳动者也很短缺。

经过若干年的发展，争取在我国建立起具备较强自主创新能力和可持续发展能力、产学研用紧密结合的新材料产业体系，新材料产业成为国民经济的先导产业，主要品种能够满足国民经济和国防建设的需要，部分新材料达到世界领先水平，材料工业升级换代取得显著成效，初步实现材料大国向材料强国的战略转变。

我国正处于高速发展时期，在未来较长时期内都将是材料需求大国，对先进材料需求总体将呈现如下几个重要趋势：一是对材料数量和种类的需求在相当长时间内将持续增加；二是将更加重视材料的质量、可靠性和成本；三是对能源材料、生物材料、环境材料的需求越来越迫切；四是在追求更高性能的同时，往往要求材料具有多种功能；五是更少依赖资源能源，减少环境污染和破坏。

随着我国经济、社会及科技的发展，资源能源的供需矛盾日益突出，环境保护日益受到关注，人们生活水平和期望不断提高，高技术迅速发展，所有这些需要先进材料一方面满足各个领域发展的全面需求，另一方面要在易于制造加工和良好性能的同时，减少对资源、能源的依赖和对环境的破坏。

参考文献

材料科学与工程教学指导委员会 . 2006. 社会经济的发展和材料科学与工程学科演变之间的关系 . http：//www. edu. cn/yanjiu-baogao ＿ 751/20060323/t20060323 ＿ 159233. shtml ［2006-01-16］.

曹旻槿 . 2011. 为促进十大核心材料的研发，政府决定投入 1 万亿韩元 . http：//chinese. joins. com/gb/article. do？ method ＝ detail&art ＿ id ＝ 75301&category ＝ 001003 ［2011-11-08］.

曹崴 . 2009. 美国核能战略的新动向及对中国核电发展的启示 . 中共浙江省委党校学报，（5）：75-80.

陈广金 . 2011. 发达国家发展新材料的政策措施分析 . 中国科技信息，（8）：46，49.

陈诗江，王清文 . 2011. 生物降解高分子材料研究与应用 . 化学工程与装备，（7）：142-144.

崔晓英 . 2007. SiC 半导体材料和工艺的发展状况 . 电子产品可靠性与环境试验，25（4）：58-62.

戴起勋，赵玉涛，罗启富，等 . 2008. 材料科学研究方法 . 2 版 . 北京：国防工业出版社 .

戴小林，常青 . 2010. 450mm IC 级硅单晶的制备 . 中国材料进展，（10）：21-24.

董映璧 . 2007-04-26. 国外核能发电政策走向 . 科技日报，012.

樊春良 . 2003. 国家目标之下科技计划制定的程序和机制——以韩国先导技术开发计划（HAN 计划）为例 . 科学学与科学技术管理，（10）：23-26.

方巍，姜艳艳 . 2011-04-12. 生物降解材料大规模应用前景乐观 . 新兴产业周刊，A10.

冯瑞华 . 2006. 美国主要政府机构的材料研究概况 . 新材料产业，（11）：48-51.

冯瑞华，黄健，潘懿，等 . 2010. 国外最新稀土政策分析 . 稀土，31（4）：96-101.

冯瑞华，张军 . 2006. 解析美国、欧盟和日本的材料研究政策 . 科学新闻，（15）：26-28.

高慧莹 . 2011. 国内 LED 衬底材料的应用现状及发展趋势 . 电子工业专用设备，（7）：1-6.

耿保友 . 2007. 新材料科技导论 . 浙江：浙江大学出版社 .

顾海兵，李讯 . 2005. 日本国立研究机构及其借鉴 . 科学中国人，（1）：40-42.

郭静，相恒学，王倩倩 . 2010. 聚羟基脂肪酸酯成纤技术的研究进展 . 合成纤维工业，33（4）：46-49.

国家发展和改革委员会产业协调司.2010.中国稀土-2009.稀土信息,(3):4-8.

韩汝珊,伍勇.1996.超导特性基础.北京:北京大学出版社.

郝莹莹.2008."IRAP计划"看加拿大政府如何扮演知识转移的"代理人".华东科技,(2):42-43.

贺福.2010.碳纤维及石墨纤维.北京:化学工业出版社.

侯玉春.2008.煤炭的历史、现代和未来.科技信息,(14):630,618.

黄京才,白朝辉.2011.碳化硅器件发展概述.山西电子技术,(4):90-96.

黄群.2011.德国2020高科技战略:创意创新增长.科技导报,29(8):15-21.

蒋娜,袁小武,张才勇.2010.单晶硅生长技术研究新进展.太阳能,(2):29-32.

蒋荣华,肖顺珍.2002.半导体硅材料最新发展现状.半导体技术,27(2):3-6.

金仁淑.2011.后危机时代日本产业政策再思考——基于日本"新增长战略".现代日本经济,(175):1-7.

经济产业省.2010a.2011年产业技术关联预算概要.http://www.meti.go.jp/main/yosan2011/20101224004-1.pdf [2010-12-24].

经济产业省.2010b.技术战略2010.http://www.meti.go.jp/policy/economy/gijutsu_kakushin/kenkyu_kaihatu/str2010.html [2010-06-14].

李宝珠.2010.宽禁带半导体材料技术.电子工业专业设备,(8):5-10.

李劲东,姜本学,潘裕柏,等.2006.国产Nd:YAG陶瓷获得激光输出.中国激光,33(6):864.

李乐.2004.美国科技领域法律政策框架概览.全球科技经济瞭望,(11):8-17.

李山.2011.德国推出"纳米技术行动计划2015".http://news.sciencenet.cn/htmlnews/2011/1/242948.shtm [2011-01-17].

李素珍.2006a.Bunting磁体公司开发出新系列钕铁硼磁体应用装置.http://www.cre.net/show.php?contentid=165 [2006-07-13].

李素珍.2006b.美国科学家发明新型燃料电池催化剂.http://www.cre.net/show.php?contentid=180 [2006-10-24].

李素珍.2006c.美国PHOTONICS公司推出新型绿光激光器.http://www.cre.net/show.php?contentid=186 [2006-11-13].

李素珍.2006d.Ceres动力公司成功进行燃料电池技术创新.http://www.cre.net/show.php?contentid=167 [2006-07-20].

李素珍.2006e.科学家发现用稀土治疗前列腺癌的新方法.http://www.cre.net/show.php?contentid=155 [2006-06-09].

李文埈.2007.核材料导论.北京:化学工业出版社.

林成鲁.2008.SOI纳米技术时代的高端硅基材料.微电子学,38(1):44-49.

刘伯业,陈复生,何乐,等.2010.可生物降解材料及应用研究进展.塑料科技,38(11):87-90.

刘民义.2009-11-12.立法与政府推动:日本产学研结合的特点和启示.科学时报,A3.

刘小平 . 2008. 加拿大卓越研究中心网络计划 . 科技计划与管理, 23 (11)：29-33.

刘跃 . 2009. 新一代掺镧纳米晶体管退化研究取得进展 . http：//www. cre. net/show. php? contentid＝88045 [2009-12-31].

刘增洁 . 2010. 2009 年世界铀资源、生产及供需现状 . http：//www. mlr. gov. cn/zljc/201008/ t20100823 _ 744184. htm [2010-08-23].

刘忠良 . 2009. 碳化硅薄膜的外延生长、结构表征及石墨烯的制备 . 合肥：中国科学技术大学博士学位论文 .

吕春祥，袁淑霞，李永红，等 . 2011. 碳纤维国产化的若干技术瓶颈 . 新材料产业，(2)：48-50.

罗益锋 . 2007. 国外 PAN 原丝及碳纤维专利分析报告 (2). 高科技纤维与应用, 32 (1)：4-8.

马成辉 . 2007. 美国核能政策的分析与借鉴 . 核安全, (3)：46-54.

马刚峰，李峰，徐泽夕，等 . 2011. 聚丙烯腈基碳纤维研究进展 . 现代纺织技术, (3)：58-60, 64.

马廷灿，万勇，姜山 . 2009. 铁基超导材料制备研究进展 . 科学通报, 54 (5)：557-568.

美国劳伦斯利弗莫尔实验室 . 2012. 超高效二极管源计划 . https：//lasers. llnl. gov/programs/p-sa/pdfs/hec-dpssl06/01mercury _ overview. pdf [2012-07-25].

美国陆军研究实验室 . 2012. Army invests ＄120M in basic research to exploit new materials. http：// www. arl. army. mil/www/default. cfm? page＝516 [2012-08-20].

宁波材料技术与工程研究所 . 2010. 中科院碳纤维复合材料规模化制备技术研讨会召开. http：//www. cas. cn/xw/yxdt/201012/t20101210 _ 3042428. shtml [2010-12-10].

欧盟委员会 . 2012. The future's bright for Europe's optical chips sector. http：//cordis. europa. eu/ search/index. cfm? fuseaction＝news. document&N _ RCN＝32693 [2012-08-31].

钱廷欣，周雅伟，赵晓鹏 . 2006. 新型超导材料的研究进展 . 材料导报, 20 (2)：98-101.

日本科学技术振兴机构研究开发战略中心 . 2009a. 纳米电子功能技术构建 . http：// crds. jst. go. jp/output/pdf/09sp01. pdf [2009-09-01].

日本科学技术振兴机构研究开发战略中心 . 2009b. 分子技术战略——分子水平新功能创造. http：//crds. jst. go. jp/output/pdf/09sp06s. pdf [2009-09-06].

日本科学技术振兴机构研究开发战略中心 . 2009c. 间隙控制材料设计和利用技术 http：// crds. jst. go. jp/output/pdf/09sp05s. pdf [2009-10-26]

上海科技发展研究中心 . 2010. 日本 2009 年战略技术路线图：投资于未来的战略技术 . 科技发展研究, (13)：1-8.

上海微系统与信息技术研究所 . 2012. 高端 SOI 绝缘体上硅材料先进制造技术研发与产业化. http：//www. sim. cas. cn/grzy/wangxi/yjgzwangxi/201006/t20100603 _ 2873190. html [2012-09-07].

沈曾民，迟伟东，张学军，等 . 2010. 高科技纤维与应用, 35 (3)：5-13.

师昌绪，徐坚 . 2010-02-04. 2009 年学科进展述评：材料科学成人类进步的强大引擎 . 科学时报，A1.

石力开，益小苏 . 2000. 德国跨世纪的材料研究计划 MaTech. 稀有金属材料与工程，29（8）：
　 13-16.

田达晞 . 2009. 直拉单晶硅的晶体生长及缺陷研究 . 杭州：浙江大学博士学位论文 .

童寒轩，胡慧明，郑方庆 . 2011. 氮化镓的合成制备及前景分析 . 辽宁化工，40（11）：
　 1201-1206.

万军 . 2010. 战略性新兴产业发展中的政府定位——日本的经验教训及启示 . 科技成果纵横，
　 (1)：13-16.

王勃华 . 2012. 多晶硅发展趋势与展望 . http：//wenku. baidu. com/view/a71dc4345a8102d276a22f-
　 87. html［2012-09-08］.

王玲 . 2007. 浅析日本独立行政法人研究机构研究资金的来源和用途 . 世界科技研究与发展，
　 29（4）：101-105.

王玲，张义芳，武夷山 . 2006. 日本官产学研合作经验之探究 . 世界科技研究与发展，28
　 （4）：91-95，90.

王鹏，邹琥，陈曦 . 2010. 碳纤维的研究和生产现状 . 合成纤维，(10)：1-7.

王守国，张岩 . 2011. Sic 材料及器件的应用发展前景 . 自然杂志，33（1）：42-45.

王玉霞，何海平，汤洪高 . 2002. 宽带隙半导体材料 SiC 研究进展及其应用 . 硅酸盐学报，30
　 （3）：373-381.

王占国 . 2002. 半导体材料研究的新进展 . 半导体技术，(3)：8-14.

王志强 . 2010. 德国纳米技术发展现状及启示 . 全球科技经济瞭望，25（6）：16-25.

温新民，左金凤 . 2009. 美国国家科学基金会资助管理的重大变化趋势及启示 . 科技进步与对
　 策，26（20）：115-120.

吴丽华，罗米良 . 2011. 日本创新产业集群形成及特征对我国产业群聚的借鉴 . 科学管理研
　 究，(3)：58-61.

谢台，喻芬，陈海 . 2011. 聚乳酸的研究进展及其应用 . 塑料助剂，(4)：19-23.

徐军 . 2006. 激光晶体材料的发展和思考 . 激光与光电子学进展，43（9）：17-24.

杨健 . 2001. 半导体硅材料生产工艺研究//中国有色金属学会 . 第八届全国铅锌冶金生产技术
　 及产品应用学术年会论文集，318-321.

姚立华 . 2009. 国外 InP HEMT 和 InP HBT 的发展现状及应用 . 半导体技术，34（11）：
　 1053-1057.

叶仰哲 . 2011. 由韩国中长期计划看未来潜力材料 . http：//www. chinafpd. net/news. aspx?
　 id＝7431［2011-11-08］.

于佳欣 . 2007a. 日本发现稀土类金属存在超导和磁性现象 . http：//www. cre. net/show. php?
　 contentid＝256.［2007-08-14］.

于佳欣 . 2007b. 日本青学等开发出利用肥皂成分和稀土类金属发出多种偏振光的新材料.
　 http：//www. cre. net/show. php? contentid＝248［2007-07-16］.

于佳欣 . 2007c. 美国研发出用于 NOx 尾气催化处理的沸石型陶瓷催化剂 . http：//

www. cre. net/show. php？contentid＝239［2007-06-15］.

于佳欣 . 2007d. 日本开发出新型黄色激光器 . http：//www. cre. net. php？contentid＝203［2007-01-26］.

袁世升 . 2000a. 韩国发布《特定研究开发计划 2000 年实施计划》. 全球科技经济瞭望，(5)：17.

袁世升 . 2000b. 韩国生物工程育成基本计划及产业化支援政策 . 全球科技经济瞭望，(2)：16-17.

詹小洪 . 2006. 韩国自主创新的奥秘 . 中国改革，(5)：68-70.

张波 . 2009. 宽禁带功率半导体器件技术 . 电子科技大学学报，38 (5)：618-623.

张军，孙晓梅 . 2007. 法国科研中心的人才管理机制 . 科学新闻，(2)：16.

张千 . 1997. 加拿大出台第一个联邦科技发展战略 . 全球科技经济瞭望，(2)：10-14.

张强 . 2005. 2004 年韩国科技发展综述 . 全球科技经济瞭望，(3)：47-49.

张跃，陈英斌，刘建武，等 . 2009. 聚丙烯腈基碳纤维的研究进展 . 纤维复合材料，(1)：7-10.

赵晓辉，陶伯万，熊杰，等 . 2011. 双面高温超导带材研究进展 . 中国材料进展，30 (3)：22-27.

中国工业和信息化部 . 2012. 新材料产业"十二五"发展规划 . http：//www. miit. gov. cn/n11293472/n11293832/n13918184/14473714. html［2012-02-24］.

中国科学院国家科学图书馆 . 2010. 日本的创新集群 . 国际重要科技信息专报特刊，(82)：1-18.

中国科学院先进材料领域战略研究组 . 2008. 中国至 2050 年先进材料科技发展路线图 . 北京：科学出版社 .

中国驻德国大使馆经济商务参赞处 . 2011. 德国服务贸易的管理机制与发展促进政策 . http：//de. mofcom. gov. cn/aarticle/ztdy/201107/20110707652242. html［2011-07-19］.

中华人民共和国科学技术部 . 2011. 国际科学技术发展报告 2011. 北京：科学出版社 .

周达飞 . 2009. 材料概论 . 2 版 . 北京：化学工业出版社 .

周继承，郑旭强，刘福 . 2007. SiC 薄膜材料与器件最新研究进展 . 材料导报，21 (3)：112-118.

AIST. 2011a. 人员设施概要 . http：//www. aist. go. jp/aist ＿ j/outline/affairs/index. html［2011-04-01］.

AIST. 2011b. 平成 23 年度预算 . http：//www. aist. go. jp/aist ＿ j/outline/affairs/index. html［2011-04-01］.

Allan R. 2012. SiC：A Rugged Power Semiconductor Compound To Be Reckoned With. http：//powerelectronics. com/power ＿ semiconductors/sic/sic-rugged-power-semiconductor-compound-0131/［2012-09-11］.

ANR. 2012. 2009 年 ANR 新材料研究计划资助情况 . http：//www. agence-nationale-recherche. fr/fileadmin/user ＿ upload/documents/uploaded/2010/ANR-Annual-Report-2009. pdf［2012-05-

06].

BIS. 2009. The UK Composites Strategy. http：//bis. gov. uk/assets/biscore/corporate/docs/c/composites-strategy. pdf [2009-11-08].

BIS. 2011. Plastic Electronics： A UK Strategy for Success. http：//www. bis. gov. uk/files/file53890. pdf [2011-11-30] .

Black S. 2011. CompositesWorld carbon fiber conference features demand/supply update. http：//www. compositesworld. com/news/compositesworld-carbon-fiber-conference-features-demandsupply-update [2011-12-12].

Bremer F J. 2000. Impact analysis of the materials research programmes "Matfo" and "MaTech" of the German Federal Ministry of Education and Research-BMBF. Mat. Res. Innovat. ， 3： 246-249.

Chang Y Z, Han G Y, Li M Y，et al. 2011. Graphene-modified carbon fiber mats used to improve the activity and stability of Pt catalyst for methanol electrochemical oxidation. Carbon，49 (15)：5158-5165.

Chan W K，Schwartz J. 2011. Three-dimensional micrometer-scale modeling of quenching in high-aspect-ratio YBa2Cu3O7-delta coated conductor tapes-part II：influence of geometric and material properties and implications for conductor engineering and magnet design. IEEE Transactions on Applied Superconductivity，21：3628-3634.

Clark K，Hassanien A，Khan S，et al. 2010. Superconductivity in just four pairs of (BETS)$_2$ GaCl$_4$ molecules. Nature Nanotechnology，5：261-265.

DOE. 2010a. Critical Materials Strategy. http：//www. energy. gov/news/documents/criticalmaterialsstrategy. pdf [2010-12-18].

DOE. 2010b. 2010 annual progress report-Lightweighting Materials. http：//www. eere. energy. gov/vehiclesand fuels/pdfs/program/2010_lightw-eightiry_materials. pdf [2010-12-28] .

DOE. 2011a. Sun Shot Initiative. http：//www. eere. energy. gov/solar/sunshot/ [2011-12-15].

DOE. 2011b. Department of Energy to Invest $50 Million to Advance Domestic Solar Manufacturing Market，Achieve SunShot Goal. http：//energy. gov/articles/department-energy-invest-50-million-advance-domestic-solar-manufacturing-market-achieve [2011-08-02].

DOE. 2011c. DOE Awards More Than $175 Million for Advanced Vehicle Research. http：//www. eere. energy. gov/vehiclesandfuels/news/news_detail. html? news_id＝17636 [2011-08-10].

DOE. 2011d. Vehicle Technologies program. http：//www. eere. energy. gov/vehiclesandfuels/technologies/materials/index. html [2011-11-28].

DOE. 2012a. 2005 ITP Materials Project and Portfolio Review. http：//www. eere. energy. gov/industry/imf/pdfs/publicreport_1_23_06. pdf [2012-06-26].

DOE. 2012b. Materials Sciences and Engineering Division. http：//science. energy. gov/bes/mse/reports-and-activities/ [2012-06-12].

EPA. 2009. Nanomaterial Research Strategy. http：//www. epa. gov/nanoscience/files/nanotech _ research _ strategy _ final. pdf [2009-06-15].

EPP Group. 2010. New EU strategy on raw materials. http：//www. eppgroup. eu/Press/ pevel0/eve037pro _ en. asp [2010-11-18].

EPSRC. 2011. Research areas related to Engineering. http：//www. epsrc. ac. uk/ourportfolio/ themes/engineering/Pages/researchareas. aspx [2011-10-25].

ESF. 2012. All Current Research Networking Programmes. http：//www. esf. org/activities/ research-networking-programmes/all-current-research-networking-programmes. html [2012-08-24].

Esposito F. 2011. Thailand's PTT Chemical buys 50 percent stake in Natureworks. http：// www. plasticsnews. com/headlines2. html? id＝23389&channel＝333 [2011-10-12].

EuMaT. 2011. European Technology Platform for Advanced Engineering Materials and Technologies. http：//eumat. eu/ [2011-10-25].

European Science Foundation. 2011. Vortex Matter in Superconductors at Extreme Scales and Conditions. http：//www. esf. org/activities/research-networking-programmes/physical-and-engineering-sciences-pesc/completed-esf-research-networking-programmes-in-pesc/vortex-matter-in-superconductors-at-extreme-scales-and-conditions-vortex. html [2011-10-23].

Gao I S，Wang L，Yao C，et al. 2011. High transport critical current densities in textured Fe-sheathed $Sr_{1-x}K_xFe_2As_2$＋Sn superconducting tapes. Appl. Phys. Lett. , 99：242506.

Heller A. 2006. Transparent ceramics spark laser advances. S&TR，(4)：10-17.

Hightech strategie. 2012. The Leading-Edge Cluster Competition. http：//www. hightech-strategie. de/en/468. php [2012-01-07].

Hivocomp. 2011a. About the project. http：//hivocomp. eu/project [2011-10-23].

Hivocomp. 2011b. Bringing composites to mass production. http：//hivocomp. eu/ [2011-11-20].

Hu X L，Zeng H T，Zhou H，et al. 2011. Modification of Polyacrylonitrile-Based Carbon fiber with Carbon Nanotubes Treated by Chitosan Derivatives. Acta Polymerica Sinica，(10)：1166-1172.

ICIS. 2011. PHA shows great promise in packaging application. http：//www. icis. com/ Articles/2011/02/15/9433445/PHA-shows-great-promise-in-packaging-applcation. html [2011-02-09].

INHA University. 2012. Materials Science & Engineering. http：//site. inha. ac. kr/enggrad/ [2012-01-10].

ITRI. 2011. High Module Carbon Fiber And Method For Fabricating The Same. United States Patent，US 2011/0158895 A1 [2011-06-30].

ITRS. 2011. Internationla Technology Roadmap of Semiconductor 2010 Update. http：// www. itrs. net/Links/2010ITRS/Home2010. htm [2011-12-28].

JAEC. 2012a. Framework for Nuclear Energy Policy，http：//www. aec. go. jp/jicst/NC/tyoki/taikou/kettei/eng_ver. pdf［2012-03-21］.

JAEC. 2012b. The Mission. http：//www. aec. go. jp/jicst/NC/about/index_e. htm［2012-03-02］.

JAEC. 2012c. White Paper on Nuclear Energy. http：//www. aec. go. jp/jicst/NC/about/hakusho/hakusho2009/wp_e. pdf［2012-03-21］.

JST. 2010. 戦略的創造研究推進事業研究領域「新規材料による高温超伝導基盤技術」における 新規採択研究代表者? 研究者および研究課題の決定について. http：//www. jst. go. jp/pr/info/info571/index. html［2010-10-02］.

Kamihara Y，Hiramatsu H，Hirano M，et al. 2006. Iron-Based Layered Superconductor：LaOFeP. J. Am. Chem. Soc. ，128（31）：10012-10013.

Kamihara Y，Watanabe T，Hirano M，et al. 2008. Iron-Based Layered Superconductor La［$O_{1-x}F_x$］FeAs（$x=0.05-0.12$）with Tc = 26. K. J. Am. Chem. Soc. ，130（11）：3296-3297.

Keith R L，Bradley S. van Gosen, et al. 2010. Cordiethe Principal Rare Earth Elements Deposits of the United States - A Summary of Domestic Deposits and a Global Perspective. U. S. Geological Survey：1-96.

Knowledge Transfer Partnership. 2011. About KTP. http：//www. ktponline. org. uk/strategy［2011-10-25］.

Korea institute of machinery & materials. 2012. R&D Activity. http：//www. kimm. re. kr/english/rnd/rnd_Intelligent. php［2012-01-10］.

Korea University. 2012. Leading Research Institute. http：//www. korea. edu/［2012-01-10］.

Kyungpook National University. 2012. School of Materials Science and Engineering. http：//keess. knu. ac. kr：8002/home_pub/viewContent. do? kind=3000E&gubun1=02&gubun2=27［2012-01-11］.

Lawrence Berkeley National Laboratory. 2012. User Facilities. http：//www. lbl. gov/［2012-6-14］.

Liu Q，Gong M，Lu F，et al. 2005. 520W continuous-wave diode corner-pumped composite Yb：YAG slab laser. OptLett，30（7）：726-728.

Liu R H，Wu T，Wu G，et al. 2009 A large iron isotope effect in $SmFeAsO_{1-x}F_x$ and $Ba_{1-x}K_x Fe_2 As_2$. Nature，459：64-67.

Liu Y D，Chae H G，Kumar S. 2011. Gel-spun carbon nanotubes/polyacrylonitrile composite fibers. Part I：Effect of carbon nanotubes on stabilization. Carbon，49（13）：4466-4476.

Li W，Ding H，Deng P，et al. 2011. Phase separation and magnetic order in K-doped iron selenide superconductor. Nature Physics，8：126-130.

Markets and Markets. 2012a. Global SOI market worth US $ 1. 3 billion by 2015. http：//www. marketsandmarkets. com/PressReleases/soi-market. asp［2012-09-05］.

Markets and Markets. 2012b. Global SiC Semiconductor Devices Market worth $ 5. 34 Billion by

2022. http：//www. marketsandmarkets. com/PressReleases/silicon-carbide. asp ［2012-09-11］.

Materials U K. 2011. Superconducting Materials and Applications A UK Challenge and an Opportunity. http：//www. matuk. co. uk/docs/Superconductivity-WEB. pdf ［2011-06-30］.

Melhem Z. 2011. Superconductivity Materials and Applications-Materials UK Preliminary Review. http：//www. matuk. co. uk/reports. htm♯super ［2011-10-25］ .

Meng H，Bendikov M，Mitchell G，et al. 2003. Tetramethylpentacene：remarkable absence of steric effect，Field Effect Mobility. Adv. Mater. ，15（13）：1090-1093.

METI. 2006. Strategic Resources Workshop Report，"Strategies towards Securing a Stable Supply of Non-ferrous Metal Resources". http：//www. meti. go. jp/press/20060614003/houkokusho. pdf ［2006-06-14］ .

METI. 2009a. Announcement of "Strategy for Ensuring Stable Supplies of Rare Metals". http：//www. meti. go. jp/english/press/data/20090728 _ 01. html ［2009-07-28］.

METI. 2009b. 炭素繊維複合材成形技術開発の概要についてhttp：//www. meti. go. jp/committee/materials2/downloadfiles/g91026c05j. pdf ［2009-10-26］.

METI. 2010. 炭素繊維製造エネルギー低減技術の研究開発事後評価の概要. http：//www. meti. go. jp/committee/materials2/downloadfiles/g100325b17jpdf ［2010-03-25］.

METI. 2011a. 革新炭素繊維基盤技術開発基本計画. http：//www. meti. go. jp/information/downloadfiles/c110228a02j. pdf ［2011-02-28］.

METI. 2011b. 国家戦略に則った繊維分野での活性化戦略①. http：//www. meti. go. jp/committee/summary/0004638/004 _ 04 _ 00. pdf ［2011-11-20］.

METI. 2011c. 省エネルギー技術戦略 2011 の概要 . http：//www. meti. go. jp/press/20110328004/20110328004-2. pdf ［2011-03-28］.

Mick. 2009. Two U. S. Teams Deliver Smallest Transistor，Densest Storage Ever. http：//www. dailytech. com/Two＋US＋Teams＋Deliver＋Smallest＋Transistor＋Densest＋Storage＋Ever/article14345. html ［2009-02-23］.

Mitsuhashi Ryoji，Suzuki Yuta，Yamanari Yusuke，et al. 2010. Superconductivity in alkali-metal-doped picene. Nature，464：76-79.

Monodzukuri. 2009. Summary of the White Paper on Manufacturing Industries. http：//www. meti. go. jp/english/report/data/Monodzukuri2009 _ 01. pdf ［2009-01-25］.

Nagamatsu J，Nakagawa N，Muranaka T，et al. 2001. Superconductivity at 39 K in magnesium diboride. Nature，410：63-64.

Narayan R. 2009. Biomedical materials. Berlin：Springer.

National Composites Centre. 2011. NCC receives keys to the building. http：//www. nationalcompositescentre. co. uk/news/ncc-receives-keys-building ［2011-07-13］ .

National Nanotechnology Initiative. 2012a. NNI Budget. http：//www. nano. gov/about-nni/what/funding ［2012-06-12］.

NEDO. 2004. 自動車軽量化炭素繊維強化複合材料の研究開発. http：//www. nedo. go. jp/activities/ZZ _ 00227. html [2004-03-27].

NEDO. 2009. 炭素繊維強化プラスチック（CFRP）のリサイクル技術を開発. http：//www. nedo. go. jp/news/press/AA5 _ 0187A. html [2009-03-05].

NEDO. 2010. 实现低碳社会的新型功率半导体材料研究开发基本计划. http：//app3. infoc. nedo. go. jp/informations/koubo/koubo/EF/nedokoubo. 2010-12-21. 0402336290/（30bb30c330c8）57fa672c8a087536（65b06750659930ef30fc）. pdf [2010-12-21].

NEDO. 2011a. 下一代印刷电子材料、工艺基础技术开发. http：//www. nedo. go. jp/activities/ZZJP _ 100030. html [2011-10-12].

NEDO. 2011b. 钢铁材料革新的高强度、高功能化基础研究开发. http：//www. nedo. go. jp/activities/EF _ 00350. html [2011-07-28].

NEDO. 2011c. 超复杂材料技术开发（纳米级构造控制的相反功能材料技术开发）. http：//www. nedo. go. jp/activities/EF _ 00334. html [2011-07-27].

NEDO. 2011d. 稀有金属替代材料开发计划. http：//www. nedo. go. jp/activities/EF _ 00123. html [2011-08-07].

NEDO. 2011e. サステナブルハイパーコンポジット技術の開発. http：//www. nedo. go. jp/activities/EF _ 00038. html [2011-07-27].

NEDO. 2012. 实现低碳社会的创新性碳纳米管复合材料开发项目基本计划. http：//www. nedo. go. jp/activities/ZZJP _ 100020. html [2012-05-09].

Nidec Corporation. 2011. Nidec to Construct New R&D Facility in Kawasaki, Japan. http：//www. nidec. co. jp/english/news/indexdata _ e/2011/0107. pdf [2011-01-07].

NIST. 2012a. Material Measurement Laboratory. http：//www. nist. gov/mml/ [2012-6-12].

NIST. 2012b. Unusual 'Collapsing' Iron Superconductor Sets Record for Its Class. http：//www. nist. gov/ncnr/iron-020712. cfm [2012-02-07].

Novoselov K S, Jiang D, Schedin F, et al. 2005. Two-dimensional atomic crystals. Proc. Natl Acad. Sci. USA, 102：10451-10453.

NSF. 2012. Directorate for Mathematical and Physical Sciences. http：//www. nsf. gov/about/budget/fy2012/pdf/20 _ fy2012. pdf [2012-2-20].

OECD. 2011. Main Science and Technology Indicators. Volume. 2011/1：OECD Publishing, 24.

Office of Basic Energy Sciences. 2006. Basic Research Needs for Superconductivity. Washington：Department of Energy：1-232.

ORNL. 2009. ORNL Receives Recovery Act funding for Carbon Fiber Technology Center. http：//www. ornl. gov/info/press _ releases/get _ press _ release. cfm? ReleaseNumber＝mr20091204-00 [2009-12-04].

ORNL. 2011. Lightweighting Materials Program Ongoing Activities. http：//www. ms. ornl. gov/lmp/activities. shtml [2011-12-02].

POSTECH. 2012a. Materials Science & Engineering. http：//www. postech. ac. kr/ [2012-01-

10].

POSTECH. 2012b. Research Centers. http：//www. postech. ac. kr/ [2012-01-10].

Preusser S，Bremer F J. 1996. Technology-Transfer Analysis of the Materials Research Program "Matfo". Advanced Materials，8 (9)：713-717.

Pusan National University. 2012. Organic Material Science and Engineering Major. http：// english. pusan. ac. kr/html/03 _ Academics/Academics _ 0201. asp? gbn＝03&dept _ cd＝ 34491E&dept _ nm＝Organic％20Material％20Science％20and％20Engineering [2012-01- 10].

Radisavljevic B，Radenovic A，Brivio J，et al. 2011. Single-layer MoS_2 transistors. Nature Nanotechnology，6：147-150.

Ren G G，Huang J J. 2006. Major progress of U. S. 2005p high energy laser technology. Laser and Optoelectronics Progress，43 (6)：3-9.

RIKEN. 2010. Annual Report 2010 ～ 2011. http：//www. riken. jp/r-world/info/release/ pamphlet/annu _ repo/pdf/2010-11. pdf [2010-11-01].

RIKEN. 2011. Independent Administrative Institution Period. http：//www. riken. jp/engn/r- world/riken/history/dokuritsu/index. html [2011-04-01].

SEMI. 2011. SEMI 发布硅晶片出货量预测报告 . http：//www. semichina. org/corporate/news _ show. aspx? ID＝1360&classid＝16 [2011-10-12].

Sun L L，Chen，X J Guo J，et al. 2012. Re-emerging superconductivity at 48? kelvin in iron chalcogenides. Nature，483：67-69.

Tan L J，Wan A. 2011. Structural changes of polyacrylonitrile precursor fiber induced by gamma-ray irradiation. Materials Letters，65 (19-20)：3109-3111.

Technology Strategy Board. 2011. Advanced Materials Key Technology Area 2008～2011 http：// www. innovateuk. org/ _ assets/pdf/Corporate-Publications/Advanced％20Materials％20Strategy. pdf [2011-11-30].

The White House. 2011. President Obama Launches Advanced Manufacturing Partner- ship. http：//www. whitehouse. gov/the-press-office/2011/06/24/president-obama-launches- advanced-manufacturing-partnership [2011-06-24].

The White House. 2012a. Materials Genome Initiative for Global Competitiveness. http：// www. whitehouse. gov/sites/default/files/microsites/ostp/materials _ genome _ initiative- final. pdf [2012-6-20].

The White House. 2012b. President Obama to Announce New Efforts to Support Manufacturing Innovation，Encourage Insourcing. http：//www. whitehouse. gov/the-press-office/2012/03/09/ president-obama-announce-new-efforts-support-manufacturing-innovation-en [2012-03-09].

UT-Battelle. 2002-04-16. Carbon fiber manufacturing via plasma technology. United States Patent，US6372192 B1.

UT-Battelle. 2003-02-04. Microwave and plasma-assisted modification of composite fiber surface topography. United States Patent，US6514449 B1.

UT-Battelle. 2010-11-02. System to continuously produce carbon fiber via microwave assisted plasma processing. United States Patent，US7824495 B1.

Vasiliadis H. 2011. New EU R&D project HIVOCOMP aims to develop new materials that will bring carbon fibre composites to high-volume automotive applications. http：//cordis. europa. eu/wire/index. cfm? fuseaction＝article. Detail&rcn＝27389［2011-07-22］.

Vulcan T. 2008. Rare Earth Metals：Not So Rare，But Still Valuable. http：//seekingalpha. com/article/103972-rare-earth-metals-not-so-rare-but-valuable［2008-11-04］.

Watanabe T，Yanagi H，Kamiya T，et al. 2007. Nickel-Based Oxyphosphide Superconductor with a Layered Crystal Structure, LaNiOP. Inorg. Chem, 46（19）：7719-7721.

Yan H，Chen Z H，Zheng Y，et al. A high-mobility electron-transporting polymer for printed transistors. Nature, 457：679-686.